WordPressの新しい標準レッスン

フルサイト編集+ブロックエディター活用講座

池田 嶺・大串 肇・清野 奨 共著

エムディエヌコーポレーション

はじめに

本書ではWordPressのフルサイト編集機能について、カフェのサイトを作りながら学べます。WordPressを初めて利用する方にもご理解いただけるように、Lesson1と2ではWordPress自体と、フルサイト編集を利用する際の基礎知識となるブロックエディターについて解説しています。Lesson3からはフルサイト編集機能を利用してサイトを作っていきますが、基本的にソースコードを書くことはなく、サイト制作のほとんどすべてをWordPressの管理画面から行います。

あらかじめ完成したサイトを手元に準備していただいて、それをお手本にデフォルトテーマから完成させていく形で進みます。細かな操作は書籍だけでは伝わりにくいこともあり、動画も準備しましたので、わかりやすく作業を進められるはずです。

執筆にあたり改めてフルサイト編集機能を確認したところ、その高機能さに筆者自身も驚いています。コードを書かなくても、ブロックエディターとフルサイト編集の知識があれば、かなり自由にサイトが作れます。ぜひみなさまにもフルサイト編集を学んでいただき、今後ご自身のサイトを制作していただければと思いますし、本書がその際の手引きの一つになれたらこれほど嬉しいことはありません。

最後になりますが、本書で作成するカフェサイトはデザイナーのasukaさんにデザインしていただきました。素敵なデザインに感謝します。それでは、一緒にWordPressのフルサイト編集機能でサイトを作りはじめていきましょう。

2024年3月　大串 肇

目次 contents

Lesson 1
WordPressをはじめよう

Lesson 2
ブロックエディターで記事を作成してみる

Lesson 3
サイト設計と初期設定をする

Lesson 4
テーマをカスタマイズする

Lesson 5
各固定ページを作成する

Lesson 6
クエリーループブロックを活用する

Lesson 7
プラグインを設定する

本書の使い方

本書は、WordPressがはじめての方や、従来のWordPressに親しんでいたものの、最近のフルサイト編集やブロックエディターなどの新しい機能にとまどっている方のために、新しいWordPressの標準的なサイト制作方法を解説した書籍です。トップページを備えたWebサイトを構築する方法を紹介しています。すべての操作は管理画面から行い、コードエディタなどは使用しません。

●本書のダウンロードデータと動画解説のURL

本書では、解説内容の理解をスムーズにするために、ダウンロードデータと動画解説をご提供しています。下記のURLよりアクセス可能です。

https://books.mdn.co.jp/down/3223303056/

●本書のダウンロードデータの内容について

本書のダウンロードデータには、Local上で使用する完成サイトファイル、コピー＆ペーストで使用するCSSファイル、アップロードする画像ファイル、サイトで使用するテキストをまとめたファイルが同梱されています。ダウンロードデータを展開すると下記のようなフォルダとファイルが表示されます。

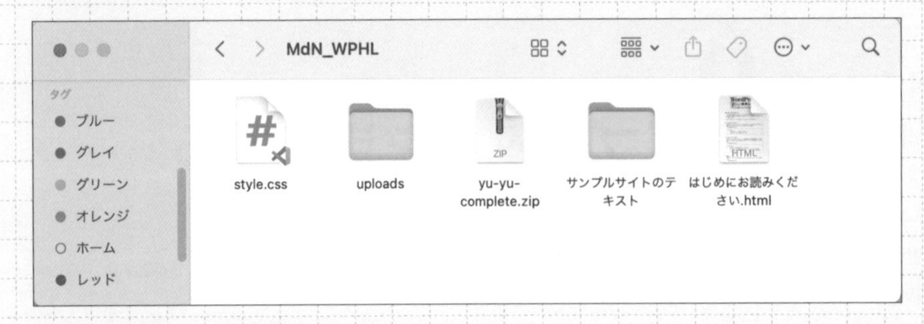

ダウンロードデータの詳細は、同梱されている「はじめにお読みください.html」ファイルをご覧ください。

ダウンロードデータに関するご注意

- ダウンロードしたファイルはZIP形式で保存されています
- Windows、Macそれぞれの解凍ソフトを使って圧縮ファイルを解凍してください
- 弊社Webサイトからダウンロードできるサンプルデータを実行した結果については、著者、制作者および株式会社エムディエヌコーポレーションは一切の責任を負いかねます。お客様の責任においてご利用ください。

※本書は2024年3月現在の情報を元に執筆されたものです。これ以降の仕様等の変更によっては、記載された内容と事実が異なる場合があります。著者、株式会社エムディエヌコーポレーションは、本書に掲載した内容によって生じたいかなる損害に一切の責任を負いかねます。あらかじめご了承ください。

Lesson 1

WordPressをはじめよう

まずはWordPress の基本的な知識について学びましょう。また、ローカル環境でWordPressを学ぶための環境構築についても解説します。

WordPressとは

WordPressは世界でもっとも多くのユーザーが利用しているCMSです。それと同時に、オープンソースのCMS（またはブログソフトウェア）でもあります。ここでは、WordPressとは何かについて解説します。

WordPressとは

WordPressは、CMS（コンテンツ・マネージメント・システム）とよばれる、オープンソース（後述します）のソフトウェアです。**開発は主に世界中のWordPressコミュニティの人々によっておこなわれています。**

CMSとはテキストや画像、ページ構成といったものを管理できるシステムの総称です 01。CMSにはいくつかの有名なものや個人で作った簡単なもの、有料・無料といった様々な種類があります。現在では、多くのWebサイトがCMSによって作成・管理されています。

MEMO
CMSでは編集中のコンテンツが実際にWebサイト上でどのように表示されるかがわかりやすくなっています。

01 CMSのメリット

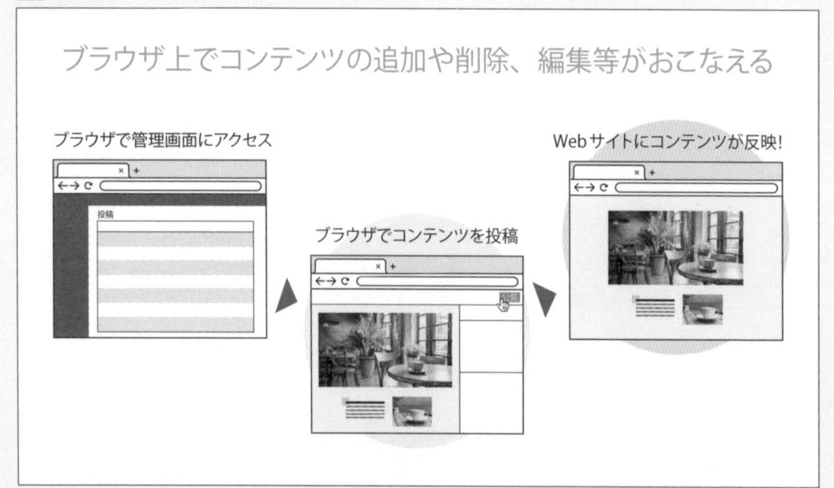

WordPressのシェア

2024年3月14日にW3Techsが公表した資料によると、全世界におけるCMSのシェアのうち62.8%がWordPressとなっています。日本語においては82.4%とさらに高いシェアを占めています。

WordPress は、CMSの中でも圧倒的に人気があり、利用する人が多いため、学習のための情報や書籍が多いのも使う上での利点と言えるでしょう。

オープンソースソフトウェアとしてのWordPress

WordPressはオープンソースソフトウェアです。オープンソースソフトウェアとは、原則として無償でソースコードが公開されているソフトウェアです。

WordPressではGPLというライセンスのもとに、ソースコードが公開されています。GPLとは、General Public Licenseの略で、公開されているソースコードについて、「実行」「研究」「再配布やコピー」「改良」する自由があります。

この自由があることで、WordPressに対して問題を修正したり、機能を追加したりが自由におこなえます。さらにビジネスにも利用できます。

WordPressは、コントリビュート（貢献）活動として、世界中のコミュニティメンバーが開発や改善を続けています。定期的に新機能が追加され、セキュリティも強化され続けています。また、オープンソースであることで沢山の人が自由に関わることができるので、豊富なプラグインやテーマに加え、公式フォーラムでの問題解決やアドバイスなども積極的に行なわれています。

このようにオープンソースであることは、WordPressが世界でもっとも普及しているCMSの一つになった重要な要素です 02。

MEMO
GPLライセンスで配布されたソフトウェアは、誰もが自由に改良や再配布が可能です。なお、公開する場合や再配布する場合には、同様にGPLライセンスの付与が必要となります。

02 WordPressへの参加・貢献のページ

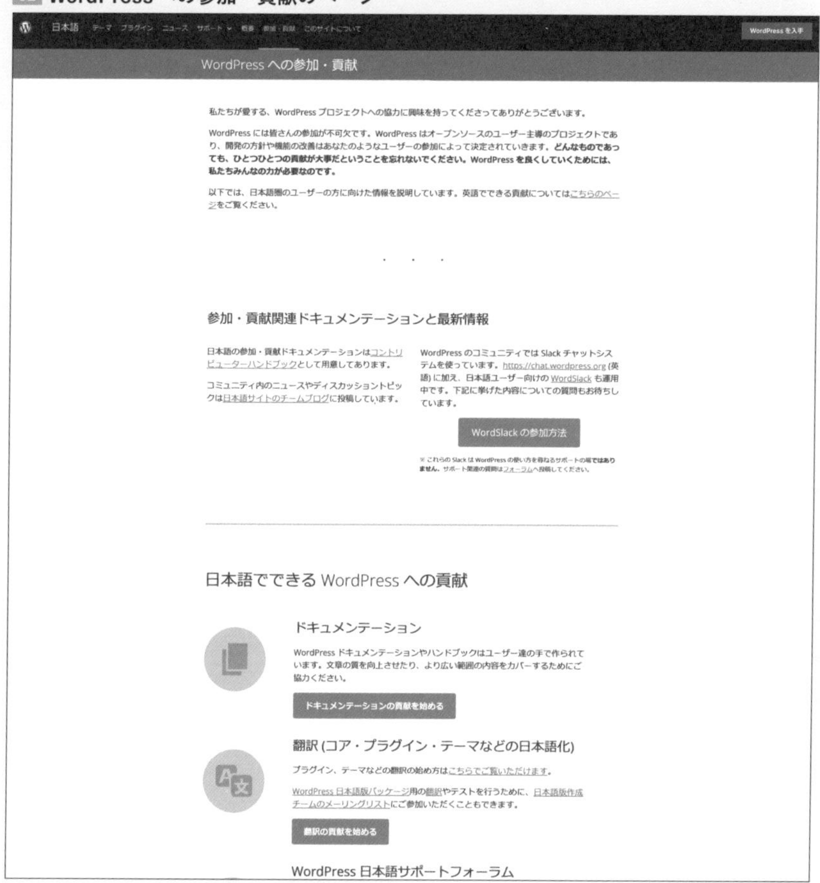

https://ja.wordpress.org/get-involved/

WordPress が人気の理由

WordPressが人気の理由は、使いやすさと柔軟性、そしてコストパフォーマンスにあります。ここでは、その魅力を5つのポイントで詳しく解説します。

1 定期的なバージョンアップによる機能追加

WordPressは定期的にバージョンアップを繰り返し、**新しい機能が継続的に追加されます。**これによって、常に最新のWeb技術を取り入れたサイト運営が可能になります。近年ではブロックエディターの導入により、より直感的にコンテンツを編集できるようになりました。また、API機能の一新により連携できるサービスも増加しています。

MEMO
APIとは、ソフトウェア同士を繋ぐ架け橋のような存在です。APIを用いて連携することで、他のソフトウェアの機能やデータの共有が可能となります。

2 公式ディレクトリにあるテーマとプラグインが無料で使える

WordPressの大きな魅力の一つが、**公式ディレクトリに掲載されている数千種類のテーマとプラグインを無料で利用できることです。**これらのリソースを活用することで、デザインや機能面でのカスタマイズが自在におこなえ、個々のニーズにあわせたサイト作りが容易になります。

3 ライセンス料が無料

WordPressはGPLの下で提供されており、**誰でも無償で利用、改変、再配布が可能です。**このライセンスにより、初期費用や継続的なライセンス料の心配がなく、Webサイトを構築・運営できるのは大きな利点です。

MEMO
WordPress本体は無料ですが、プラグインやテーマは有料のものもあります。

4 対応サービスが豊富

世界中で大きなシェアを持つWordPressには、**対応したサーバーやホスティングサービス、開発ツール、書籍や教材が豊富にあります。**これらのサービスやツールを活用しながら、初心者からプロフェッショナルまで幅広くWordPressサイトを構築し、運営することができます。特に、専門のホスティングサービスを利用すると、セキュリティやパフォーマンスの面で優れたサイト運営が実現します。

MEMO
ホスティングサービスとは、インターネット経由でサーバーをレンタルできるサービスです。国内の主要ホスティグサービスの多くは、WordPressを簡単にインストールできるサービスを提供しています。

5 コミュニティによる支援・サポートや情報共有

WordPressのユーザーコミュニティは頻繁に勉強会を開催しています。困った時には質問できるフォーラムも存在します03。これはすべてボランティアによっておこなわれている活動です。**日本ではWordPressのコミュニティ活動が活発**なため、「WordPress Meetup」04や「WordCamp」05などのイベントに参加して、開発者やユーザーが交流できるのも人気の大きな理由の1つでしょう。

03 WordPress日本語公式サイトのフォーラムページ

https://ja.wordpress.org/get-involved/

04 日本のWordPress Meetupリスト

https://ja.wordpress.org/team/handbook/meetup-organizer-handbook/japan-wordpress-meetup/

05 日本版WordCamp公式ポータルサイト

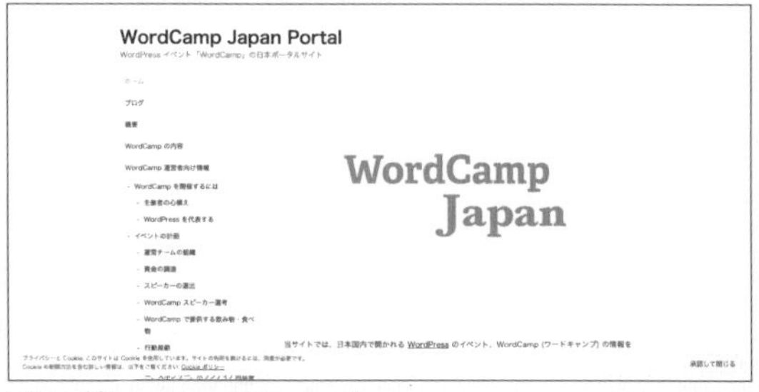

https://japan.wordcamp.org/

WordPressの歴史と未来

WordPressは2003年にマット・マレンウェッグとマイク・リトルによって開発されました。最初はシンプルなブログ作成ツールでしたが、2004年のバージョンアップでプラグイン機能が追加され、2005年にはテーマ機能が実装されます。さらに毎年数回のバージョンアップを重ね、20年以上の時を経てWordPressは、Webサイトやブログ、メディアサイトだけではなくECサイトやSNSとしても使える高機能なCMSになりました。

WordPressは現在もなお、定期的なアップデートにより新機能が追加され、セキュリティの強化が続けられています。ブロックエディターの導入など、ユーザーの使い勝手を考慮した大きなアップデートもおこなわれています。オープンソースソフトウェアであるWordPressは特定の企業や団体が独占することなく、オープンソースコミュニティによってユーザー目線で、より使いやすく、より強力なCMS、さらにはパブリッシングプラットフォーム（情報発信をするOSのようなプラットフォーム）を目指していくと期待されています。

WordPressを構成する要素

WordPressは主に本体(コア)とデータベース、テーマ、プラグインの4つの要素で構成されます。それぞれを詳しく見てみましょう。

WordPressを構成する要素

WordPressは主にPHPで動く3つの要素と、データベースで構成されます。

- 本体(コア)
- テーマ
- プラグイン

- データベース

WordPressでは投稿のテキストや設定情報はデータベースに登録されています。それを呼び出してWebサイトに表示します。

WordPressの本体(コア)の仕組み

WordPressを構成する要素について、それぞれの仕組みや役割を解説します。

WordPressはどのように動くか

WordPressは、PHPというプログラミング言語によって作成されています。そして、データベースと接続して動作します01。本体やプラグイン、テーマなどのファイルはPHPで動作します。保存されている記事の内容や本体の細かい設定、カスタマイズ情報のデータはすべてデータベースに保存されます。**WordPressは、サーバーにインストールして使うソフトウェアです。**そのためWordPressにはPHPとデータベース(MySQLやMariaDB)に対応したサーバーが必要です。近年ではWordPressがあらかじめインストールされているホスティングサービスも数多く存在します。

01 WordPressが動く仕組み

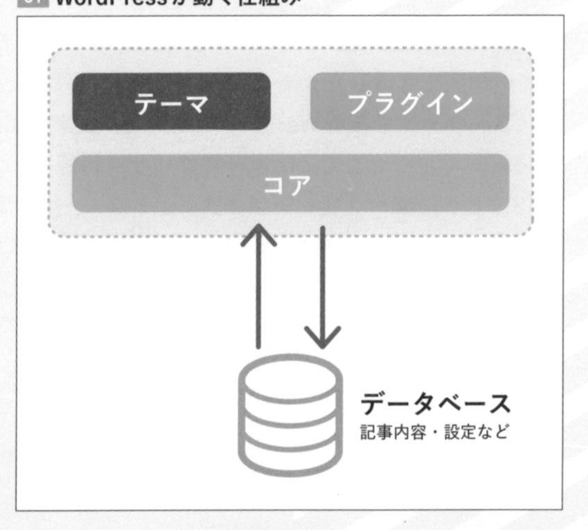

本体（コア）の役割とバージョンアップ

本体（コア）は、文字通りWordPressの本体部分です。WordPressの管理画面を表示したり、管理画面から入力した情報をデータベースに格納したりなど、テーマやプラグイン機能を動作させるすべての仕組みを担っています。パソコンにおけるOSのような存在だと考えればよいでしょう。

WordPressは定期的に新しいバージョンがリリースされます。その場合、この本体がバージョンアップされます。**本体のバージョンアップは機能面だけではなく、セキュリティの観点からも非常に重要です。**しかし、バージョンアップをおこなう際には、互換性の問題が発生しないよう、使用中のテーマやプラグインが新しいバージョンと互換性があるか、後述するWordPress.orgのプラグインページで確認することが大切です。特にカスタムテーマや特定のプラグインを使用している場合は、事前にローカル環境などのテスト環境でバージョンアップを試してみるとよいでしょう。

MEMO
新しいバージョンには、セキュリティの脆弱性を修正したり、よりよい機能を提供するための更新が含まれていることが多いため、常に最新の状態を維持することが推奨されます。

MEMO
バージョンアップをする際は、必ずWebサイトのバックアップを取ることを忘れないようにしましょう。

データベースの役割

前述したように、WordPressはPHPで作成されたプログラムとデータベースで構成されます。**データベースとはWordPressのデータがすべて保存される場所です。**WordPressのデータベースは主にリレーショナルデータベースと呼ばれるMySQLやMariaDBを使用します 02 。

このデータベースには、WordPressで投稿したページの内容、コメントの内容、ユーザーの情報やパスワード、WebサイトのURLや管理画面の設定情報、プラグインの設定情報、メニューやテーマのカスタマイズ情報といった、サイト運営に必要なほとんどのデータが保存されています。

MEMO
データベースが万一消えてしまうと、これまでの情報が失われます。そのため、定期的なバックアップとセキュリティ対策は必須です。

02 データベースを閲覧した画面の例

テーマの基本と種類

テーマは、WordPress の外観・見た目を変更する機能です。**テーマを変更すると、投稿や固定ページの内容はそのままにWebサイト全体のデザインを変更できます。**またテーマには無料、有料、多機能、高機能、レスポンシブ対応、WooCommerce（EC）対応など、様々な種類が存在します。見た目だけではなく、表示速度に特化しているテーマやSEO（検索エンジン最適化）に対応したテーマなど沢山のジャンルのものが存在しています。

WordPressのテーマは大きく3つに分類できます。

❶ WordPress.orgの公式ディレクトリに掲載される「無料テーマ」

WordPress.orgの公式ディレクトリでは、テーマの制作者が自分または自社で作成したテーマを公開しています 03 。完全に無料で利用できるテーマのほか、有料版のライトバージョンとして公開されているものもあります。

公式ディレクトリとは、WordPress.org内に存在するテーマディレクトリのことで、これらのテーマはWordPressのガイドラインに沿って作られます。また、定期的に更新されているため安心して使用できます。無料テーマの中には、カスタマイズ性が高いものも多く、初心者から上級者まで幅広いユーザーに適しています。

MEMO
WordPress.orgとは、非営利団体のWordPress Foundationが実施しているWordPressのオープンソースプロジェクトです。

注意
公式ディレクトリ以外でも無料のテーマをダウンロードできますが、悪意のあるコードやセキュリティホールが含まれる可能性があるので、提供元の信頼性がわからない場合は注意が必要です。

03 WordPress.org公式テーマディレクトリ

https://ja.wordpress.org/themes/

❷ 様々な販売元から発売される「有料テーマ」

有料テーマは、デザイナーや開発者によって作られた高品質で多機能なテーマが多く、特定のニーズを満たすために特化されたものもあります。有料テーマはサポートやアップデートが提供されることが多く、より複雑なサイトを構築する際に選ばれることが多いので、初級者には設定が難しいこともあります。購入前にはデモサイトを確認し、必要な機能が含まれているかどうかを確認するとよいでしょう。

注意
有料テーマの場合、その課金形態や利用条件がテーマごとに異なります。購入前に確認するようにしましょう。

3 受託開発、自作した「オリジナルテーマ」

オリジナルテーマは、自分自身で作成するか、開発者に依頼して作成したテーマです。完全にオリジナルのデザインや機能を求める場合に選ばれますが、テーマ自体の開発やメンテナンスにはHTML・CSS・JavaScript・PHPといったコードを書くスキルやその他のWebに特化した高度な専門知識が必要になります。一方で、好きなようにカスタマイズできるので、Webの技術に精通している、もしくは社内にそのような部門があったり、開発会社に依頼する予算があったりする方は選択肢に入れるとよいでしょう。

プラグインの基本と種類

プラグインは、本来WordPressにない機能を後から拡張する仕組みのことです。**プラグインを使用することで、コーディングの知識がなくても機能を追加・拡張できます。**たとえば、SEOを強化するためのプラグイン、ソーシャルメディアの共有ボタンを追加するプラグイン、お問い合わせフォームを設置するプラグインなど、目的に応じて様々なプラグインが開発されています。プラグインには無料と有料があり、基本機能以外は有料バージョンを購入する形式もあります。

プラグインもテーマと同様、WordPress.orgの公式ディレクトリからダウンロードして使うことができます 04 。WordPressの管理画面から検索してインストールできるプラグインは公式ディレクトリに掲載されているプラグインです。プラグインは、その機能と目的によって大きく3つのカテゴリーに分類できます。

注意
公式ディレクトリ以外からプラグインをインストールする場合は、ハッキングの窓口になってしまうこともあるため、プログラミングコードが読めない人は使わない方が賢明でしょう。

04 WordPress.orgの公式プラグインディレクトリ

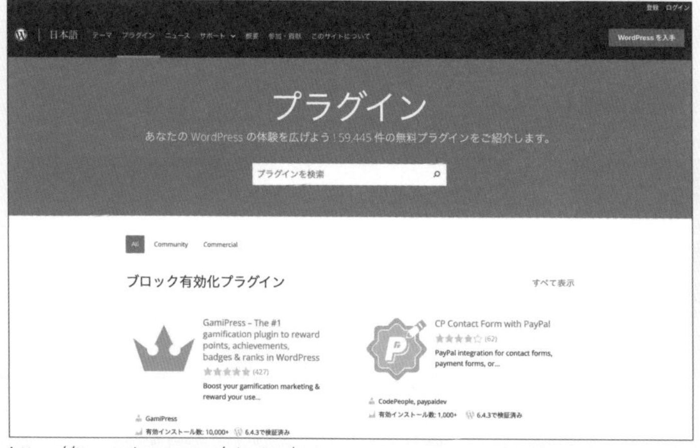

https://ja.wordpress.org/plugins/

1 機能追加プラグイン

基本となるWordPressの使い方（Webサイト、ブログ、メディアなど）をベースにお問い合わせフォーム 05 、画像の遅延読み込み、コメントスパム防止など、Webサイトに特定の機能を追加するプラグインを指します。また、SEOプラグインというジャンルの中にも、ページタイトルを変えるだけのシンプルなプラグインから、SEO全般のあらゆることを網羅した高機能なもの 06 など、様々なものがあります。

05 お問い合わせフォームプラグイン「Contact Form 7」

06 Automattic社が提供する多機能プラグイン「Jetpack」

2 機能拡張プラグイン

サイトの基本的な機能や目的を大きく変化させるプラグインを機能拡張プラグインと呼びます。これらのプラグインは、単に小さな機能を追加するのではなく、eコマース機能 07 、オンライン学習プラットフォーム、ソーシャルネットワーク 08 など、Webサイトに大規模な新機能を導入し、基本的な機能を大きく拡張することができます。

07 ECサイトに機能拡張できる「WooCommerce」

08 SNSに機能拡張できる「BuddyPress」

3 外部のサービスと連携するプラグイン

WordPressサイトと外部のWebサービスやアプリケーションを連携させる機能を提供するプラグインです。これらのプラグインにより、サイト運営者はソーシャルメディアプラットフォーム、SEOツール、メールマーケティングサービス08、分析ツールなど、様々な外部サービスを自分のWordPressサイトに直接統合することができます。

08 マーケティングツールの「HubSpot」と連携できるプラグイン

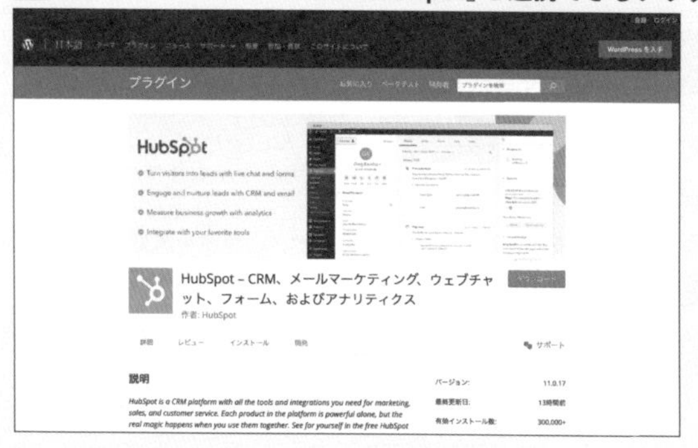

以上のようにプラグイン機能は、ニーズや用途によってプラグインを利用することで、WordPressを少し便利にしたり、大きく変化させたりすることができます。

Column

対応バージョンに注意

プラグインをインストール＆有効化する際には、WordPressのどのバージョンまで対応しているかに注意しましょう。もし、使用しているWordPressのバージョンに対応していない場合は、利用できない、もしくは不具合が生じる可能性があります。

なお、対応バージョンについてはWordPress.orgのプラグインページ、もしくはWordPressの［インストール済みプラグイン］画面からプラグインの［詳細を表示］で確認できます01。

01 プラグインの［詳細を表示］

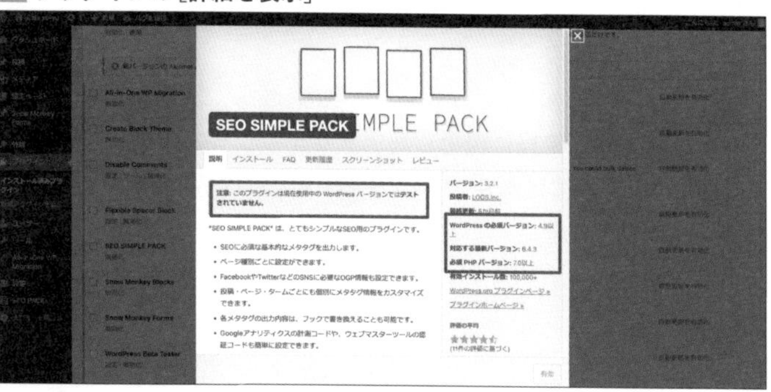

WordPressを学ぶ環境を構築しよう

ここでは、本書でWordPressを学ぶための環境を整えます。今回は、ローカル環境でWordPressを動かすためLocalというソフトをインストールします。Localを利用すれば、サーバーにアップロードしなくてもWordPressを学ぶことができます。

ローカル環境でWordPressを動作させる環境を整える

WordPressはサーバー上で動作するアプリケーションです。そのため、本来はホスティングサービスと契約するなど、サーバー環境を整える必要があります。しかし、初心者の人にとって、それはなかなかハードルが高いものです。そのような方の味方となるのが、**ローカル環境でWordPressを動作させる「Local」01というアプリケーションです。**

MEMO
ローカル環境とは自分のパソコン上に仮想のサーバー環境を構築することです。ローカル環境を構築できるアプリケーションには、Local以外にもXAMPP（Win/mac）、MAMP（Win/mac）があります。

01 Localのトップ画面

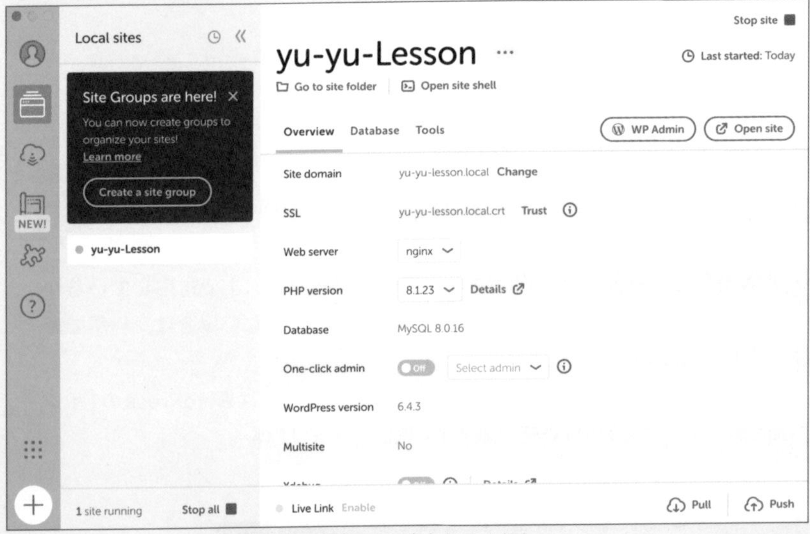

表記は英語ですが、非常に簡単で使いやすいので安心してください。

LocalはWordPressのローカル環境構築に特化したアプリケーションです。そのため、WordPressを学ぶ上では非常に有用です。なお、LocalはWindowsとmacOS、双方に提供されています。

Localをインストールする

Localを公式サイトからダウンロードしてインストールします。Localはフリー（無料）のアプリケーションです。

STEP

01 Localの公式サイトにアクセスして「DOWNLOAD FOR FREE」をクリックします。

> MEMO
> 「GET WORDPRESS HOSTING」はLocalが提供する有料のホスティングサービスです。

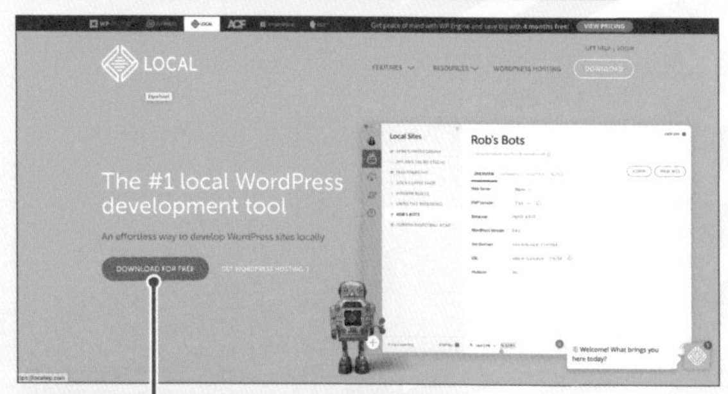

02 ［Please choose your platform］で自分のOSを選択します。

03 名前、所属、メールアドレスを入力して「GET IT NOW!」をクリックするとLocalがダウンロードされます。ダウンロードが完了したら、ファイルをダブルクリックしてLocalをインストールしてください。

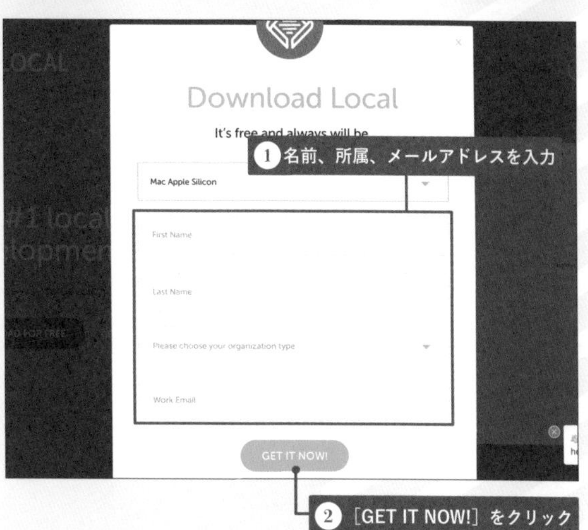

LocalにWordPressをインストールする

LocalにWordPressをインストールします。表記が英語なので不安を感じるかもしれませんが、操作は非常に簡単なので安心してください。

STEP

01 [+Create a new site]をクリックします

MEMO
左下の[+]をクリックしてもサイトが作成されます。

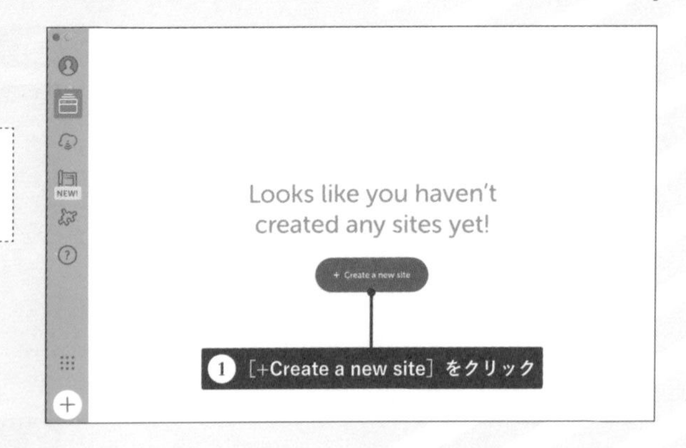

02 [Create a new site]→[Continue]をクリックします。

MEMO
下にある[Select an existing ZIP]はサンプルサイトのインストール(P072)で使用します。

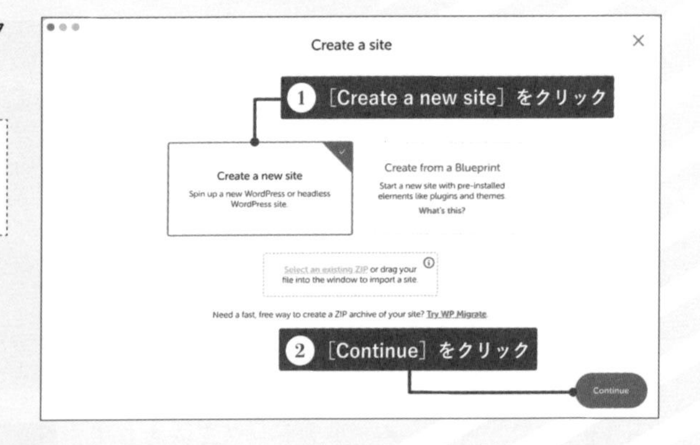

03 任意のサイト名を入力して[Continue]をクリックします。

注意
サイト名として入力したものがドメインとなります。日本語は入力せず半角英数を利用します。日本語でサイト名に入れてしまうと、ドメイン名が「.local」になりエラーとなります。

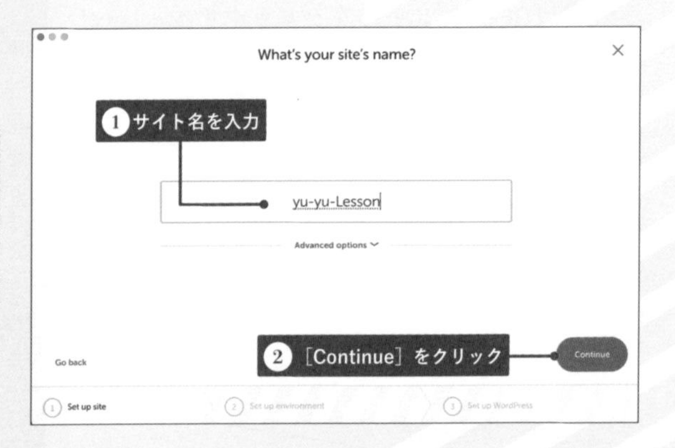

04

［Preferred］→［Continue］をクリックします。

MEMO
［Custom］からはPHPのバージョンなどをカスタマイズできます。

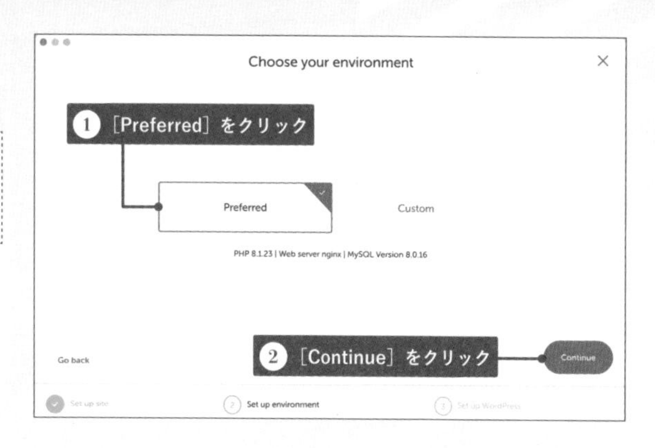

05

WordPressで使用するusernameとpassword、メールアドレスを入力します。入力が完了したら［Add Site］をクリックします。

MEMO
ローカル環境で利用するので、username、password、メールアドレスは暫定的なもので大丈夫です。もちろん、サーバーにアップロードする際は、しっかりと再設定が必要です。

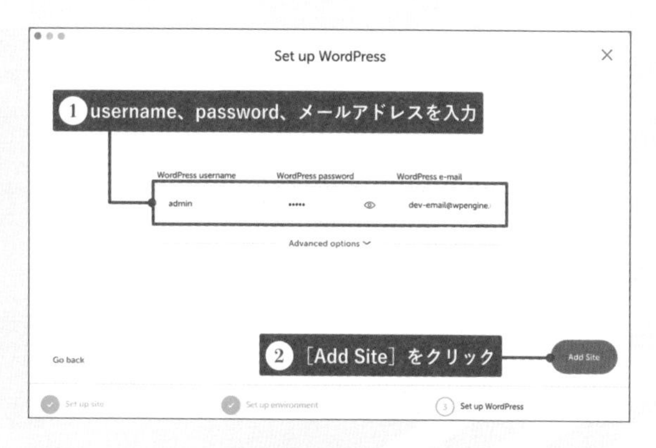

06

自動でWordPressがダウンロード&インストールされます。

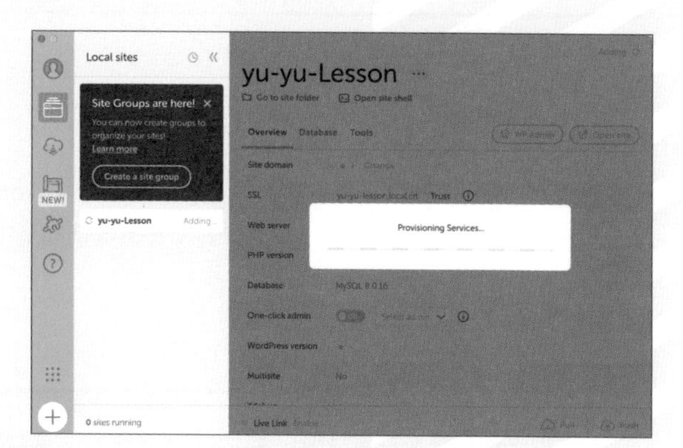

07

Local上に最新バージョンのWordPressがインストールされました。[One-click admin]をONにして右上にある[WP Admin]をクリックします。

MEMO
[One-click admin]をONにすると、ログイン時のユーザー名とパスワードの入力が省略されます。

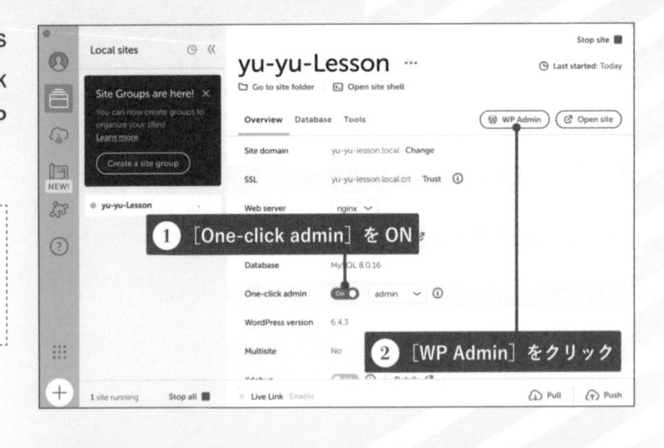

08

WordPressの[ダッシュボード]が表示されます。

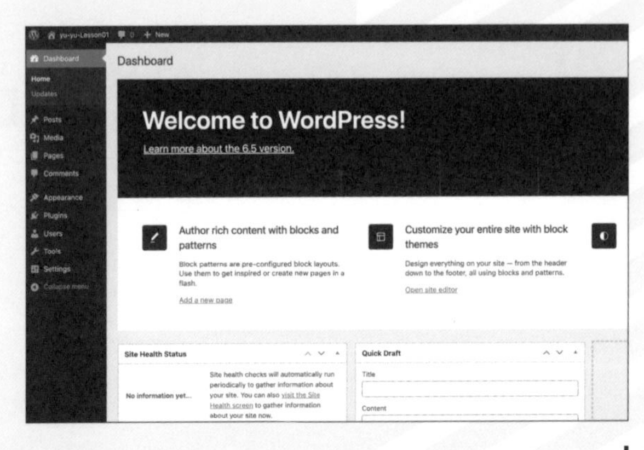

WordPressの初期設定をする

本書では、今回新たにインストールしたまっさらなWordPressのサイトをカスタマイズして、P076で紹介するサンプルサイトを作成していきます。まずは第一段階としてWordPressの初期設定をします。

STEP

01

WordPressを日本語化します。左メニューの[Stettings]→[General]をクリックします。

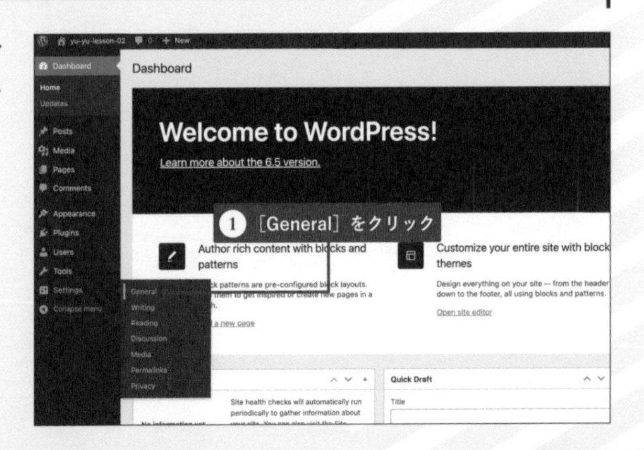

02 [Site Language]で[日本語]、[Timezone]で[Tokyo]、[Date Format]で[Custom]を選択して「Y.m.d」に変更します。

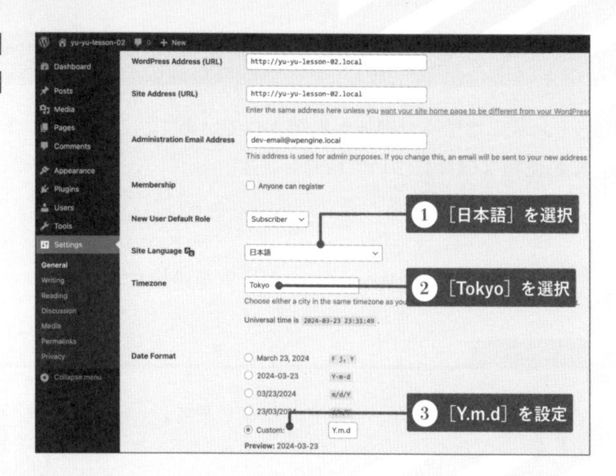

03 下にスクロールして[Save Changes]をクリックします。

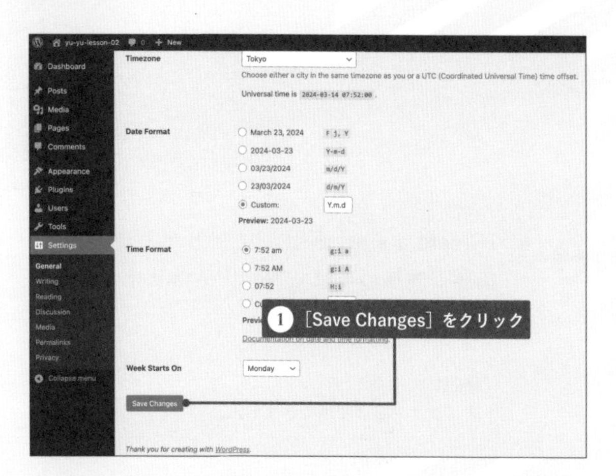

04 日本語化と日付表示が変更されました。

> **MEMO**
> 日本語化すると[Save Changes]は[変更を保存]に変わります。WordPressの設定はこのボタンをクリックしないと反映されません。

これで本書を学ぶための環境設定が完了しました。以降は、ここでインストールしたWordPressサイトを使用します。

知っておくと便利なLocalの機能

Localには様々な機能が搭載されています。ここでは、本書を学ぶ上で知っておくと便利な機能について紹介します。

Localにサイトを新規追加する

Local上に新たなWordPressサイトを追加します。

STEP

01 左下にある[+]をクリックします。

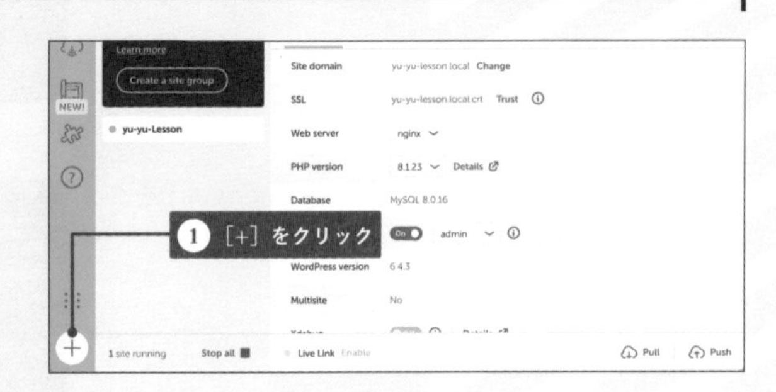

02 [Create a site] 画面が立ち上がります。前述と同様の手順でWordPressサイトを追加します。

MEMO
同じサイト名は使用できません。

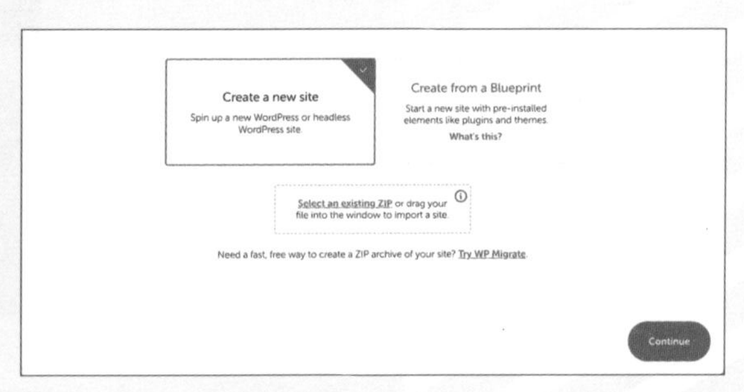

サイトをコピー、削除する

手順を進めていくと、「この段階の状態を保存したい」と思う場合もあるでしょう。そのような際は、サイトをコピーして別名で保存します。

STEP

01 コピーしたいサイトを選択して右クリック→[Clone site]をクリックします。

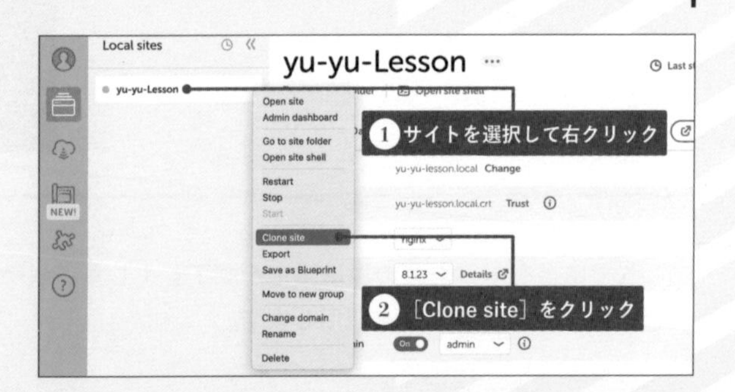

02 新しいサイト名を入力して［Clone site］をクリックします。

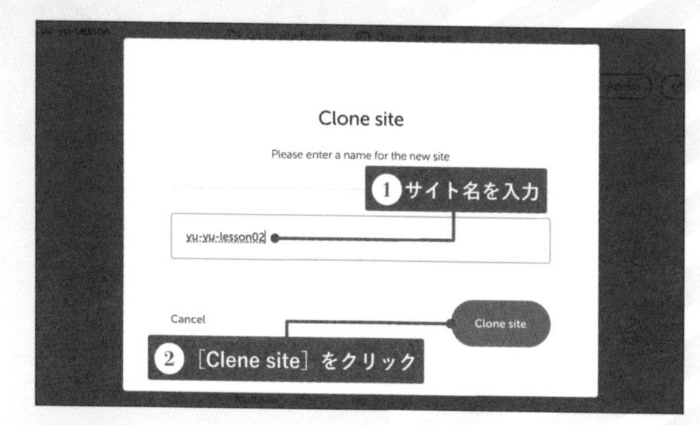

03 コピーしたサイトが追加されます。

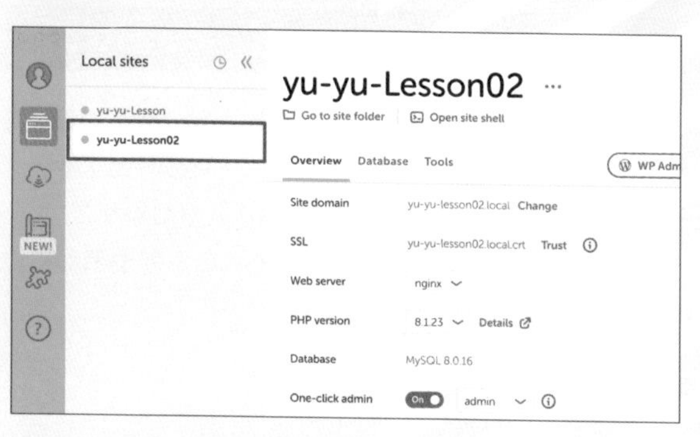

04 サイトを削除したい場合はサイトを選択して右クリック→［Delete］をクリックします。

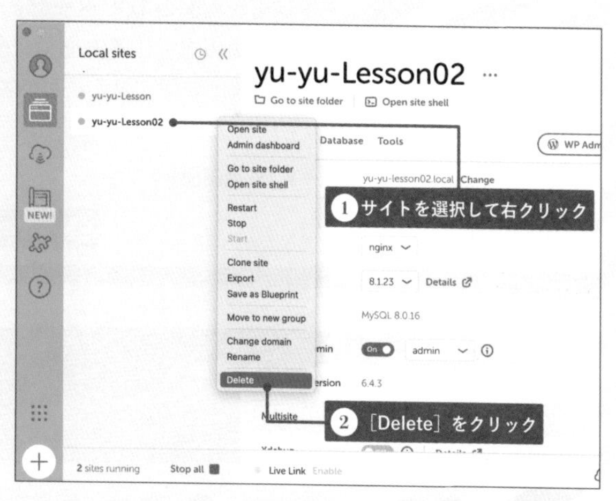

以上で、WordPressの環境設定が完了しました。なお、Localで作成したWordPressサイトはプラグインを使って書き出すことで、インターネット上のサーバに反映して公開することができます。詳しくはP202を参照してください。

WordPressの構成と用語を理解しよう

ダッシュボード（管理画面）は、WordPressをカスタマイズしたり、コンテンツを作成したりする時に必ず使用します。ここでは、ダッシュボードの使い方や構成、関連用語について解説します。

ダッシュボード（管理画面）を理解しよう

WordPressにログインすると最初に表示される画面をダッシュボードまたは管理画面と呼びます。Webサイトのテーマの有効化やカスタマイズ、プラグインのインストールや設定、コンテンツの作成や削除など、すべての作業はダッシュボードからおこないます。まずはそれぞれの名前や項目について理解を深めていきましょう。

ダッシュボードの概要

厳密には、ダッシュボードは管理画面のTOPページという位置付けとなります 01。表示される項目は、多岐にわたります。それらは上部の［表示オプション］より、チェックボックスで表示／非表示の切り替えが可能です。

01 WordPressのダッシュボード（管理画面）

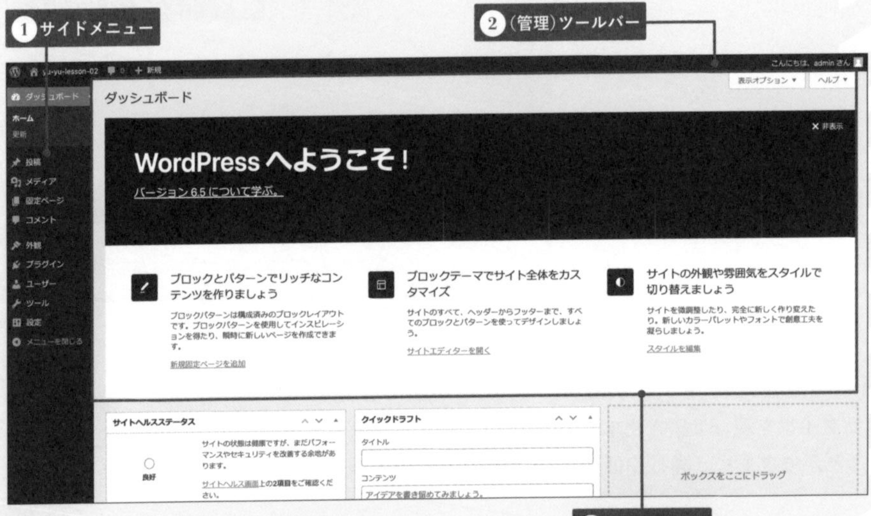

❶ サイドメニュー

管理画面の左側のサイドバーにあるメニューからは、投稿、メディア、固定ページ、コメント、外観、プラグイン、ユーザー、ツール、設定など、Webサイトの管理に必要な機能へアクセスできます。各メニューにホバーするとサブメニューが表示されます。

❷（管理）ツールバー

上部に表示されるツールバーには、さまざまな管理機能へのリンクがあります。ツールバーは投稿やテンプレートなどの編集画面にも表示されるため、編集画面からダッシュボードに戻る際にも利用します。

❸ ワークエリア

選択したサイドメニューの関連情報や設定などが表示されます。

MEMO
WordPressのコア、テーマ、プラグイン、翻訳についてアップデートがあった場合には［更新］に通知が表示され、ここからそれぞれのアップデートを実施できます。

主なサイドメニューについて理解しよう

WordPressのサイドメニューには数多くの項目が並んでいます。その中でも、特に利用頻度が高い項目について解説します。

［投稿］について

［投稿］02 は投稿記事の作成に関する操作が可能です。［投稿］をクリック（またはホバー）すると複数のサブメニューが表示されます。

- 投稿一覧：投稿の一覧を表示
- 新規投稿を追加：新しい投稿の編集画面を表示
- カテゴリー：カテゴリー（投稿の分類）を設定
- タグ：タグ（投稿の分類）を設定

02 ［投稿］メニュー

［メディア］について

［メディア］03は、WordPressの操作においてアップロードした画像やファイルなどが一元管理できる項目です。

- ライブラリ：アップロードしたファイルの一覧を表示
- 新しいメディアファイルを追加：ファイルのアップロードが可能

03［メディア］メニュー

［固定ページ］について

［固定ページ］04は、固定ページの設定が可能です。固定ページの具体的な用途としては、「このサイトについて」などの各種個別のページやTOPページなどです。編集画面は、投稿と同様にブロックエディターを利用します。

MEMO
固定ページでは投稿とは異なりカテゴリーやタグといった分類を持ちません。また、階層構造と順序の設定が可能です。

04［固定ページ］メニュー

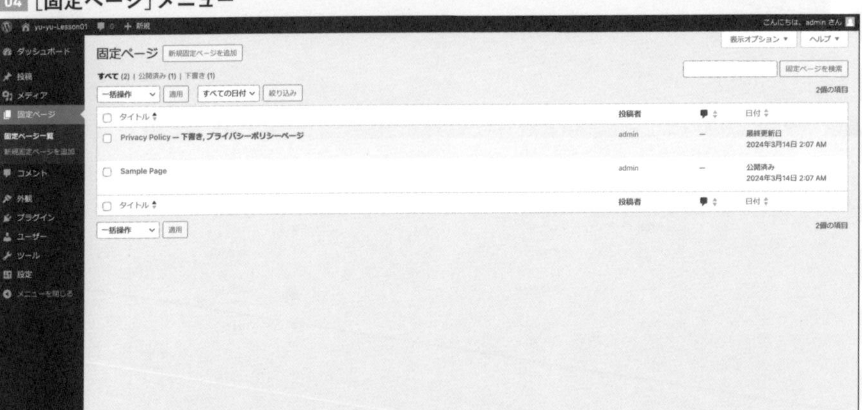

[コメント]について

WordPressには、投稿ごとにコメントを受け付ける機能があります。このコメントを管理するのが[コメント]です 05 。ただし、本書ではコメント機能を利用しません。

05 [コメント]メニュー

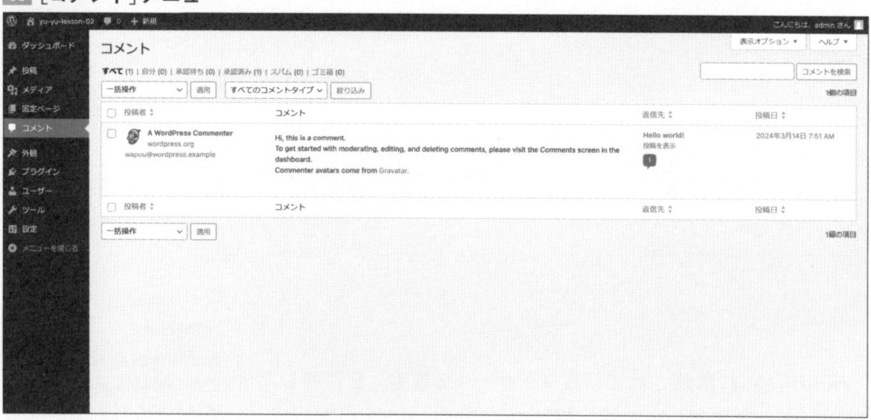

[外観]について

[外観]では、テーマの管理、設定、編集をおこないます。ブロックテーマ(P032)が有効化されている場合は、[エディター]のメニューが表示されます。

- テーマ：インストール済みテーマを一覧表示(テーマの追加や切り替えも可能)
- エディター：フルサイト編集の機能を利用

06 [外観]メニュー

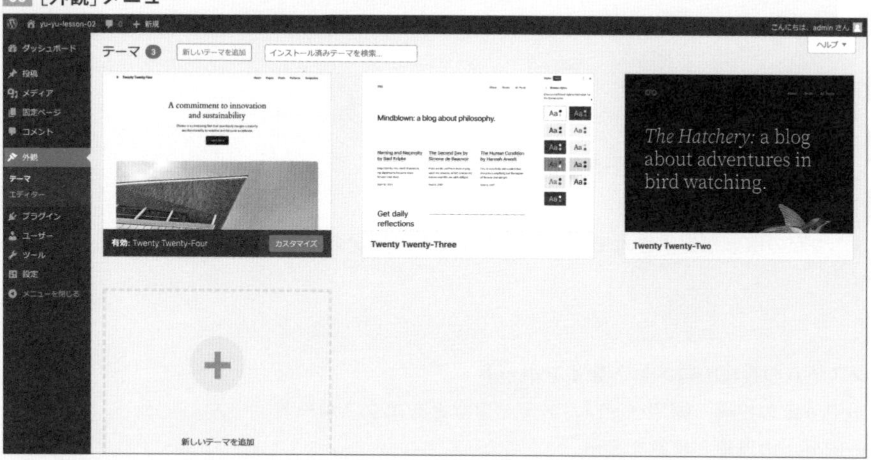

[プラグイン]について

[プラグイン] 07 では、インストール済みのプラグインが一覧で表示され、各プラグインの有効化、停止、削除等が可能です。また[新規プラグインを追加]より、新たなプラグインをインストールすることも可能です。

07 [プラグイン]メニュー

[ユーザー]について

[ユーザー] 08 では、WordPressに登録されているユーザー(管理者)を管理します。本書では1アカウントのみを利用しますが、複数のユーザーがWordPressにログインする場合には、ここからユーザーの追加や編集、削除をおこないます。

ユーザーには、管理者を上位権限として購読者まで5つの権限が用意されています。プロフィールのメニューより、現在ログインしているアカウントの設定が可能です。パスワードの変更などもここからおこなえます。

MEMO
WordPressの管理者権限については下記ページを参考にしてください。
「ユーザーの種類と権限 - サポートフォーラム - WordPress.org 日本語」
https://ja.wordpress.org/support/article/roles-and-capabilities/

08 [ユーザー]メニュー

[ツール]について

[ツール] 09 では、いくつかの機能が提供されています。主な機能は下記の通りです。

- インポート:他のシステムの投稿やコメントをインポート
- エクスポート:WordPressの投稿、固定ページ、メディアなどをエクスポート
- サイトヘルス:WordPressの環境と状態を表示

09［ツール］メニュー

MEMO
本書ではLocalを利用して、ご自身のPCの中のみの環境で作業をおこなうので、［サイトヘルス］の状況は特に問題ありません。今後、ホスティングサービスなどを利用してサイトを運用する場合には、こちらを確認して、常にサイトヘルスが良好になるように心がけてください。

［設定］について

［設定］**10**では、WordPres全体の設定などをおこないます。

- 一般：サイトタイトルやキャッチフレーズ、言語、タイムゾーンなどの設定
- 投稿設定：初期カテゴリーやメール投稿などの設定
- 表示設定：ホームページの表示、1ページあたりの表示投稿数などの設定
- ディスカッション：コメントに関連する設定
- メディア：画像アップロード時に生成される複数画像の幅や高さの設定
- パーマリンク：URLのルールとして利用されるパーマリンクの設定
- プライバシー：プライバシーポリシーに関連する設定

10［設定］メニュー

これで、大まかなWordPressの構成と用語を理解できたことと思います。WordPressには数多くの機能が存在します。もし、使い方や設定方法に困った場合は、WordPress日本語サイトのサポートページを参考にしてください。

MEMO
「WordPress日本語サイトサポートページ」
https://ja.wordpress.org/support/

フルサイト編集とは？

フルサイト編集（Full Site Editing）とは、ヘッダーやフッターなどを含む、サイト全体の編集を管理画面より実現する機能です。従来のテーマ編集との違いや、操作画面などを解説します。

フルサイト編集とは

フルサイト編集とは、ブロックエディターを利用し、コンテンツ部分だけでなく、サイト全体を編集する機能です。たとえばヘッダーやフッター、一覧ページ等、投稿の編集箇所以外の部分もブロックエディターの操作感をそのままに編集が可能になります01。

従来のWordPressでコンテンツ以外の編集をおこなうには、テーマ内でプログラム言語であるPHPを記述する必要がありました。フルサイト編集によって、それらの編集がPHPを触らずにWordPressの管理画面からおこなえるようになりました。

01 フルサイト編集画面

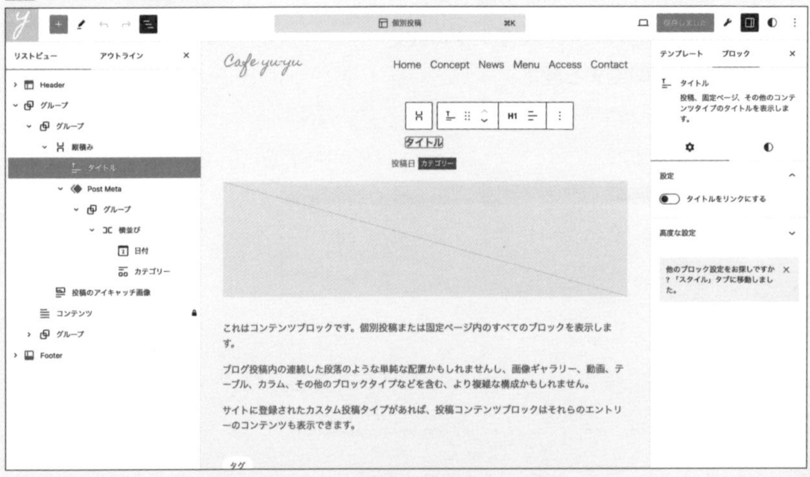

本書で作成するサンプルサイトはフルサイト編集で作成されています。

ブロックテーマと従来のテーマ（クラシックテーマ）との違い

フルサイト編集を利用するためには、フルサイト編集に対応したテーマを利用する必要があります。この、**フルサイト編集に対応したテーマのことをブロックテーマと呼びます。**それに対して、従来のテーマはクラシックテーマと呼びます。

ブロックテーマとクラシックテーマはファイル構成が異なる

ブロックテーマとクラシックテーマの一番の違いはファイル構成です。その違いを見るために、それぞれのテーマのファイル構成とコードを比較してみましょう。**クラシックテーマでは主にPHPファイルがテーマを構成しています** 02 。

MEMO

クラシックテーマでもブロックエディターは利用可能ですが、基本的にフルサイト編集はブロックテーマでしか利用できません。

02 Twenty Twenty-One（クラシックテーマ）の構成とコード（index.php）

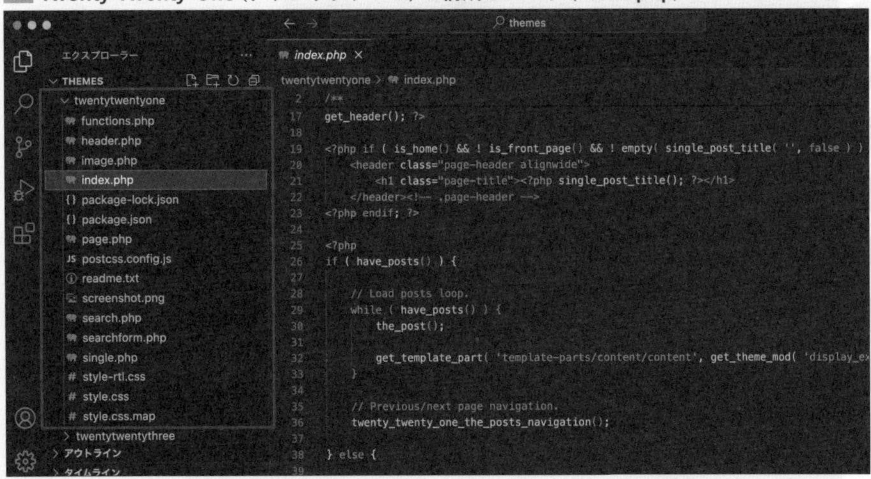

主にPHPファイル（拡張子がphp）によってテンプレートやテンプレートパーツが配置されています。

一方、**ブロックテーマでは、HTMLファイルがテーマを構成します** 03 。ブロックテーマのHTMLファイルには「<!--　-->」で括られた記述が多くあります。これらは、各HTMLファイルからブロックを呼び出すための記述です。

03 Twenty Twenty-Four（ブロックテーマ）の構成とコード（index.html）

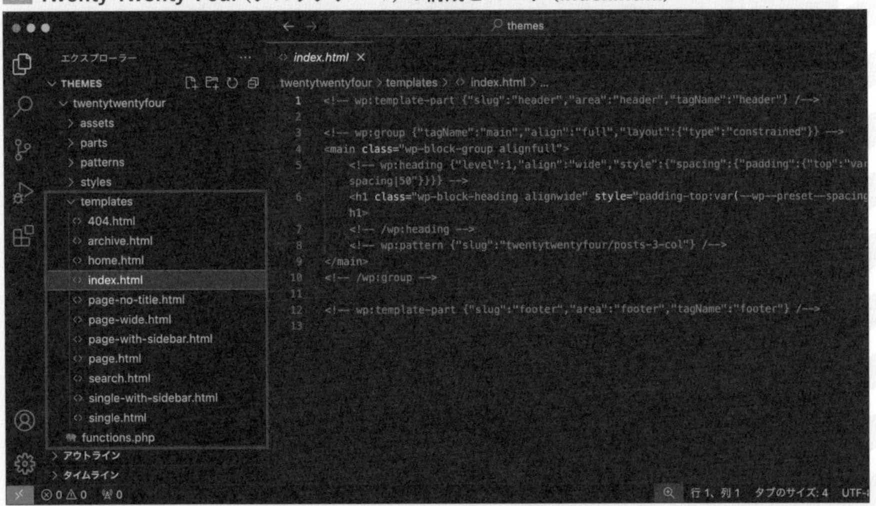

templateやpartsなどのディレクトリ内にHTMLファイルとして、テンプレートやテンプレートパーツの内容が配置されています。

theme.jsonについて

theme.jsonはJSON形式のファイルで、テーマやブロックがサポートする機能・レイアウト・スタイルなどの多くの設定を記述するものです04。

MEMO
JSON（JavaScript Object Notation）は軽量のデータ交換フォーマットで、サーバーを介したデータ交換の主流フォーマットとなっています。

04 Twenty Twenty-Four テーマのtheme.json

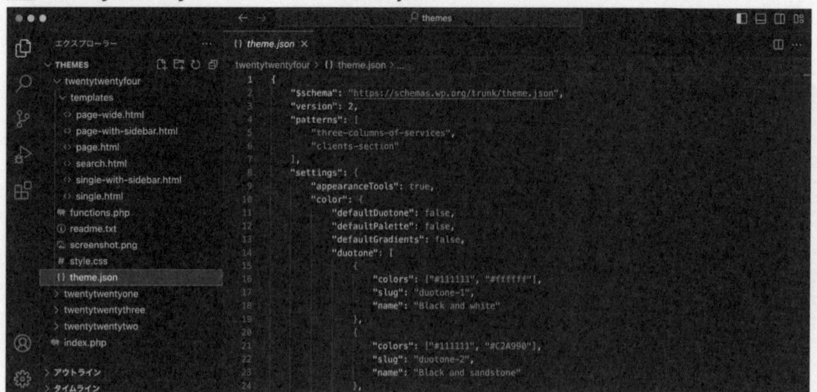

当ファイルを利用することで、たとえばフォント、色、画面幅などの設定ができます。ただし、本書ではtheme.jsonに直接触れる必要はありません。その理由は後述するプラグインの「Create Block Theme（P093）」がWordPressの編集画面で設定した内容をtheme.jsonに上書きする機能を持つためです。必ずしもすべてを理解する必要はありませんが、知識として構成や役割を簡単に把握しておきましょう。

Twenty Twenty-Four テーマについて

Twenty Twenty-Four テーマ（TT4）は、フルサイト編集機能を活用し、ブログやポートフォリオ、Webサイトなどの多彩な用途に利用できるように開発された、汎用的なデフォルトテーマです05。

MEMO
Twenty Twenty-Fourの詳しい概要は下記を参考にしてください。
「Twenty Twenty-Fourの紹介」
https://ja.wordpress.org/2023/11/23/introducing-twenty-twenty-four/

05 Twenty Twenty-Four テーマ

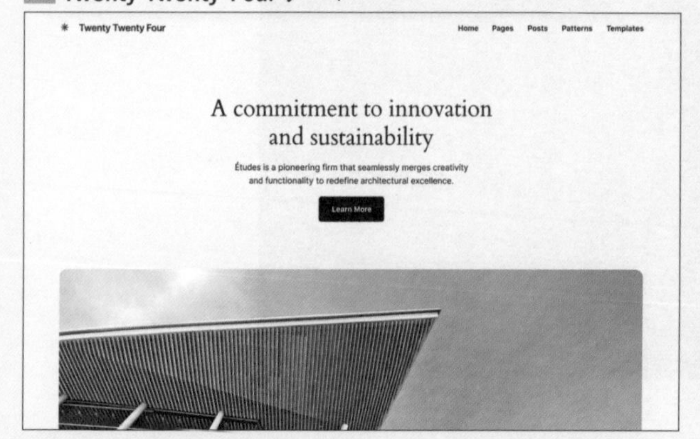

35種類以上の豊富なパターンを持ち、デフォルトのままでも十分に素敵なデザインが提供されます。本書ではオリジナルのデザインを利用するため、これらは使いませんが、ご自身で新たにサイトを作成する際には活用してもよいでしょう。あらかじめ必要なテンプレートが揃っているので、それらを順にカスタマイズしていくことで、スムーズにサイトが制作できます。

フルサイト編集画面の操作について

フルサイト編集の操作には、［ダッシュボード］→［外観］→［エディター］より進みます 06 。

すると、左パネルにメニューが表示されます。

06 Twenty Twenty-Fourテーマのフルサイト編集画面

❶ナビゲーション
❷スタイル
❸固定ページ
❹テンプレート
❺パターン

1 ナビゲーション

ナビゲーションブロックで設定する、ナビゲーションの編集をおこないます 07 。クラシックテーマにおけるメニューに近い機能です。

07 ナビゲーション画面

②スタイル

サイト全体およびブロックごとのスタイルなどを設定します 08 。Twenty Twenty-Fourにおいては、スタイルのバリエーションが最初から8種類準備されており、それぞれに変更可能です。

08 スタイル画面

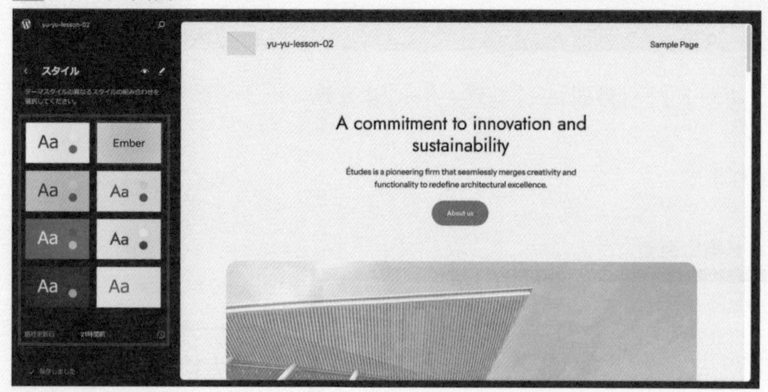

Emberに変更した状態。

③固定ページ

コンテンツとテンプレートをシームレスに編集できます 09 。本書ではコンテンツ編集は固定ページから、テンプレートなどの編集はフルサイト編集画面からという形で進めますので、基本的にこの画面からの操作はおこないません。

09 固定ページ（Sample Page）画面

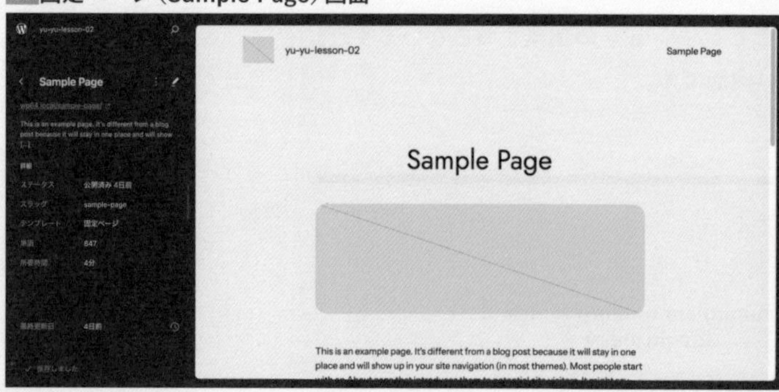

4 テンプレート

テーマカスタマイズにおける主要機能です。Twenty Twenty-Fourは10以上のテンプレートがあります。本書ではこのテンプレートを順を追ってカスタマイズし、オリジナルサイトをつくっていきます10。

10 テンプレート（すべてのアーカイブ）画面

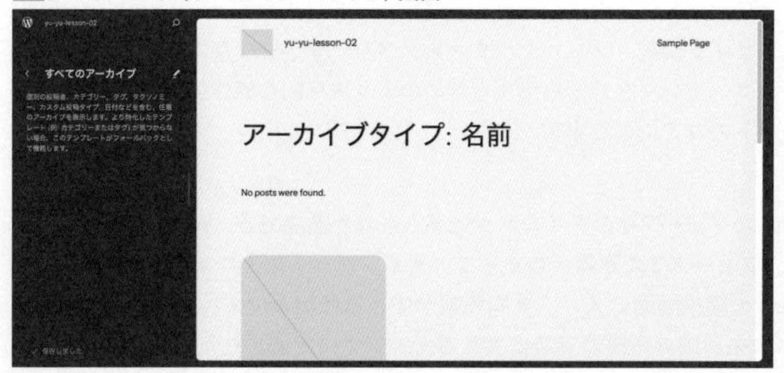

5 パターン

Twenty Twenty-Fourが提供する複数のパターン11、およびヘッダーやフッターなどのテンプレートパーツ12、そして今後作成する独自パターンもこちらで管理・編集をおこないます。

11 パターン画面

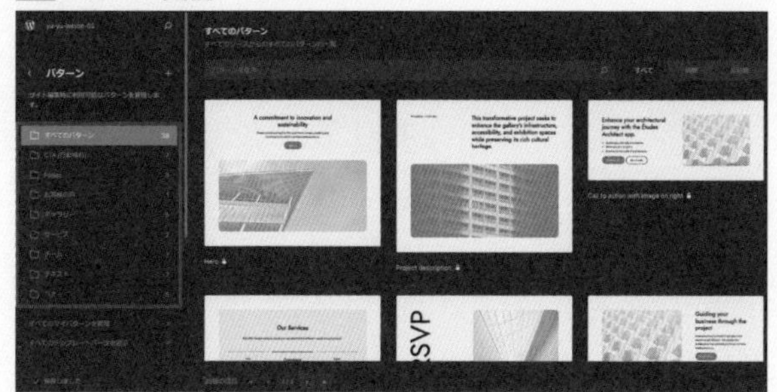

12 テンプレートパーツ画面

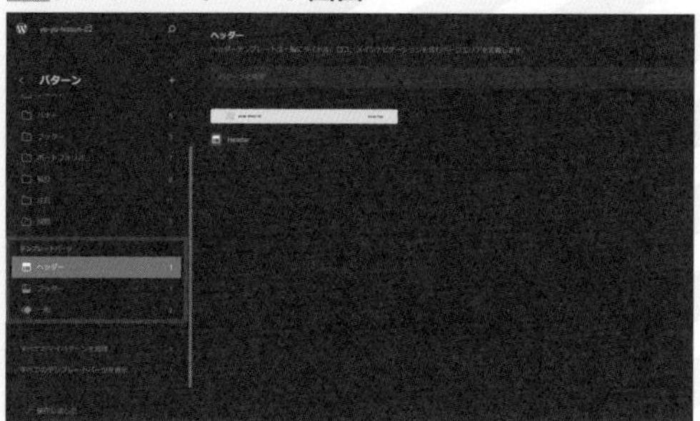

フルサイト編集の概要は以上です。フルサイト編集機能は2022年1月25日にリリースされたWordPress 5.9より実装されました。今後、WordPressのフルサイト編集はさらに使いやすく進化することでしょう。

Column

グーテンベルク（Gutenberg）プロジェクトの4つのフェーズ

ブロックエディターの開発を含む、グーテンベルク（Gutenberg）プロジェクトには、長期的なロードマップ 01 として4つのフェーズが設定されています。4つのフェーズは以下の通りです。

- フェーズ1 – より簡単な編集：ブロックエディターの利用
- フェーズ2 – カスタマイズ：フルサイト編集、ブロックパターン、ブロックテーマなど
- フェーズ3 – コラボレーション：コンテンツを共同編集するためのより直感的な操作
- フェーズ4 – 多言語：多言語サイトのコアによる実装

本書で取り上げるフルサイト編集は、フェーズ2のタイミングで導入された機能です。WordPress 6.5のリリース前後のタイミングでは、フェーズ3の開発が始まっています。フェーズ3のコラボレーションとは、複数人が同時にWordPressの編集画面に入り、共同編集ができる仕組みです。開発中のコードはGitHubにて公開されており、未来に向けた機能実装はもちろん、すでに実装された内容の継続的な改善がおこなわれています。

01 WordPressのロードマップ

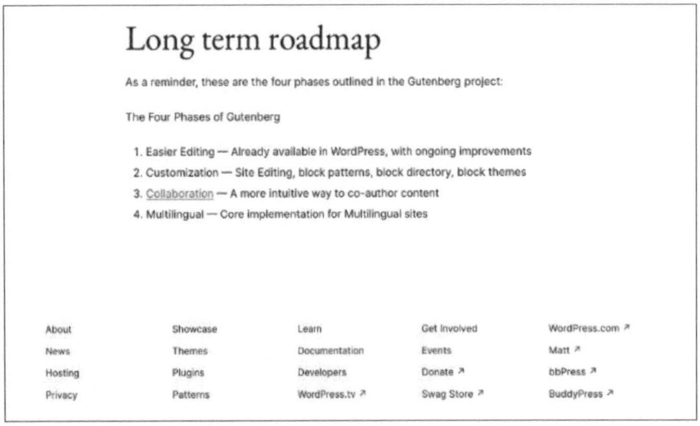

Long term roadmap

As a reminder, these are the four phases outlined in the Gutenberg project:

The Four Phases of Gutenberg

1. Easier Editing — Already available in WordPress, with ongoing improvements
2. Customization — Site Editing, block patterns, block directory, block themes
3. Collaboration — A more intuitive way to co-author content
4. Multilingual — Core implementation for Multilingual sites

About / News / Hosting / Privacy
Showcase / Themes / Plugins / Patterns
Learn / Documentation / Developers / WordPress.tv ↗
Get Involved / Events / Donate ↗ / Swag Store ↗
WordPress.com ↗ / Matt ↗ / bbPress ↗ / BuddyPress ↗

https://wordpress.org/about/roadmap/

MEMO
GitHubに公開されているGutenbergのリポジトリ
https://github.com/WordPress/gutenberg

Lesson 2

ブロックエディターで記事を作成してみる

WordPressではコンテンツをブロックという単位で配置していきます。まずは主なブロックの使い方について学んでいきます。

01 ブロックエディターの基本を理解しよう

まずはブロックエディターについて学んでいきます。ここではまず、ブロックエディターの画面構成を確認しましょう。次に、見出しと本文、画像から構成された記事を作成し、公開するまでの手順を見ていきます。

ブロックとは

ブロックとは、テキスト、画像、動画、ボタンなど、あらゆる種類のコンテンツを追加するための「箱」のようなものです。追加されたブロックは、テキストの大きさ、色、配置など、**様々な方法でカスタマイズできます**。これにより、Webページの見た目やレイアウトを自由に調整できます。このブロックを組み合わせることでWebサイトのコンテンツを直感的に、かつ柔軟に作成できます 01。

01 ブロック

WordPressのブロックテーマでは、主にWebページのコンテンツはブロックの組み合わせで構成されています。

画面構成と各部の名称

ブロックエディターは投稿の場合は管理画面の［投稿］→［新規投稿を追加］、固定ページの場合は［固定ページ］→［新規固定ページを追加］で表示します。画面構成は、大きく分けて「**トップツールバー**」、「**インサーター**」、「**コンテンツキャンバス**」、「**設定パネル**」に分類されます 02。

02 ブロックエディター画面

1 トップツールバー

エディター画面の最上部に位置し、様々なツールとショートカットが含まれています。「アンドゥ（元に戻す）」や「リドゥ（やり直す）」ボタンを使って編集操作を取り消し、やり直しができます。

TIPS
設定やプレビュー、公開ボタンなどが配置されており、文書全体の管理に関連する操作がおこなえます。

2 インサーター

様々なブロックを挿入できるパネルです。トップツールバーの［+］ボタンや、コンテンツキャンバス内の［+］ボタンなど、複数の方法で表示できます。

3 コンテンツキャンバス

中央に位置し、実際にコンテンツを作成・編集するメインのエリアです。テキスト、画像、動画など、様々なタイプのブロックを追加してコンテンツを構築します。ドラッグ＆ドロップで簡単に順序を変更したり、設定をカスタマイズしたりできます。

MEMO
編集中のコンテンツが実際にWebサイト上でどのように表示されるかがわかりやすくなっています。

4 設定パネル

エディター画面の右側に位置するパネルで、追加されたブロックや文書全体の設定をおこないます。ブロックが選択されているときは、そのブロックの詳細設定を変更できるオプションが表示されます（例：テキストの色、フォントサイズ、背景色など）。文書全体の設定では、公開ステータス、カテゴリー、タグ、アイキャッチ画像などのオプションを調整できます。

注意
この設定パネルは、編集中の内容の詳細なカスタマイズを可能にする重要な部分です。誤って操作しないようにしましょう。

記事の作成と公開

まずは記事を作成してみましょう。記事にはタイトルと本文があります。テキストだけでなく、画像も掲載して充実した記事を作成しましょう。

タイトルと本文を入力する

コンテンツキャンバスには、あらかじめタイトルと本文を記入する段落ブロックが1つ用意されています。タイトルは「新Webサイト公開のお知らせ」や「営業時間変更のご案内」など、読者が見た瞬間に何のお知らせかがわかるようにします。

STEP

01 ［ダッシュボード］→［投稿］→［新規投稿を追加］を選択してブロックエディターを表示します。まずは記事タイトルを入力します。

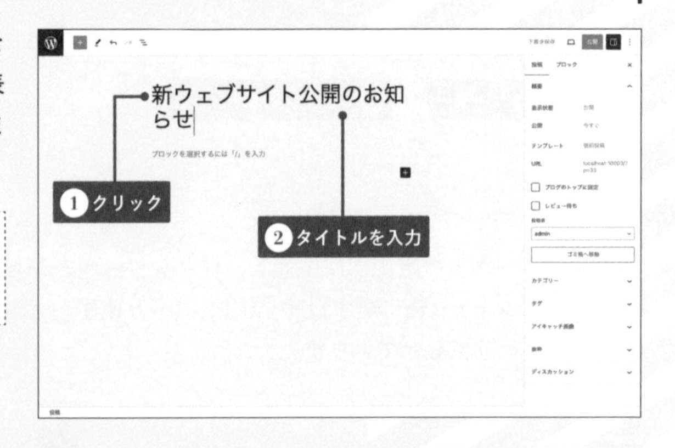

TIPS
タイトルは検索結果にも表示されるため、検索されやすいキーワードを含めることが重要です。

02 本文を入力します。本文を書く際には、伝えたい情報を明確にし、要点を簡潔にまとめます。読者が一目で重要な情報を把握できるように、変更点などを明確に記述します。

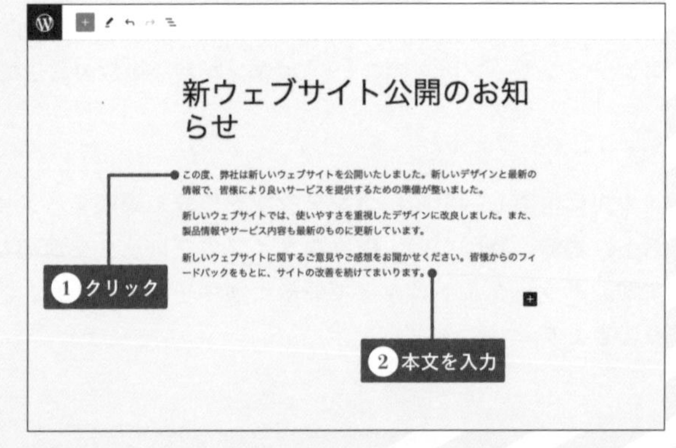

MEMO
段落ブロックを使用して、情報を段落に分け、読みやすい構成にします。

見出しを入力する

見出しを使って情報をセクションに分けます。たとえば、「サービス変更内容」や「お客様へのお願い」など、各セクションの内容が一目でわかる見出しを設定します。これにより、読者は自分が知りたい情報にすぐにアクセスでき、全体の理解も深まります。**SEOの観点からも見出しは重要で、検索エンジンがコンテンツの構造を理解するのに役立ちます。**

MEMO
SEOとは「検索エンジン最適化」のことで、検索エンジンに理解しやすいように最適化することをいいます。

STEP

01 見出しを入れたい箇所で、[+]ボタンをクリックします。次にインサーターで「見出し」をクリックします。

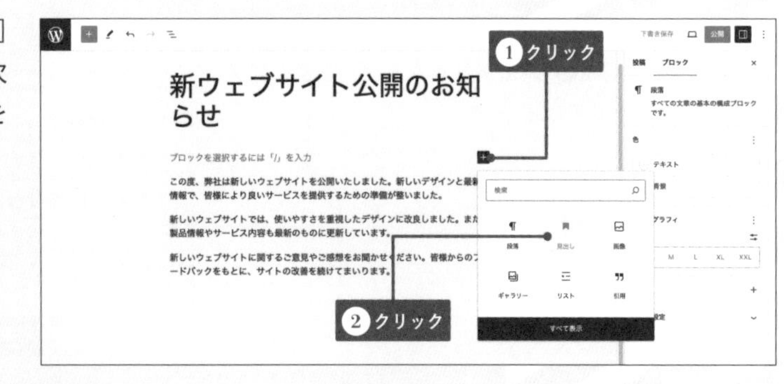

02 見出しを入力します。同様の手順でどんどん見出しを追加していきましょう。

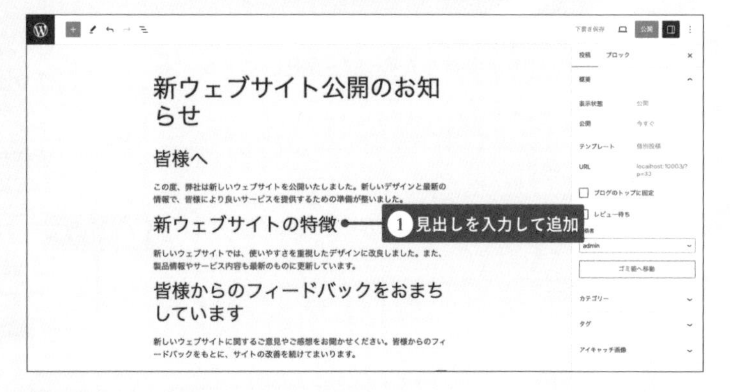

03 見出しブロックを選択するとツールバーが表示されます。ツールバーの「移動」ボタンをクリックすると、該当のブロックを上下に移動できます。

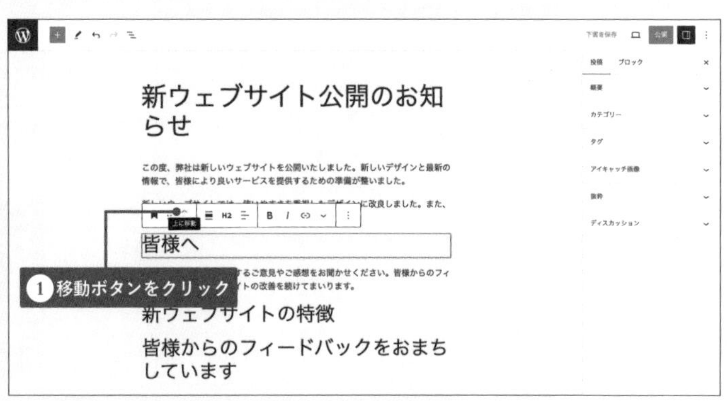

画像を挿入する

画像は記事に彩りをもたらし、興味を惹き、テキストコンテンツを補完するという重要な役割を果たします。適切な画像を挿入すると、説明を視覚的に支援し、読者の理解を深めます。また、ソーシャルメディアでの共有時にも視覚的な魅力を加え、より多くのクリックを促します。画像選びには、記事の内容にあったものを選び、可能であればオリジナリティのあるものを使用します。

STEP

01 改行して右下に表示された[+](ブロックを追加)ボタンをクリックして[画像]ボタンをクリックします。

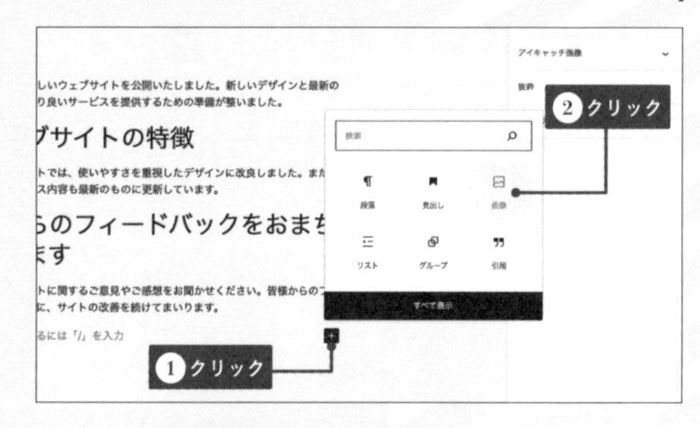

02 表示された[アップロード]ボタンをクリックし、PC内に保存した画像を選択してアップロードします。

> **MEMO**
> [メディアライブラリ]ではアップロード済みの画像を、[URLから挿入]はURLから画像を選択できます。

03 挿入した画像が表示されます。

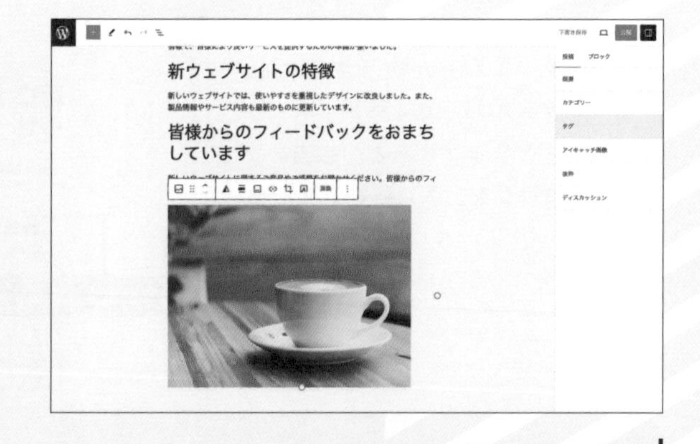

アイキャッチを登録する

アイキャッチ画像は、お知らせ記事の顔として機能し、読者の注目を集めるための強力なツールです。魅力的なアイキャッチを選ぶと、ソーシャルメディアやWebサイト上で記事が目立つのでクリック率を高めることができます。アイキャッチは、記事のテーマや内容を象徴する画像や、読者の注意を惹きつける鮮やかなカラーの画像が適しています。

STEP

01 右の設定パネルの［投稿］タブにある［アイキャッチ画像］をクリックすると［アイキャッチ画像を設定］ボタンが表示されます。こちらをクリックしてアイキャッチ画像を登録します。

02 Webサイトにアップロード済みの画像一覧が表示されるので、アイキャッチに使用する画像を選択します。

MEMO
新たにアップロードする場合は［ファイルをアップロード］タブから画像ファイルをアップロードします。

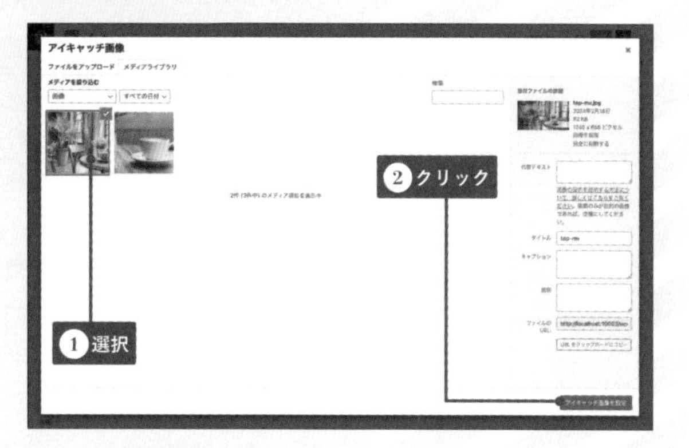

03 設定したアイキャッチ画像が表示されます。

MEMO
アイキャッチ画像を設定しても、編集画面には表示されません。プレビューおよび、実際にユーザーがWebページを表示する際に、テーマの設定に準じて表示されます。

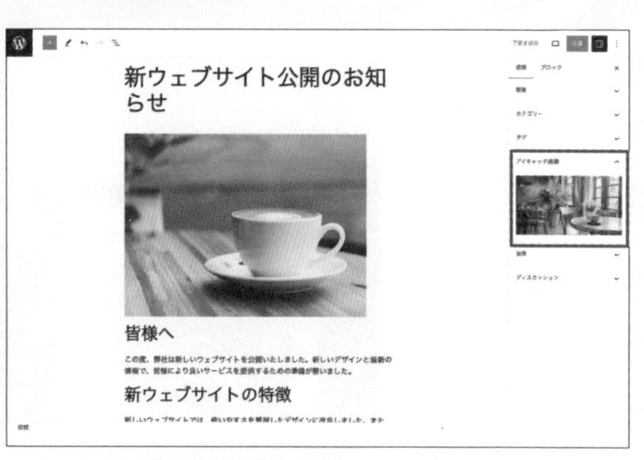

投稿を下書き保存してプレビューする

記事の内容をすべて入力したら、下書きとして保存し、プレビュー機能を使って実際にWebサイト上でレイアウトの崩れや誤字脱字がないかを確認します。すべてが問題ないことを確認したら、記事を公開する準備が整います。公開前に最終チェックを怠らず、読者にとって有益な、クオリティの高いコンテンツを提供しましょう。

STEP

01 投稿記事を［下書き保存］ボタンで保存します。［下書き保存］ボタンは、投稿に何かを記述すると表示されます。

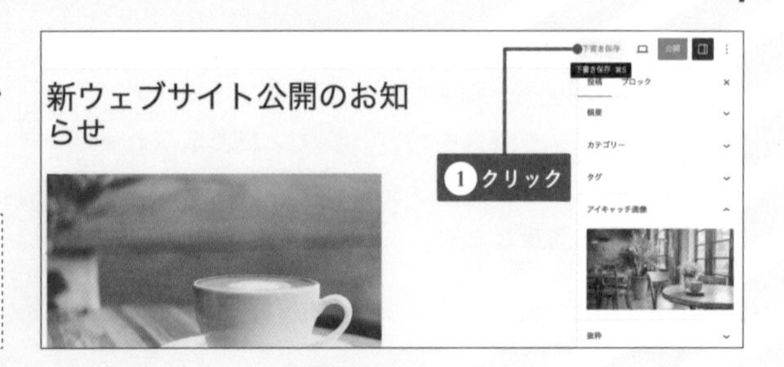

MEMO
WordPressは作成中の投稿を一定間隔で自動保存します。

02 ［下書き保存］をした後に、［表示］ボタンから［デスクトップ］（PC）、［タブレット］、［モバイル］（スマートフォン）で表示画面を確認します。［新しいタブでプレビュー］を選択すると通常のプレビュー画面になります。

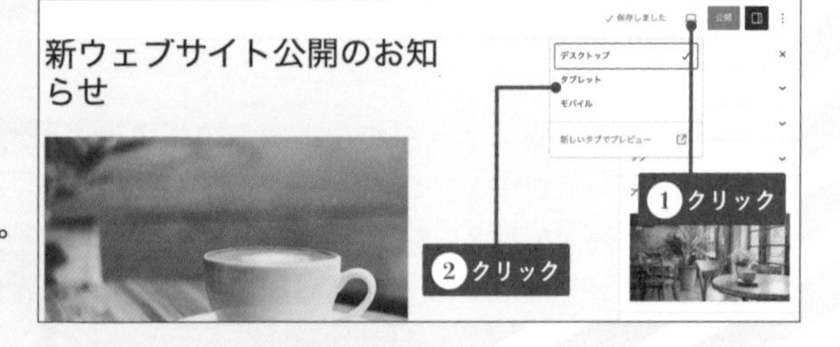

デスクトップの表示［新しいタブでプレビュー］

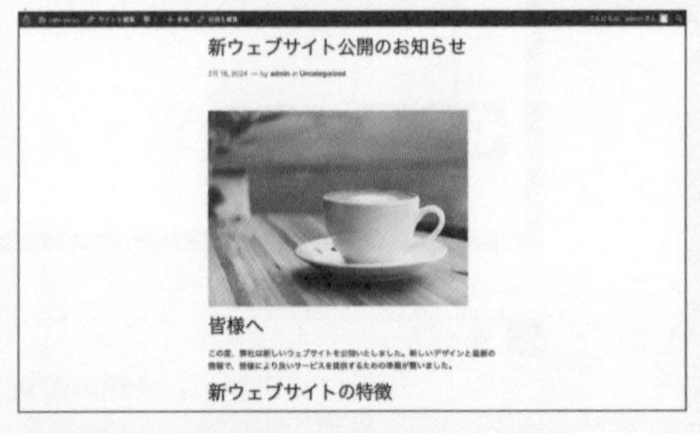

モバイルの表示

タブレットの表示

記事を公開する

作成した投稿記事を公開します。実際に公開された記事を確認しましょう。

STEP

01 ［公開］ボタンをクリックして記事を公開します。

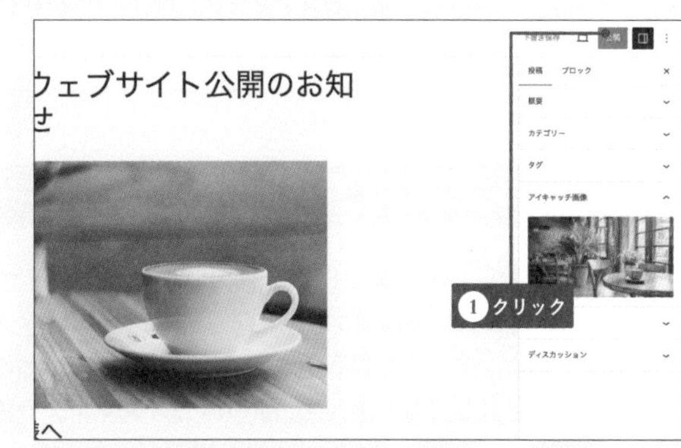

02 公開前の最終確認が表示されます。再度［公開］ボタンをクリックすると記事が公開されます。

MEMO
この段階で、投稿するタイミング（今すぐ、日時指定）を選択できます。

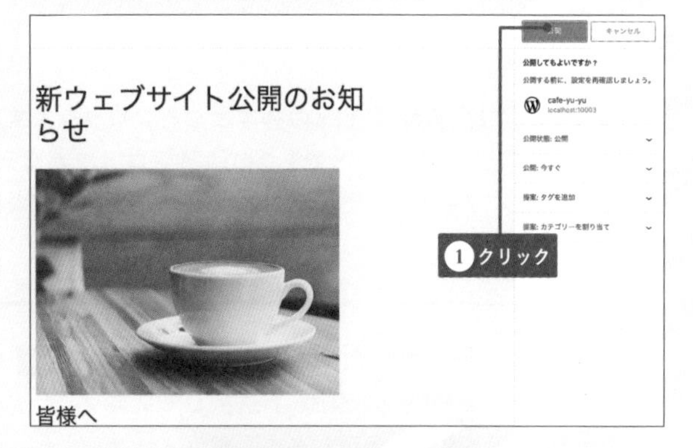

03 ［投稿を表示］ボタンが表示されるので、クリックして公開された記事を確認しましょう。

以上がブロックエディターで記事を投稿する簡単な流れとなります。次のセクションからは、より細かいブロックエディタの機能について解説します。

主なブロックの配置手順を理解しよう

前セクションでブロックエディターを使用した簡単な記事の投稿方法について解説しました。ここでは、前セクションで紹介した以外の主なブロックについて、その機能を利用した記事の作成手順を解説します。

ブロックを配置して記事を作成する手順

ブロックを配置して記事を作成する手順は基本的にすべて同じです。インサーターや［+］（ブロックを追加）ボタンから、目的のブロックを挿入して、テキストや画像などのコンテンツを挿入します。**各ブロックの上部に表示されるツールバーや右側に表示される設定パネルで、細かいカスタマイズや設定を追加していきます。**

では以下で、主なブロックをいくつか紹介します。

段落ブロックを作成する

段落ブロックは、WordPressの基本となるブロックです。通常、新規の投稿ページを作成すると、デフォルトで1つの段落ブロックが表示されます。ここにテキストを入力し、ツールバーで色やフォントサイズ、行間などを調整します。

STEP

01 P042と同じ手順で［ダッシュボード］→［投稿］→［新規投稿を追加］を選択してブロックエディターを表示します。表示されている段落ブロックにテキストを入力した後、何もない場所をクリックします。表示された［+］をクリックして段落ブロックを追加します。

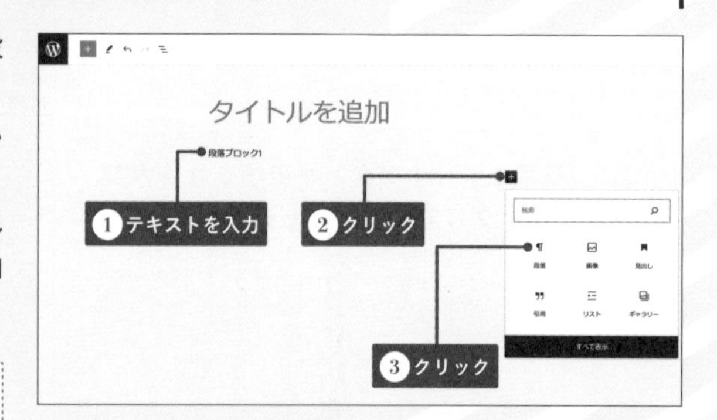

> TIPS
> 目的のブロックボタンが見つからない場合は、検索窓にブロック名を入力するか［すべてを表示］をクリックしてインサーター全体を左に表示させます。

> MEMO
> デフォルトの段落ブロックが空のままだと、新たな段落ブロックを挿入できません（他のブロックに変更することはできます）。

02 新たな段落ブロックにテキストを入力します。段落ブロック上部にツールバーが表示されます。このツールバーを使用すると太字、イタリック、リンクなど文字の設定ができます。

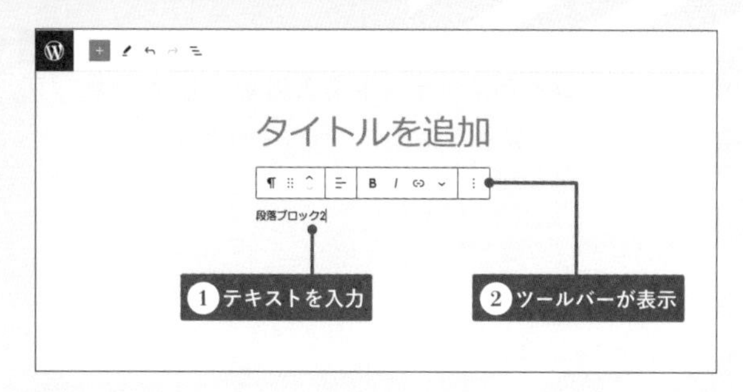

03 作成したブロックを削除する場合はツールバーの右端にあるオプションから［削除］をクリックします。

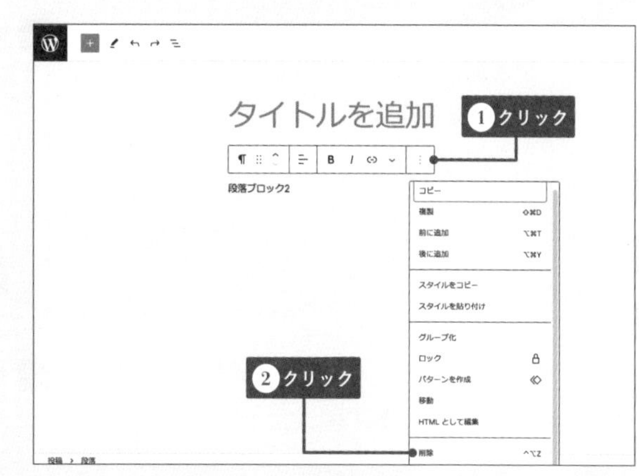

リストブロックを作成する

リストブロックは、情報を整理して一覧化するのに最適なブロックです。このブロックを使用すると項目を点や数字で列挙し、わかりやすく情報を伝えることができます。**順序なしリスト**は順序を要しない項目を列挙するのに適しています。**順序付きリスト（有番号リスト）**は、順序を強調したい内容に適しています。リストは検索エンジンにとっても重要で、内容が明確になり、SEOにもよい影響を与えることが期待されます。

STEP

01 ［+］から［リスト］をクリックしてリストブロックを追加します。デフォルトでは順序なしリストが挿入されます。

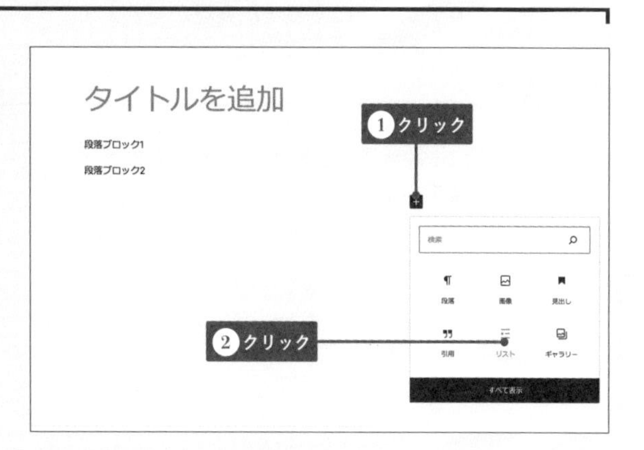

02 リストブロックにテキストを入力します。ブロックにテキストを入力するとツールバーが表示されます。改行すると次のリストが入力できます。

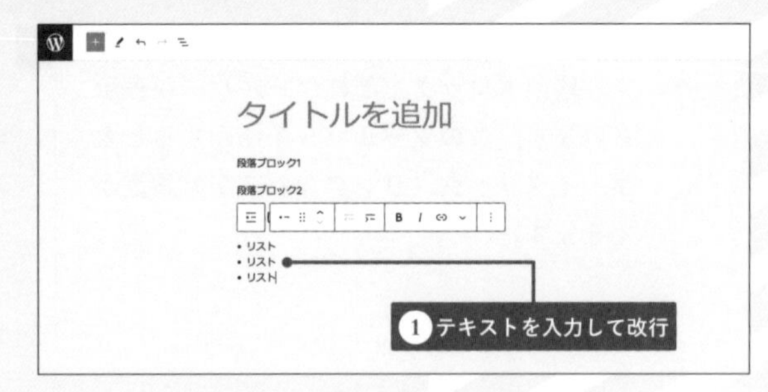

03 順序なしリストから順序付きリストに変更する場合はツールバーの［リストを選択］ボタンを使用します。

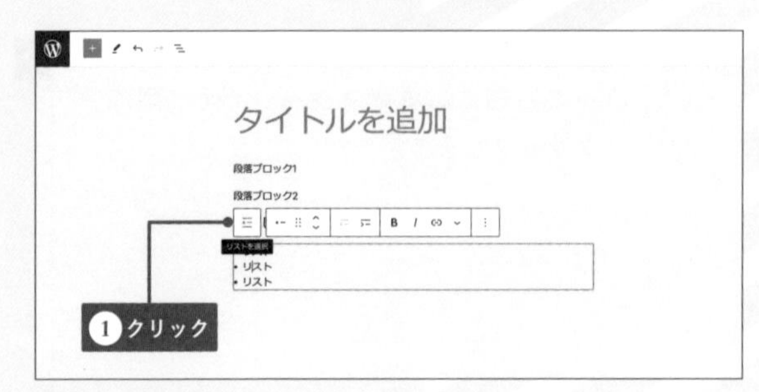

04 ［順序付きリスト］ボタンが表示されるのでクリックします。

MEMO
順序なしリストに戻す場合は隣の［順序なしリスト］ボタンをクリックします。

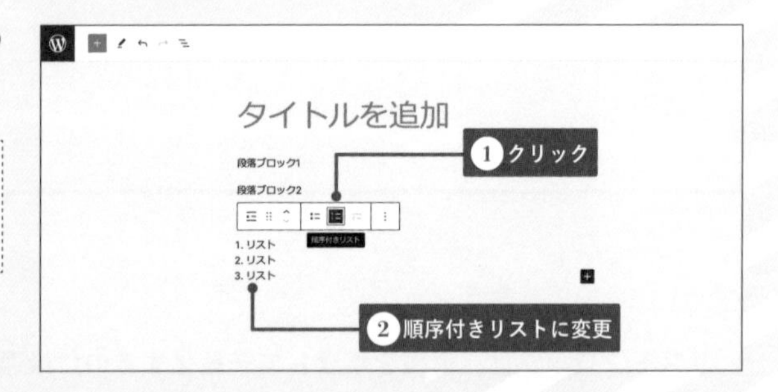

テーブルブロックを作成する

テーブルブロックは、いわゆる表組みのことです。テーブルの各セルにはテキストや数値を自由に入力でき、行や列の追加、削除も簡単におこなえます。また、テーブルの外観はカスタマイズが可能で、罫線のスタイルやセルの背景色を変更して、サイトのデザインにあわせた表現ができます。

STEP

01 ［+］→［テーブル］をクリックしてテーブルを挿入します。

MEMO
［テーブル］ボタンが表示されていない場合は、［すべてを表示］からインサーター全体を表示させるか、検索窓に「テーブル」と入力して表示させます。

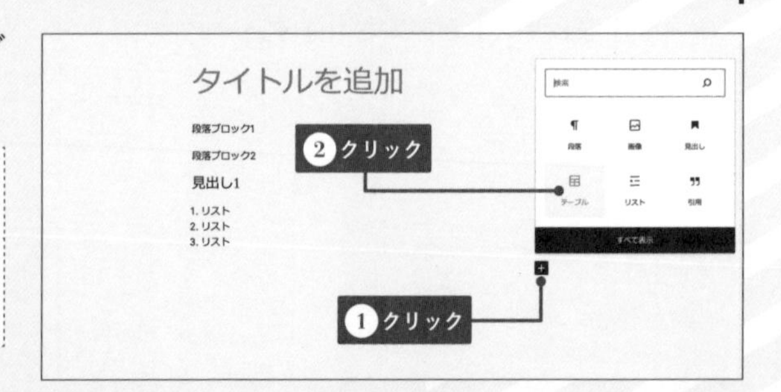

02 カラム（列）数・行数の設定パネルが表示されます。数字を決定して［表を作成］ボタンをクリックするとテーブルブロックが挿入されます。

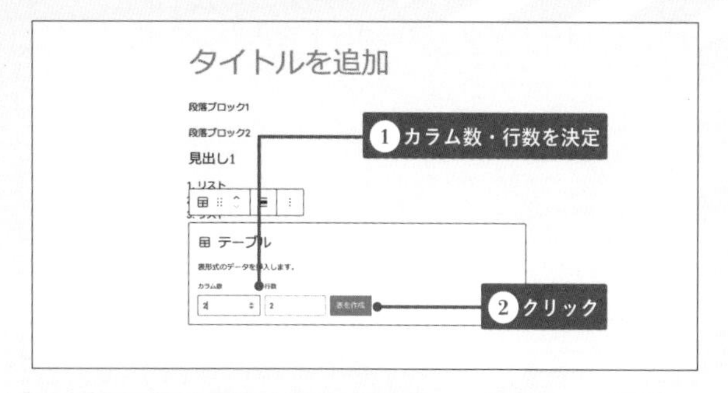

03 セルにテキストを入力してテーブルを完成させます。

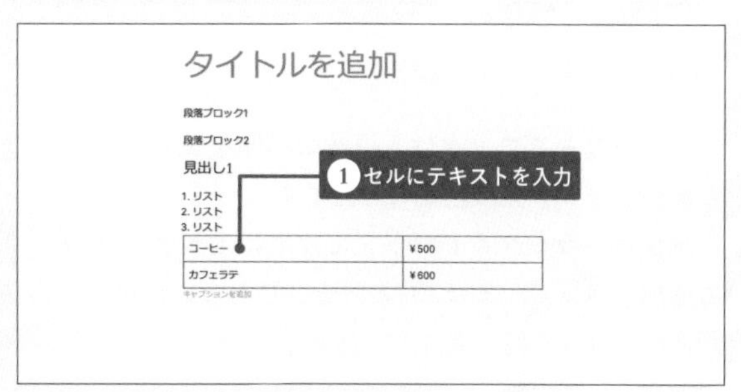

04 カラムや行の数を変更する場合は、表内にカーソルを置いて［表を編集］ボタンをクリックします。

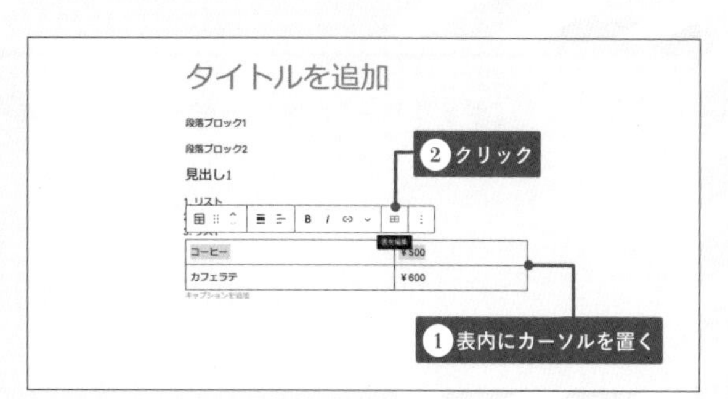

コードブロックを作成する

コードブロックは、HTML、CSS、JavaScriptなどのコードをブログ記事やページに美しく表示するために使用されます。

STEP

01 ［+］→［コード］ボタンをクリックしてコードブロックを挿入します。

TIPS
［コード］ボタンが表示されていない場合は、［すべてを表示］からインサーター全体を表示するか、検索窓に「コード」と入力します。

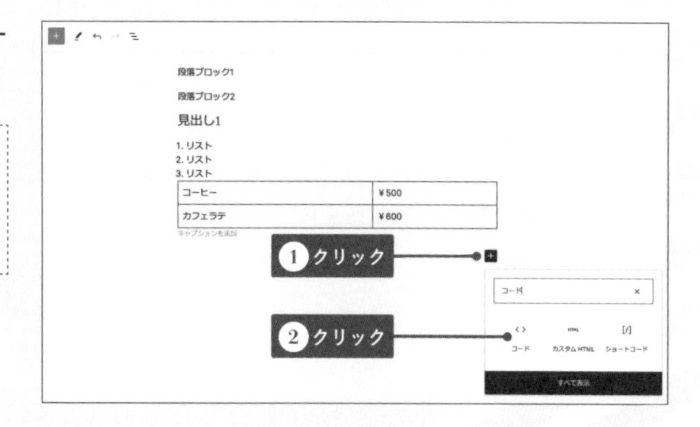

02 コードブロックにコードを入力します。

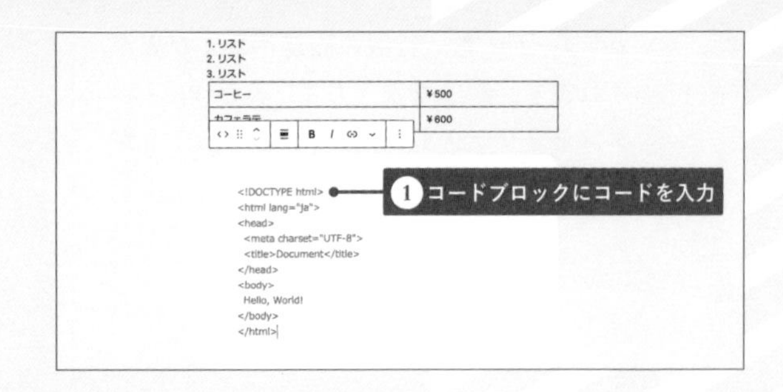

ギャラリーブロックを作成する

ギャラリーブロックは、複数の画像を美しくレイアウトして表示します。カラム数や、リンク先の設定も可能です。

画像はドラッグ＆ドロップで簡単に並べ替えが可能で、各画像のキャプションも追加できます。また、列の数を調整して画像の表示方法を変更できます。さらに、画像のクリック時の動作や、画像間のスペースなども調整可能です。

STEP

01 [+] → [ギャラリー] ボタンでギャラリーブロックを挿入します。

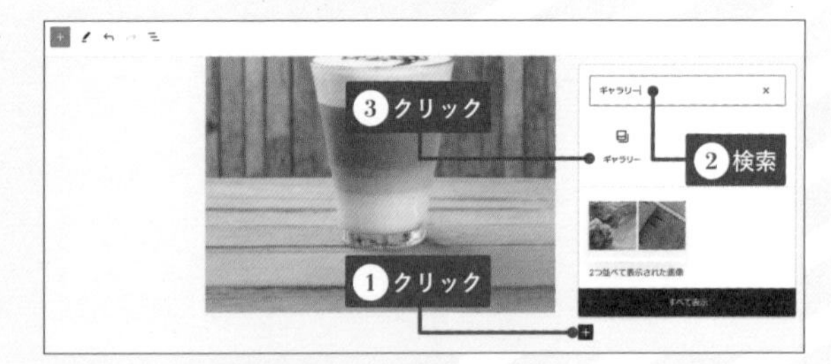

02 [アップロード] をクリックして、(画像ブロックと同様の手順で) 画像をアップロードします。

03 1枚目の画像がアップロードされました。続いてツールバーの [ギャラリーを選択] ボタンをクリックします。

04 表示された［追加］ボタンをクリックして、2枚目以降の画像を同様の手順でアップロードします。

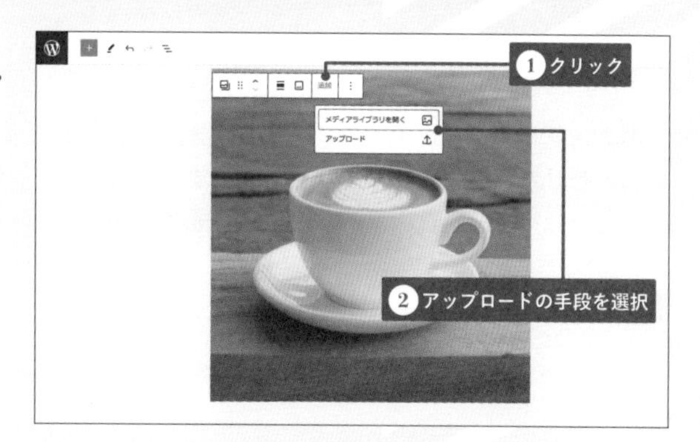

05 2枚目の画像がアップロードされ、ギャラリーブロックのサンプルが完成しました。

06 ギャラリーをカスタマイズします。まず、左上の［ドキュメント概観］ボタンをクリックして、［ギャラリー］を選択します。

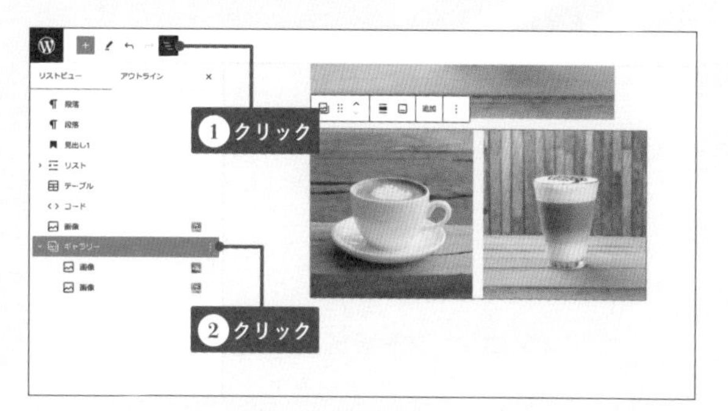

07 設定パネルが「ギャラリー」に変化するので、必要に応じて設定を変更します。

TIPS
設定パネルではギャラリーのカラム数、画像の切り抜き設定（オフにした場合はアップロードした画像の比率で表示）、リンク先、解像度などを設定できます。

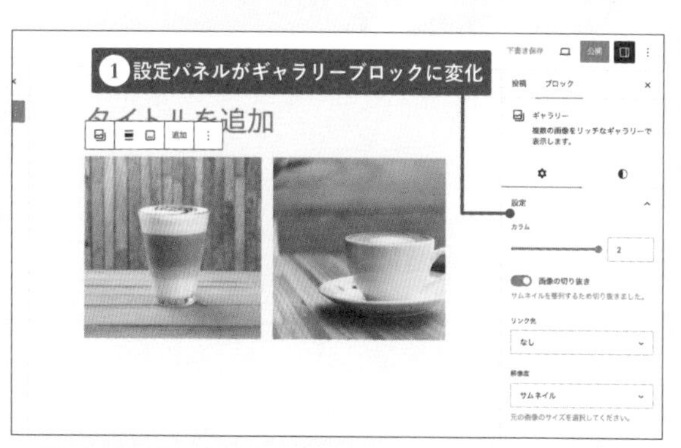

ボタンブロックを作成する

ボタンブロックは、色や形、大きさを変えて、目立たせたり、サイトのデザインにあわせたボタンを簡単に作成できます。また、リンク先のURLを指定してお問い合わせページや登録フォームなど、様々な場面で活用できます。

STEP

01 ［ボタン］からボタンブロックを挿入します。

02 ボタンブロックにテキストを入力します。テキストは簡潔かつわかりやすい内容にします。

03 ボタンにリンクを設定します。ツールバーの［リンク］をクリックしてリンク先のURLを入力します。

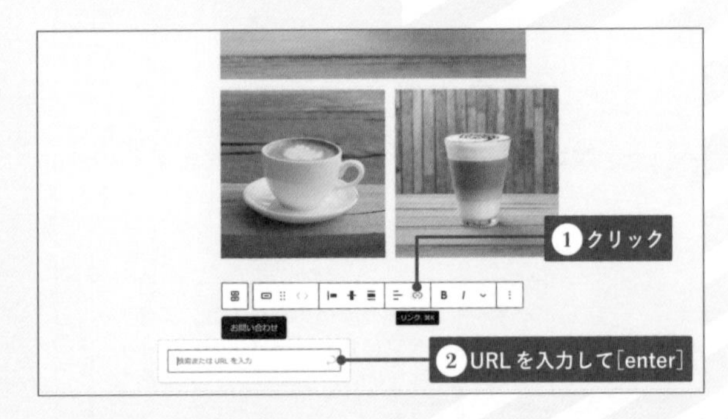

カラムブロックを作成する

カラムブロックは、2列以上の列をページに追加し、それぞれの列に異なるコンテンツを配置できます。たとえば、2つのカラムに画像とテキストを配置するとビジュアルと文章が調和したレイアウトを作成できます。

STEP

01 ［カラム］ボタンでカラムブロックを挿入します。

02 作成したいカラムの種類を選択します（今回は［50/50］を選択）。

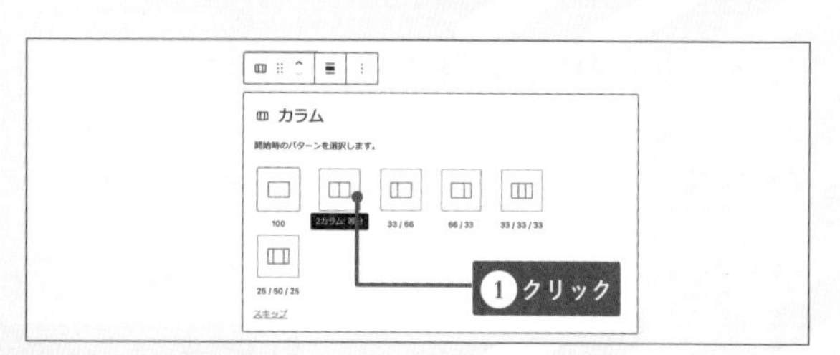

03 空のカラムブロックが作成されます。続いて［ドキュメント概観］をクリックしてカラムブロックの構造を表示します。
それぞれのカラムを選択し、好きなブロックを追加します。まず、左のカラムに画像ブロックを追加してみましょう。

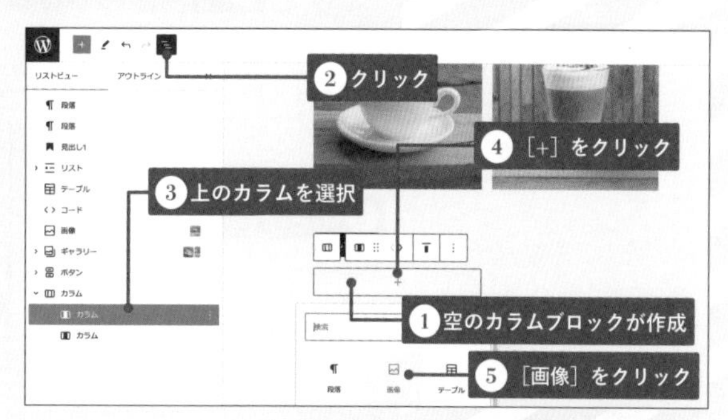

04 画像ブロックが追加されました。続いて、右のカラムに段落ブロックを追加します。

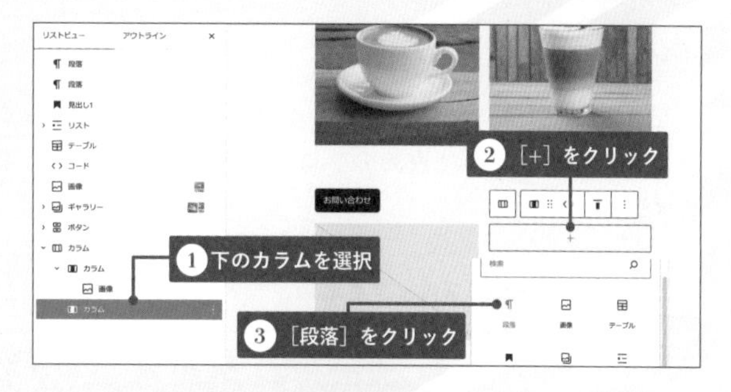

05 それぞれのブロックにコンテンツを追加してカラムブロックを完成させます。

TIPS
画像とテキストの横並びは「メディアとテキスト」ブロックを使ってもレイアウトできます。

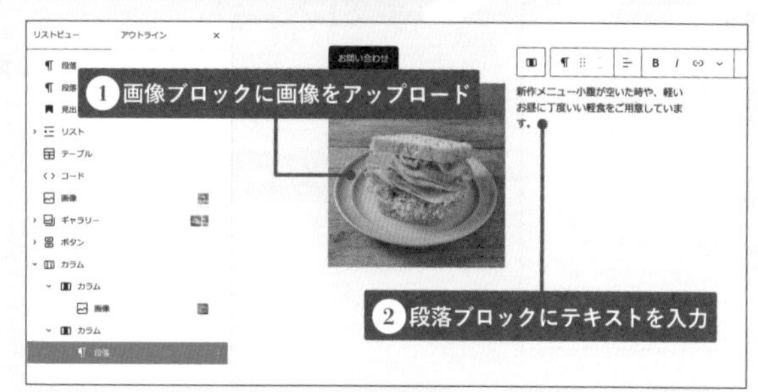

ブロックを追加する方法のバリエーション ●●●

WordPressのブロックを追加する方法は、前述したインサーターから追加する手段や［+］（ブロックを追加）ボタンの他にも複数存在します。また、**ブロックを追加する場合、最初に段落ブロックを追加してから他のブロックへ変更する手順が一般的な流れになります。**ここではおさらいも兼ねて、ブロックを追加する手段について解説します。

［+］（ブロックを追加）ボタンからブロックを追加する

ブロックの追加でもっとも一般的な方法が［+］（ブロックを追加）ボタンをクリックする方法です 01。［+］をクリックすると主なブロックが表示されます。目的のブロックをクリックするとそのブロックが追加されます。

MEMO
目的のブロックが見つからない場合は検索窓にキーワードを入力するか［すべてを表示］をクリックして左側にインサーターを表示します。

01 ［+］（ブロックを追加）ボタンからブロックを追加

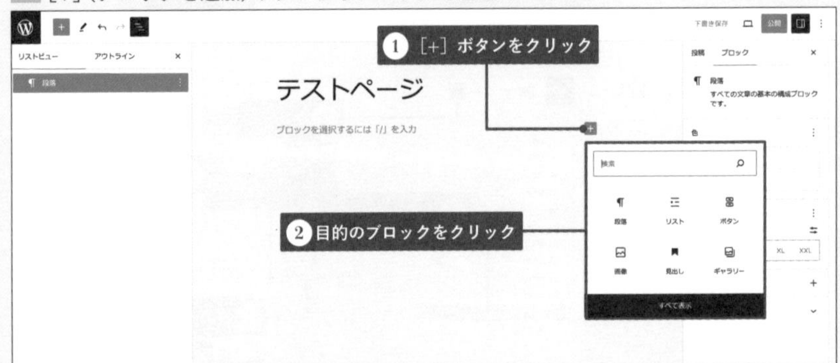

インサーターからブロックを追加する

左上の［+］（ブロック挿入ツールを切り替え）をクリックするとインサーターが表示されます。ここで目的のブロックをクリックするとそのブロックが追加されます 02。

02 インサーターからブロックを追加

[ドキュメント概観]からブロックを追加

ブロックが増えてくると、新たなブロックをどこに追加するのかわかりにくくなります。その場合、[ドキュメント概観]からブロックを追加すると便利です。[ドキュメント概観]をクリックして、既存のブロックを選択して[オプション]から[前に追加]または[後に追加]をクリックすると、選択したブロックの前、または後に段落ブロックが挿入されます 03。挿入された段落ブロックを[+](ブロックを追加)ボタンから目的のブロックに変更します 04。

03 [ドキュメント概観]からブロックを挿入

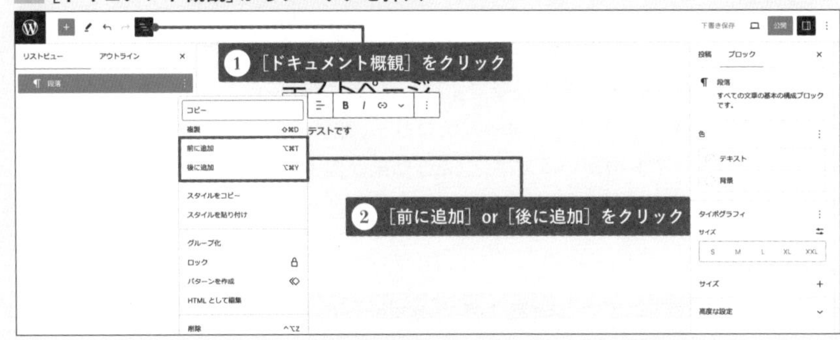

04 [+]ボタンから目的のブロックに変更

なお、ツールバーからブロックの種類を変更することも可能です 05。

MEMO
ブロックの変更は後述するショートカットを利用する方法もあります。

05 ツールバーからブロックの種類を変更

カテゴリーとタグの基本を理解しよう

WordPressには、カテゴリーとタグという分類があります。カテゴリーは階層構造を持ちWebサイトの構造を表します。タグは階層構造を持たず、要素や属性を記す目印の役割を持ちます。カテゴリーは大きな分類、タグは小さな分類というイメージです。

カテゴリーとタグについて

カテゴリーとタグはどちらも作成した記事を分類できる機能です 01 。**記事に設定すると一覧ページが自動生成されます。**サイト訪問者は同一カテゴリー、同一タグの記事を横断して探せるようになり、サイトの使いやすさとSEO効果が向上します。

01 記事に設定されたカテゴリーとタグ

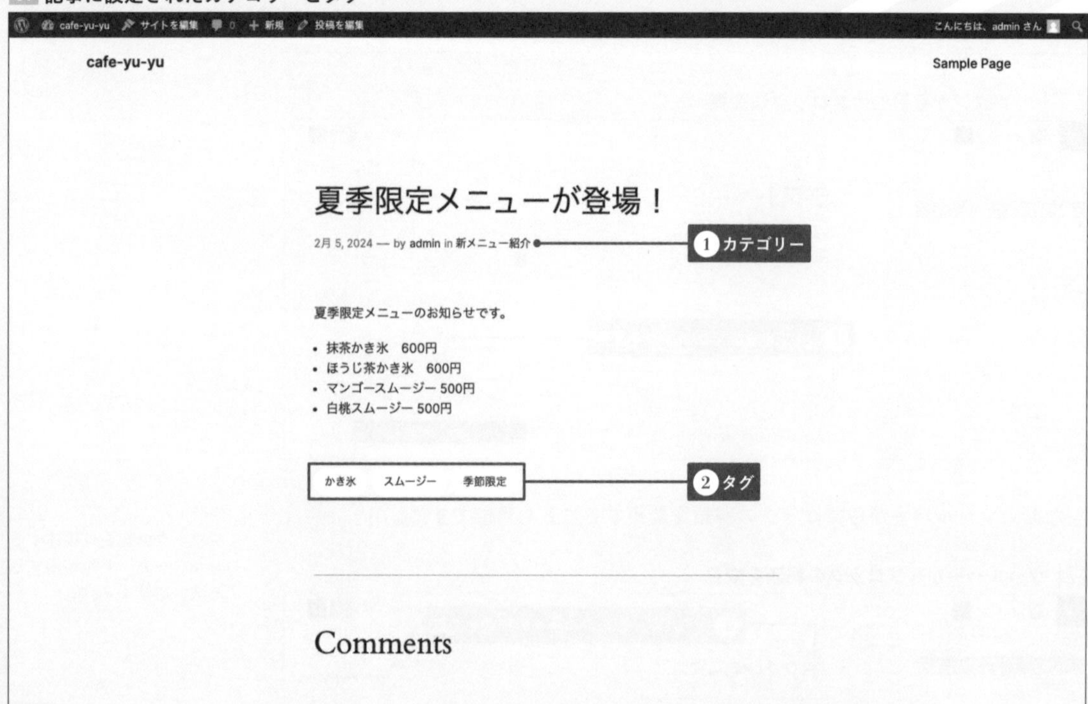

カテゴリー

カテゴリーは「ジャンル」ごとに分類し、さらに階層構造を持つことができます。カフェのサイトなら「新メニュー紹介」「特別イベント」「お知らせ」等がカテゴリーの例です。1つの記事につき1つのカテゴリーを設定することが基本です。なお、**同じカテゴリーがついた投稿は一覧で表示できます**02。

02 カテゴリー「新メニュー紹介」を表示

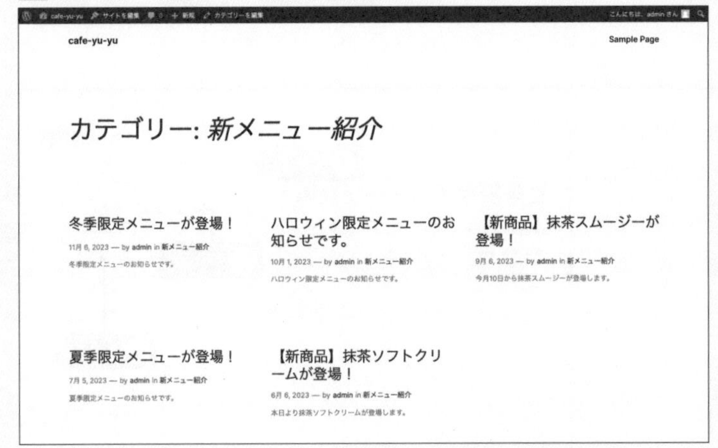

タグ

タグは記事に対して付箋やしるしをつけるイメージで、**記事内の「キーワード」ごとに設定することが適切です。**カテゴリーと違い、階層構造を持つことはできませんが、1つの記事につき複数設定しても問題ありません。**カテゴリーと同様、同じタグがついた投稿は一覧で表示できます**03。

03 タグ「スムージー」を表示

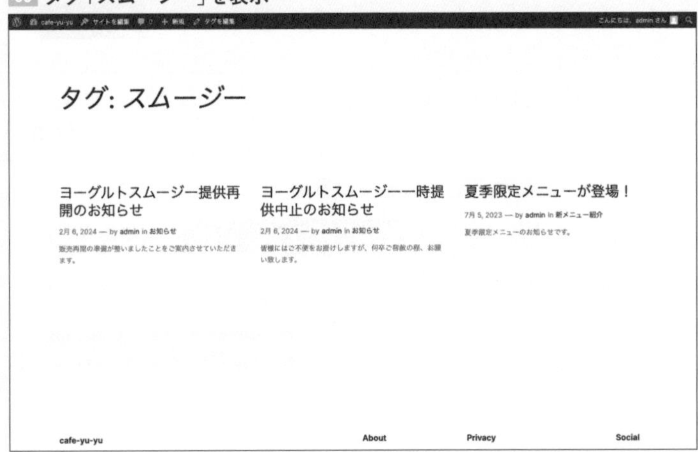

投稿画面におけるカテゴリーとタグの設定

カテゴリーとタグは投稿画面の右にある設定パネルから設定することができます。それぞれの設定方法を簡単に解説します。

カテゴリーを追加・選択する

カテゴリーは、既存のカテゴリーから選択するか、新しいカテゴリーを作成して記事に設定します。

STEP

01 設定サイドパネルの[投稿]→[カテゴリー]→[新規カテゴリーを追加]をクリックして新規カテゴリーを作成します。

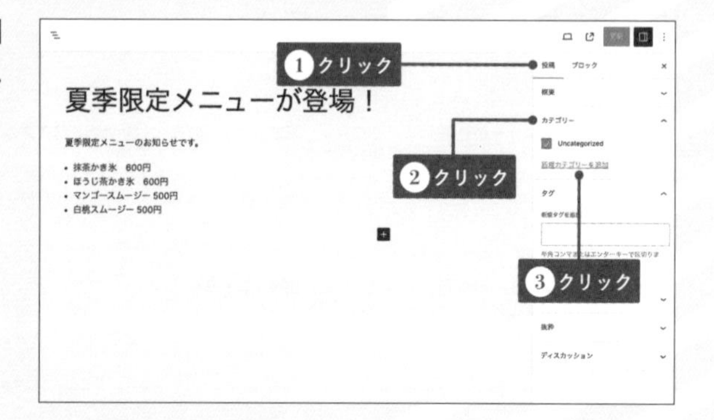

02 カテゴリー名を入力して[新規カテゴリーを追加]ボタンをクリックします。

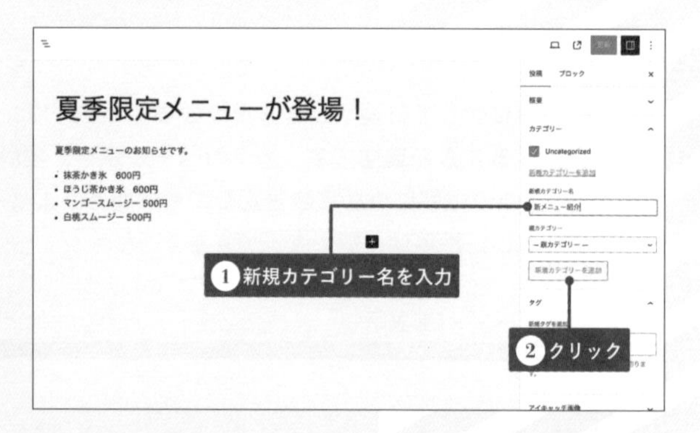

03 新しいカテゴリーが追加されました。投稿に設定するカテゴリー以外のチェックを外します。

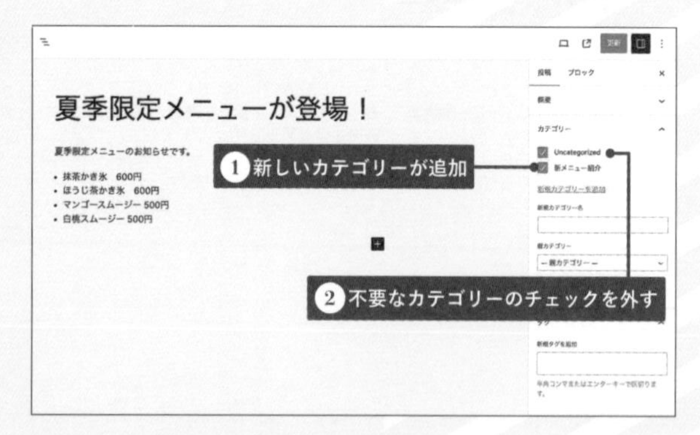

04 カテゴリーの設定が完了しました。

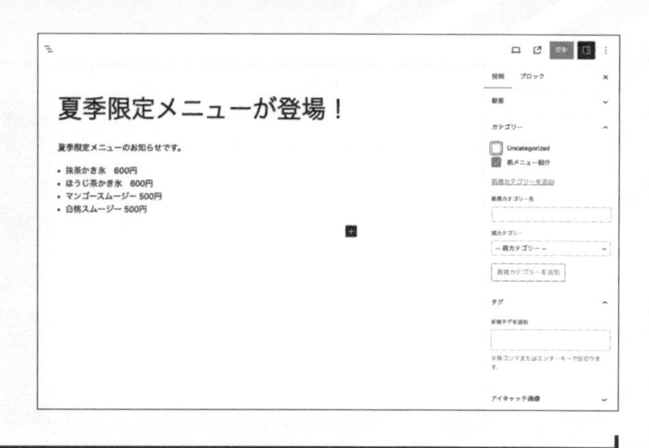

タグを追加・選択する

カテゴリーと同様に、タグも投稿画面から設定できます。既存のタグから選択するか、新しいタグを作成して記事に設定します。

STEP

01 設定サイドパネルの［投稿］→［タグ］をクリックして［新規タグを追加］入力フィールドに追加したいタグを入力します。

MEMO
タグは半角コンマもしくはenterキーを入力して区切ります。

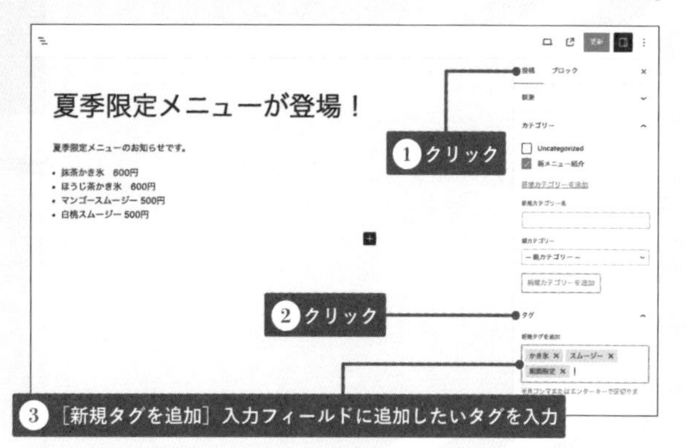

管理画面におけるカテゴリーとタグの設定

カテゴリーやタグはダッシュボードの［投稿］から新規作成や編集・削除が可能です。

カテゴリーを作成・管理する

［ダッシュボード］→［投稿］→［カテゴリー］から新しいカテゴリーの作成と、既存カテゴリーの編集・削除ができます。また、スラッグ（URLに使用されるカテゴリーの名前）や親カテゴリー（サブカテゴリーを作成する場合）などの設定もここでおこないます。

STEP

01 [ダッシュボード]→[投稿]→[カテゴリー]を選択して編集画面を表示します。

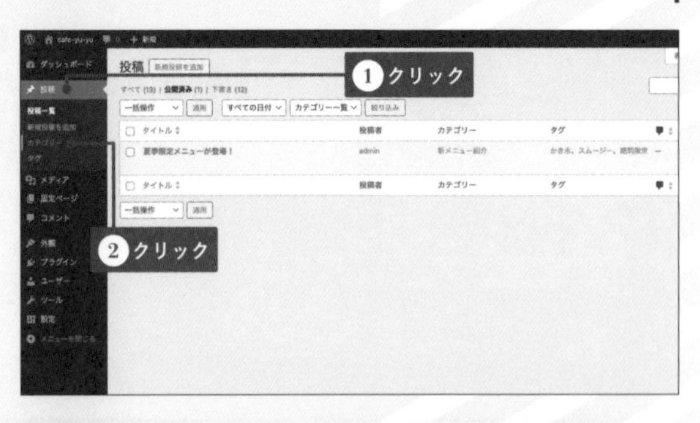

02 編集画面でカテゴリーの[名前]と[スラッグ]を入力します。スラッグは、URLを表示する際に使用する文字列です。URLで使用できるように半角英数とハイフンのみで入力することをおすすめします。

MEMO
親カテゴリーを設定する場合は[親カテゴリー]から選択します。

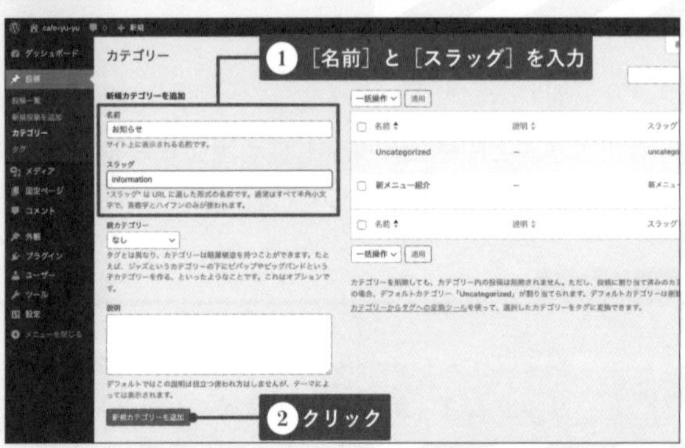

03 新規カテゴリーが追加されました。

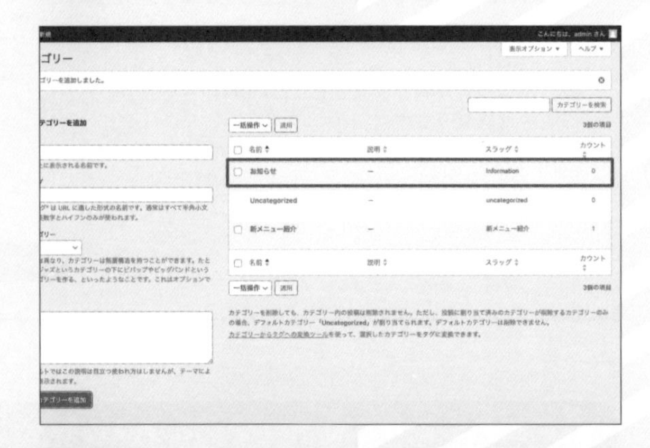

04 既存のカテゴリーを編集する場合は、それぞれの下部にある[編集]をクリックしておこないます。

MEMO
[編集]メニューはマウスホバーをすると表示されます。カテゴリーを削除する場合は[削除]をクリックします。

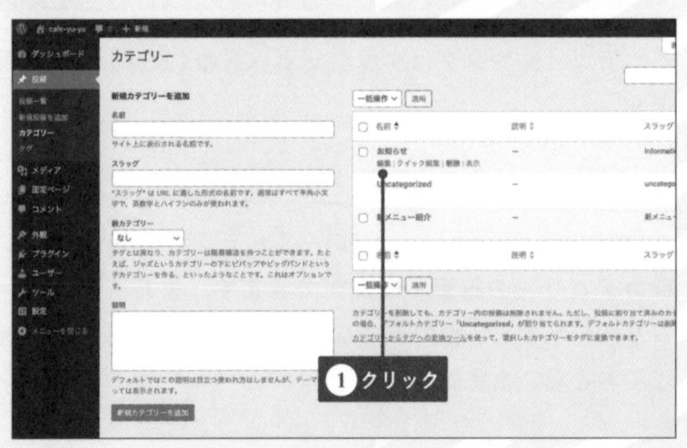

05 必要に応じて修正（今回は［名前］［スラッグ］を修正）して［更新］をクリックします。更新が完了すると上部に「カテゴリーを更新しました。」と表示されます。［カテゴリーへ移動］をクリックして反映されているかを確認しましょう。

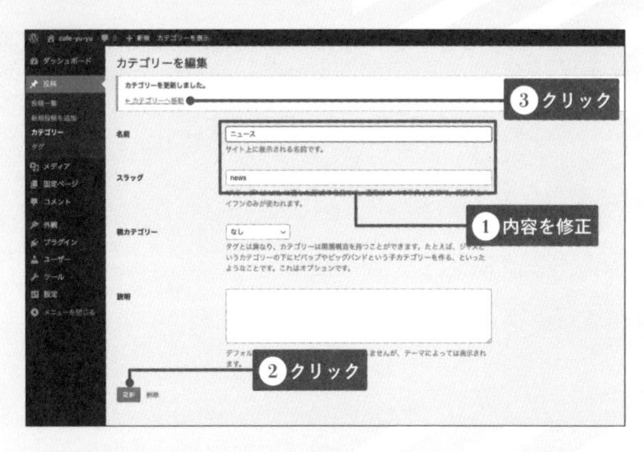

06 変更が反映されました。

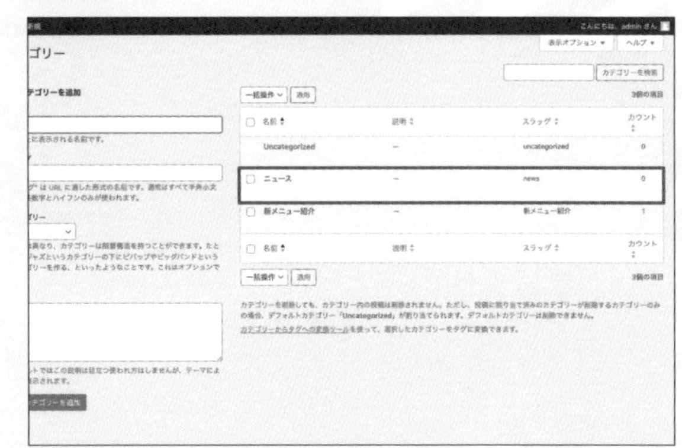

タグを作成・管理する

タグの管理もカテゴリーと同様に、［ダッシュボード］→［投稿］→［タグ］でおこないます。新しいタグを追加する際は、タグ名とスラッグを入力します。タグは記事の細かなトピックやキーワードに関連付けられるため、適切なタグを使用すると記事がより多くの読者に届くようになります。

STEP

01 ［ダッシュボード］→［投稿］→［タグ］を選択して編集画面を表示します。

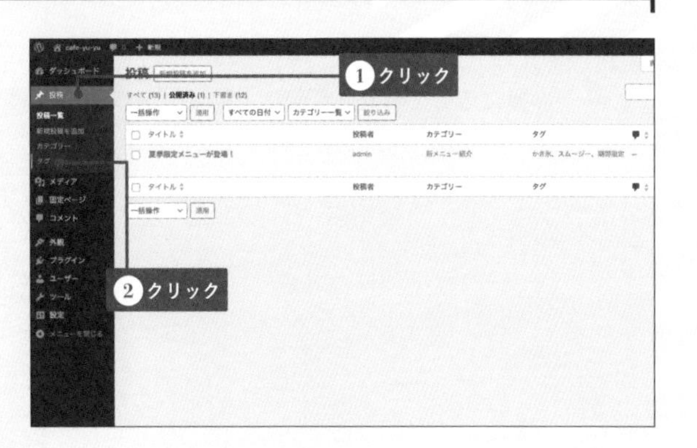

02 カテゴリーと同様の手順で編集画面でタグの［名前］と［スラッグ］を入力して［新規タグを追加］をクリックします。

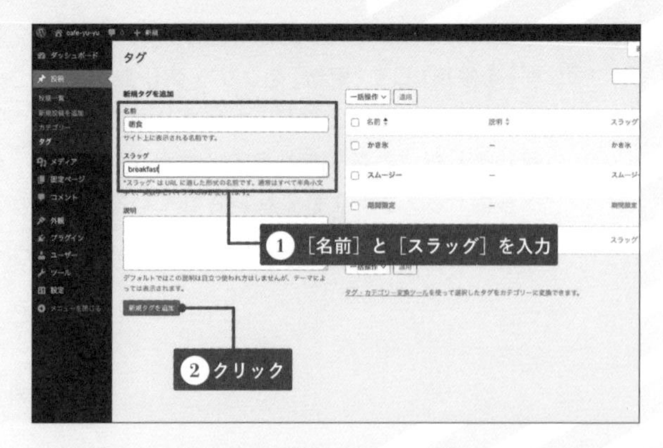

03 新規タグが追加されました。

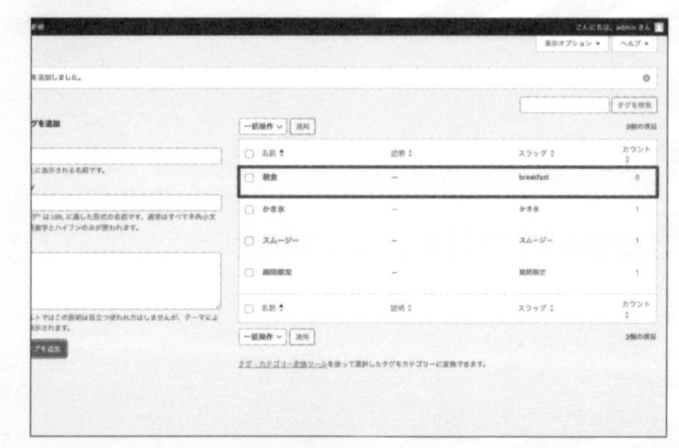

04 既存タグを編集する場合は、それぞれの下部にある［編集］をクリックしておこないます。

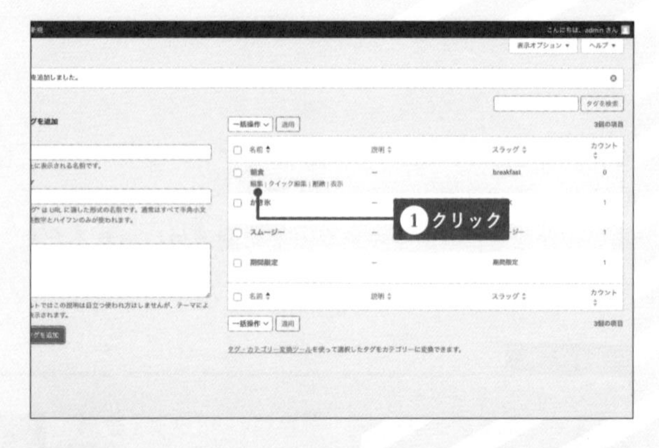

05 必要に応じて修正（今回は［名前］［スラッグ］を修正）して［更新］をクリックします。

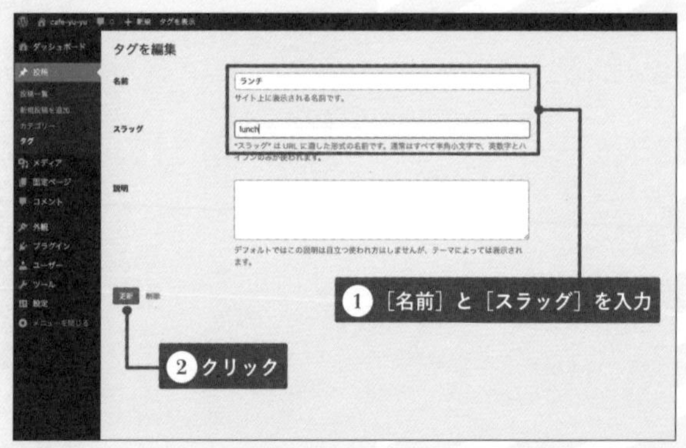

06 更新が完了すると上部に「タグを編集しました。」と表示されます。[タグへ戻る] をクリックして反映されているかを確認しましょう。

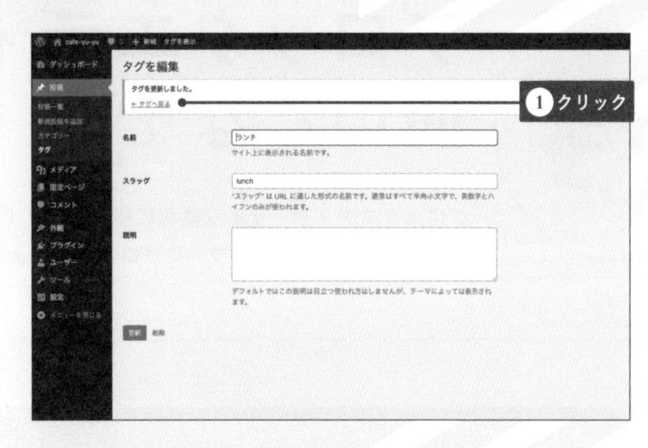

07 変更が反映されました。

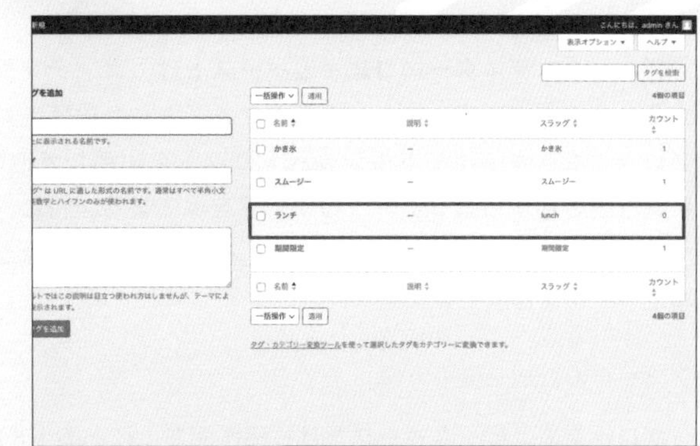

カテゴリーとタグの追加や編集方法は以上となります。カテゴリーやタグは、記事が増えてくると、追加や修正が頻繁に発生します。前述したようにSEOに関わる部分なので、定期的に内容を確認してメンテナンスするようにしましょう。

ブロックエディターを使いこなそう

ブロックエディターをより便利に使いこなすTipsをご紹介します。これらの機能を活用するとより手早く、パワフルにブロックエディターを活用できます。

ブロックのコピー＆ペースト

ブロックエディターの**コピー＆ペースト**は、コンテンツを手早く効率的に作成するための基本です。また、カスタマイズされた段落ブロックや配置された画像ブロックを、キーボードの**ショートカット**を利用して他の投稿に再利用すると、手間を省きながらコンテンツの統一感を保てます。特に、同じスタイルやレイアウトを複数の場所で使用する際には、時間の節約につながり、よりスムーズに記事やページを作成できます。

ブロックのコピー＆ペーストをする

ブロックのコピー＆ペーストは投稿画面左上にある［ドキュメント概観］ボタンを用いると便利です。なお、コピー＆ペーストは、一般的に知られているショートカットが利用できます。

STEP

01 ［ドキュメント概観］からコピーしたいブロックを選択します。

> TIPS
> ショートカットは以下の通りです。
>
> Windows：コピー（Ctrl+C）、
> ペースト（Ctrl+V）
> macOS：コピー（Cmd+C）、
> ペースト（Cmd+V）

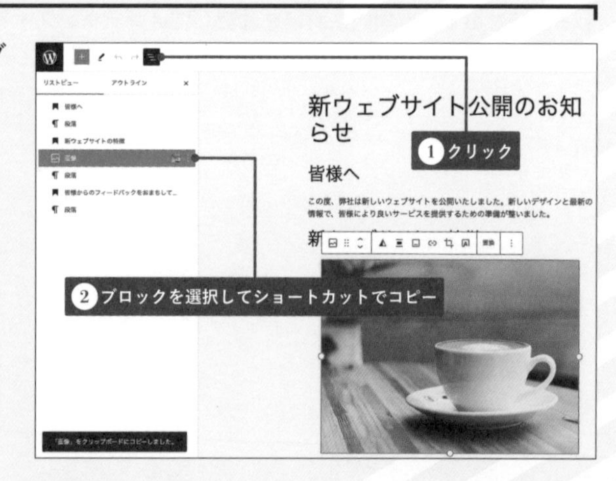

02 別記事に移動してコピーしたブロックをペーストします。

ドキュメント概観の利用

これまでも何度か登場した［**ドキュメント概観**］**は、長文や複雑なページの構造をすばやく把握できる強力なツールです。**この機能を使うと、投稿やページ内の全ブロック（見出し、画像、リストなど）のリストが表示され、前述したコピー＆ペーストの際にも、目的のセクションに直接ジャンプして選択できます。特に、内容の多いドキュメントを扱う際に、時間の節約になり、コンテンツの整理とナビゲーションが容易になります。

複雑なブロック構造にアクセスする

複雑なブロック構造を持つ投稿やページ内の全ブロック（見出し、画像、リストなど）のリストが表示され、目的のセクションに直接ジャンプできます。

STEP

01 複数のカラムを持った複雑なブロック構造へ［ドキュメント概観］からアクセスします。

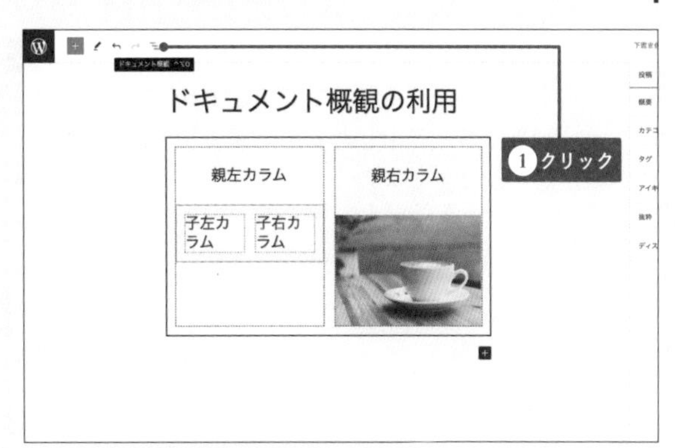

02 ［リストビュー］→［カラム］を選択します。

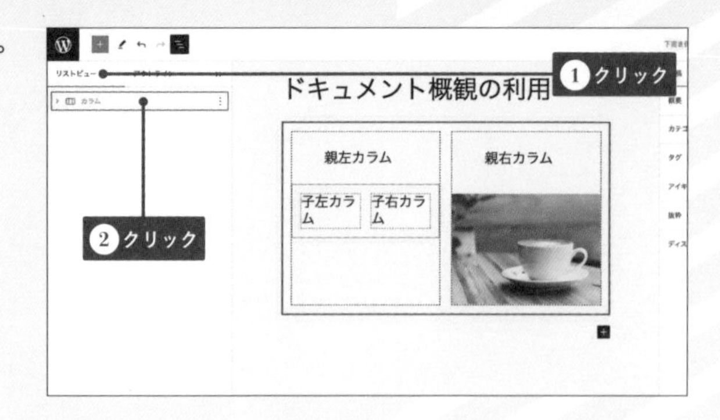

03 さらにそれぞれの［カラム］をクリックしてすべてのカラムを開きます。

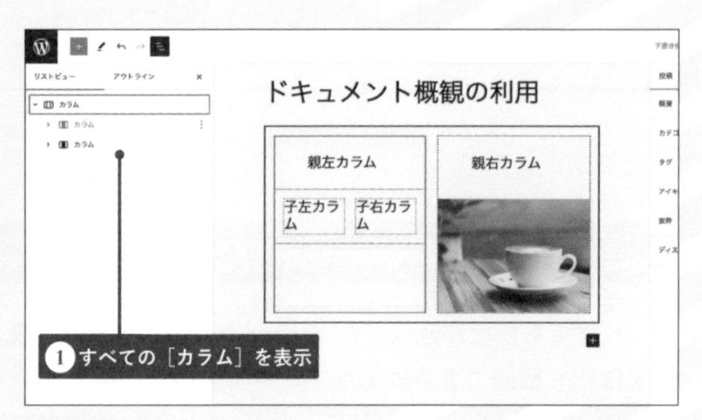

04 階層構造でブロックが表示され、編集画面ではアクセスしづらいカラムブロックを簡単に選択可能になります。

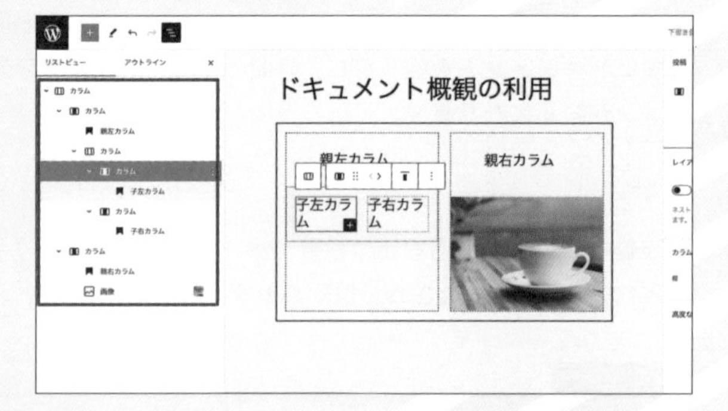

05 ［アウトライン］タブをクリックすると、ブロックのアウトランが表示され、文字数や単語数、見出し要素の階層表示が確認可能となります。

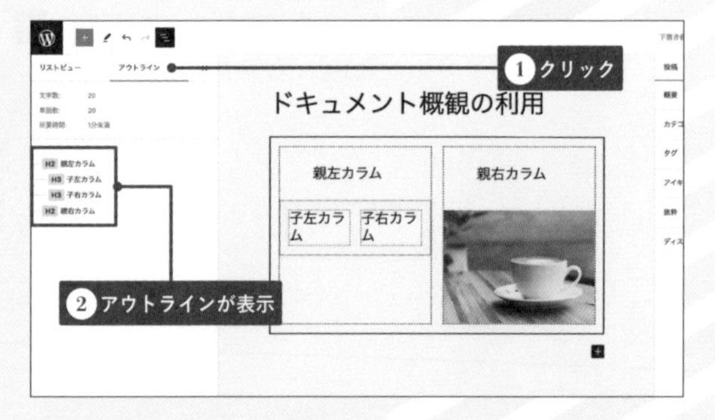

ブロックエディターのショートカット

ブロックエディターでは、段落ブロックの先頭に特定の文字と、半角スペースや改行等を入力すると手早くブロックを作成することができます。操作に慣れてきたら活用してみてください。

ショートカットを使った見出しブロックの作成

「#」を利用すると見出しブロックを作成できます。さらに「#」の数を増やすと見出しのレベルを簡単に調整できます。たとえば、「#」でH1、「##」でH2、「###」でH3の見出しを手早く作成できます。

STEP

01 段落ブロックに半角「##」を入力します。

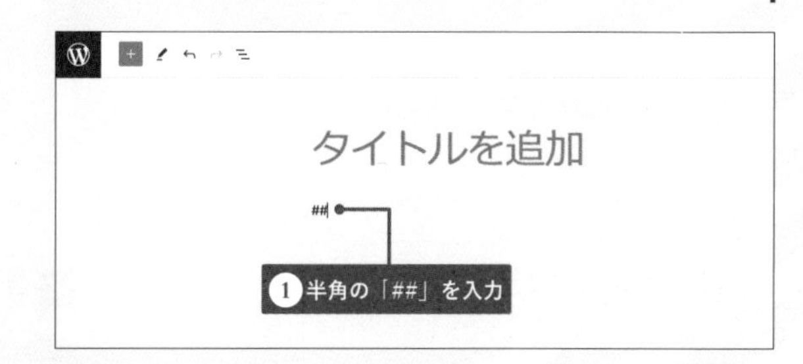

02 続いて「半角スペース」を入力するとH2見出しブロックが作成されます。

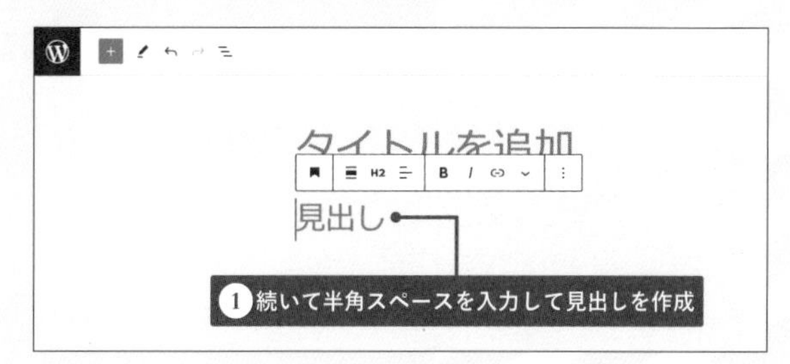

その他のショートカット

見出しと同様の手順で、他のブロックも作成できます。ショートカットの例は 01 を参考にしてください。

01 ショートカットの種類

ショートカット(半角)	ブロック
「-」(ハイフン、マイナス)+半角スペース	順序なしリストブロック
「1.」+半角スペース	順序付きリストブロック
「>」+半角スペース	引用ブロック
「```」(バッククォート3つ)+改行	コードブロック

ブロックをグループ化する

複数のブロックを一つのグループとしてまとめることができます。これにより複数のブロックの移動やスタイリングを一括で行うことが可能になり、編集や識別を容易にするために名称を設定できます。

STEP

01 ［ドキュメント概観］からグループ化したいブロックをシフトキーを押しながら選択して、ツールバーから［グループ化］をクリックします。

MEMO
グループ化は［ドキュメント概観］からオプションを選択しても可能です

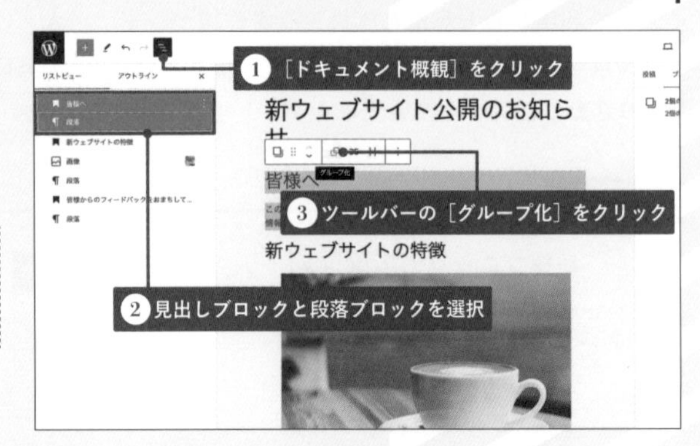

02 グループ化が完了しました。

TIPS
先にグループブロックを配置して、その中に新たにブロックを配置してくこともできます。

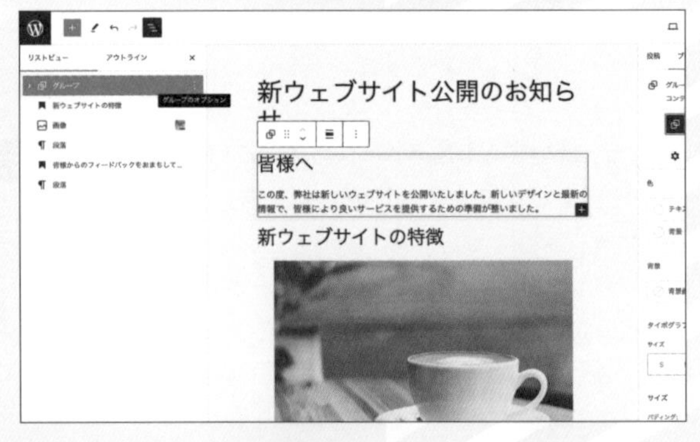

03 グループ化したブロックの名称は［グループのオプション］から変更できます。

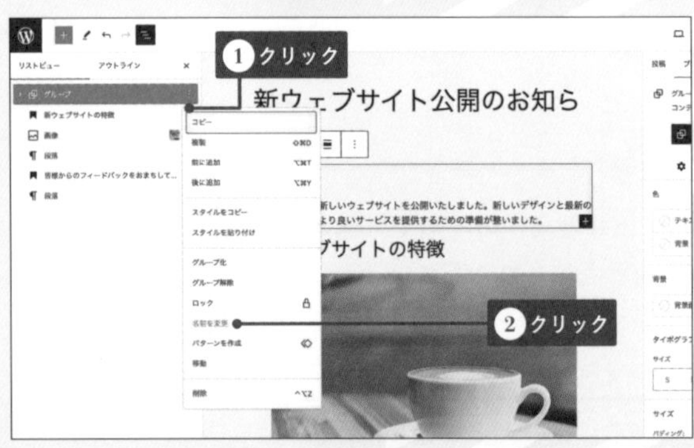

今回紹介した、コピー＆ペースト、［ドキュメント概観］、ショートカット、グループ化の機能は、手早くかつ手軽に記事を作成する際に、非常に便利です。ぜひ、使いこなしてみてください。

Lesson 3

サイト設計と初期設定をする

本書で作成するサンプルサイトの全体像を把握します。また、仮ページの入力やプラグインのインストールと有効化など、サイト構築のための準備を進めます。

サンプルサイトを読み込もう

ここからは手順に沿ってWebサイトの作成をおこないます。まず、どのようなWebサイトを作成するか、サンプルデータを読み込んで全体像を把握しましょう。また、同時にWebサイトを作成していくための設定と準備を進めます。

サンプルデータを読み込む

P006にあるURLからサンプルデータをダウンロードします。その後、以下の手順に従ってサンプルサイトの環境を構築します。

STEP

01 Localで左下の［+］(Add Local site) をクリックして新しいWebサイトの環境構築をおこないます。

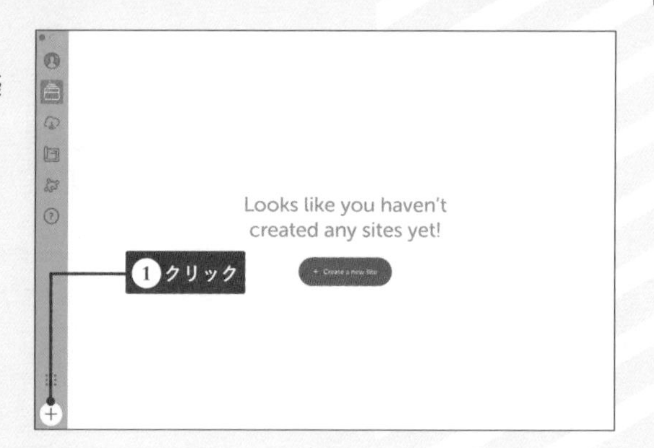

02 Localにサンプルサイトのデータ (yu-yu-complete.zip) を読み込みます。なお、ZIP形式で読み込むので、ダウンロードの際に解凍されている場合は、再度ZIP形式に圧縮してください。

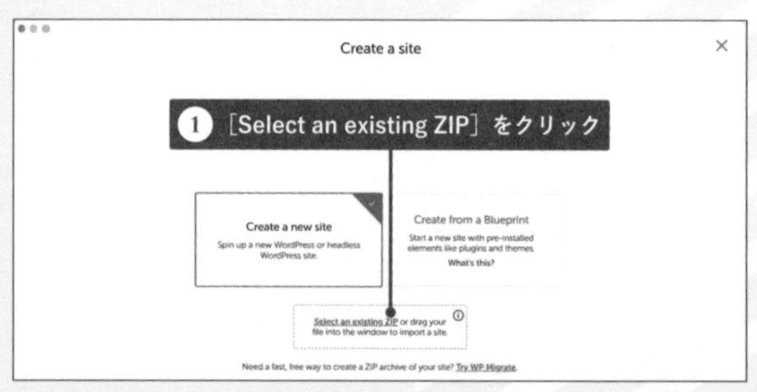

03 ［Continue］をクリックしてデータをインポートします。

04 ［Preferred］→［Import site］をクリックしてデータをインポートします。

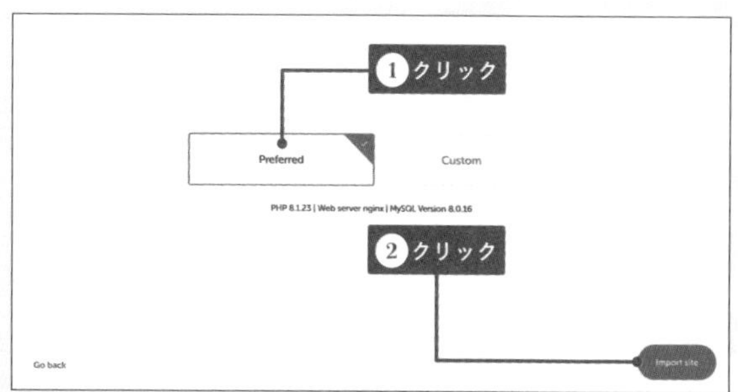

05 ファイルが展開され、完成サイトが立ち上がります。［One-click admin］をOnにした後、［WP Admin］をクリックするとサンプルサイトが立ち上がります。

MEMO
「One-click admin」をOnにするとログイン操作なしで管理画面にアクセスできます。もちろん、本番はログイン操作が必要です。あくまでLocalの機能と考えてください。

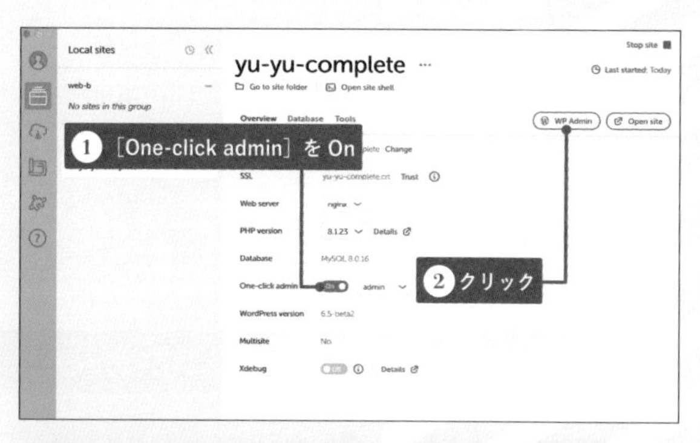

06 ログインした状態でWordPressのダッシュボード（管理画面）が表示されます。［サイトを表示］からサイトを表示してみましょう。

MEMO
サンプルサイトは日本語化済みです。

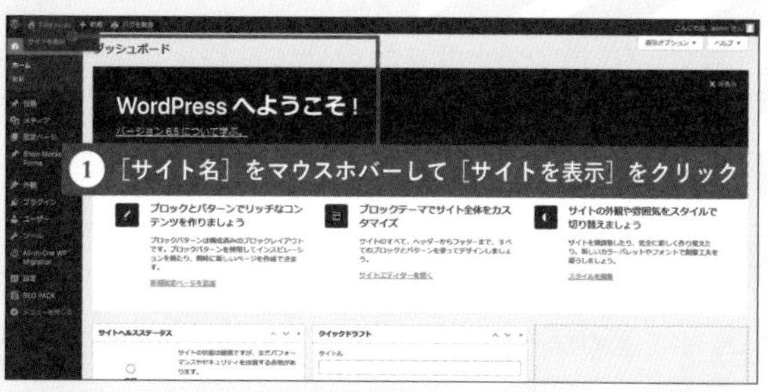

07 サンプルサイトが表示されます。

MEMO
復元後、WordPressやプラグインの更新の通知が表示されます。ここでは完成サイトを確認するだけなので更新は不要です。実際にサイトを公開するなどの場合は、必ず更新をおこない、最新版を利用することをおすすめします。

サイトの構成を確認する

サンプルサイトの構成は01のようになっています。実際のサイトと比べて、全体がどのような構造になっているのかを確認してみてください。**なお、実際にサイトを作成する場合は、目的にあわせて事前にページ構成を考えます。**この際、それぞれのページに投稿ページと固定ページのどちらを使うか、URLの構成をどうするかを考えていきます。

01 サンプルサイトの構成

第1階層	第2階層	投稿タイプ等	スラッグ（URL）
TOP		固定ページ	/
コンセプト		固定ページ	/concept
おしらせ一覧		固定ページ	/news
おしらせの分類別記事一覧		カテゴリー/タグ	/category/カテゴリーのスラッグ /tag/タグのスラッグ
-	お知らせ詳細	投稿	/投稿のスラッグ
メニュー		固定ページ	/menu
アクセス		固定ページ	/access
お問い合わせ		固定ページ	/contact

サイト構成を参考にパーマリンクを設定する

パーマリンクは、各ページに個別に与えられている文字列（URL）です。こちらを設定しないと、WordPressのURLはPHPによって「?p=123」などわかりにくい文字列となるため、ユーザーがアクセスしにくくなります。サイト構成で定めたスラッグをパーマリンクに設定して、わかりやすいURLに変更しましょう。

STEP

01 上のツールバーから［ダッシュボード］を表示します。

MEMO
今後の操作は、ほとんどが［ダッシュボード］からおこないます。どこをクリックすれば［ダッシュボード］が表示されるかを把握しておくようにしましょう。

02 ［設定］→［パーマリンク］をクリックしてパーマリンク設定画面を表示します。

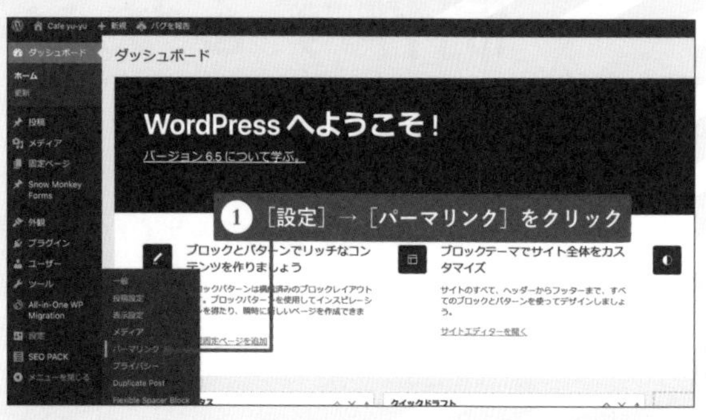

03 ［パーマリンク構造］の［投稿名］を選択します。これで投稿のURLは「ドメイン/スラッグ」となります。

> **MEMO**
> 別のものが選択されている場合は［投稿名］に変更します。

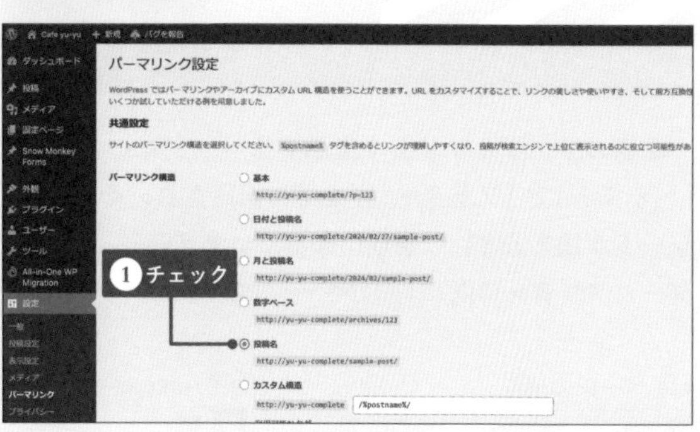

固定ページと投稿の違い

WordPressには主に2種類のページタイプがあります。**時系列で新しいものから一覧で表示したい記事は投稿を利用します。それに対して、時系列を利用しないものは固定ページを利用します。**

サンプルサイトのダッシュボードから［投稿］→［投稿一覧］で投稿ページ 02 が、［固定ページ］→［固定ページ一覧］で固定ページ 03 が確認できます。それぞれ、どのような内容になっているのかを確認してみてください。

02 サンプルサイトの投稿ページ一覧

03 サンプルサイトの固定ページ一覧

ここからは、WordPressの初期状態から、このサンプルサイトを作成する手順を解説していきます。「完成品はどうなっているのか」を確認しつつ手順を進めてみてください。

02 制作するサンプルサイトの全体像を理解しよう

ここでは、制作するサンプルサイトの全体像を紹介します。なお、制作するサンプルサイトはカフェ店舗向けのサイトとなっています。構成やデザインを確認して、どのようなサイトを制作するのかをイメージしてください。

ページの基本構成を理解する

本書のサンプルサイトで表示するページは、共通のテンプレートパーツである「ヘッダー」と「フッター」が上下に配置され、その間に各ページに対応したテンプレートが挟まるという構成になっています 01。たとえば、Accessページではヘッダーとフッターの間に「固定ページ」のテンプレートが使用されています 02。

01 ページの構成

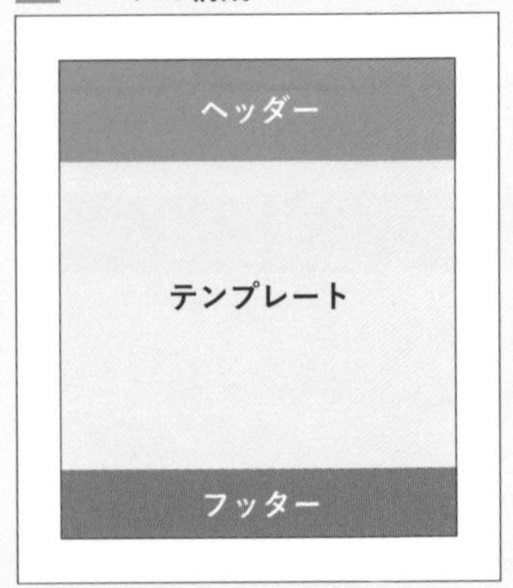

02 Accessページの編集画面

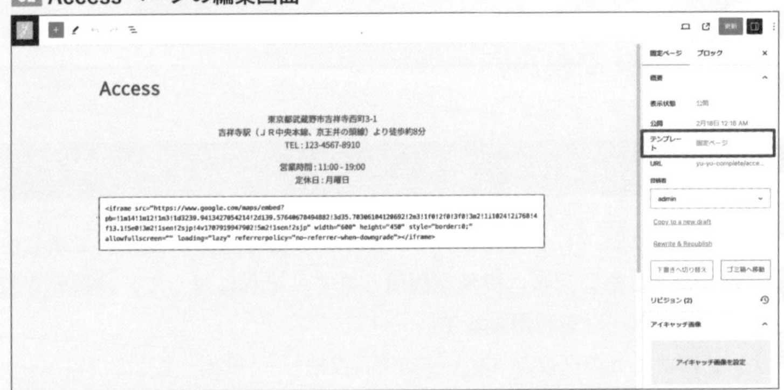

どのテンプレートが使用されているかは右設定パネルの［概要］に表示されます。

テンプレートは［ダッシュボード］→［外観］→［エディター］から一覧を見ることができます 03。本書では、ここにあるテンプレートをそれぞれのページにあわせてカスタマイズして表示しています。

03 ［エディター］で表示されるテンプレート

スタイルシートの設定を理解する

サンプルサイトは、デフォルトテーマであるTwenty Twenty-Fourから色や文字サイズ、レイアウトなどのスタイルをカスタマイズして、各ページに反映しています。

テーマのカスタマイズにはCSSも利用しています 04 。このCSSはP006でダウンロードできるファイルからコピー＆ペーストします。なお、CSSについては別途参考書などをご覧ください。

04 サンプルサイトのテーマで使用しているCSS

上記画面はサンプルサイトから［ダッシュボード］→［外観］→［エディター］→［スタイル］→［鉛筆アイコン］→［追加CSS］で表示されます。

本書では、基本的にCSSについては設定しません。ただし、テンプレートのカスタマイズ時に一部で［追加CSSクラス］の設定をおこなっています。たとえば、固定ページテンプレートには「yu-page-title-border」と「yu-page-title-square」の2つのCSSクラスが設定されています。これはタイトル部分の装飾をおこなうもので、「yu-page-title-border」ではタイトル下にある下線を、「yu-page-title-square」ではタイトル頭にある四角の飾りを付与しています 05 。

MEMO
追加CSSクラスの設定は前述したCSSに記載済みです。そのため、追加CSSクラスを設定するだけで装飾が付与されます。

05 固定ページテンプレートの追加CSSクラス

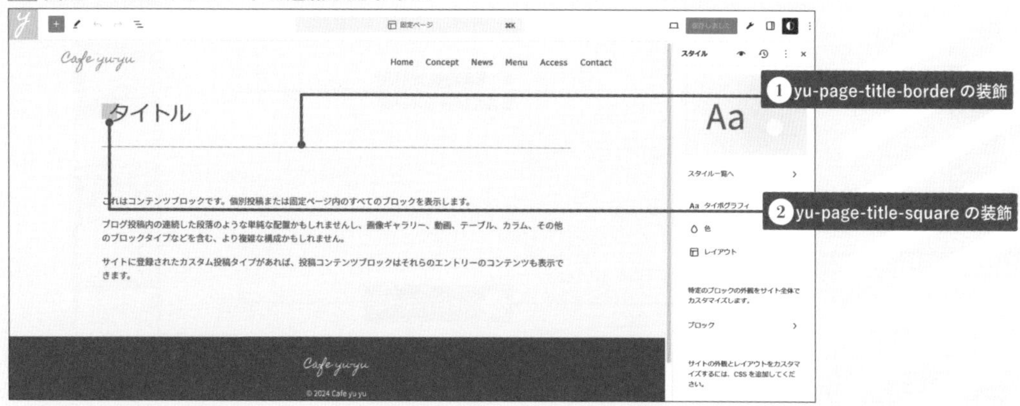

サンプルサイトの概要を確認する

サンプルサイトはHome、Concept、News、Menu、Access、Contactの6つのページで構成されています。また、ナビゲーションには表示されていないものの、ある操作をした際に表示されるページもあります。それぞれのページのイメージと特徴、使用されているテンプレートなどについて紹介します。

ホーム（Home）ページ

サイトの顔となるページです 06 。①キャッチ画像エリア、②キャッチコピーエリア、③メニューエリア、④Newsエリア、⑤Accessエリアから成り立っています。設定する項目がもっとも多いページです。Newsエリアは投稿一覧を表示するクエリーループブロックを利用しています。

- 使用テンプレート：Page No Title
- 参照ページ：P158 ～

06 ホームページ（左：デスクトップ、右：モバイル）

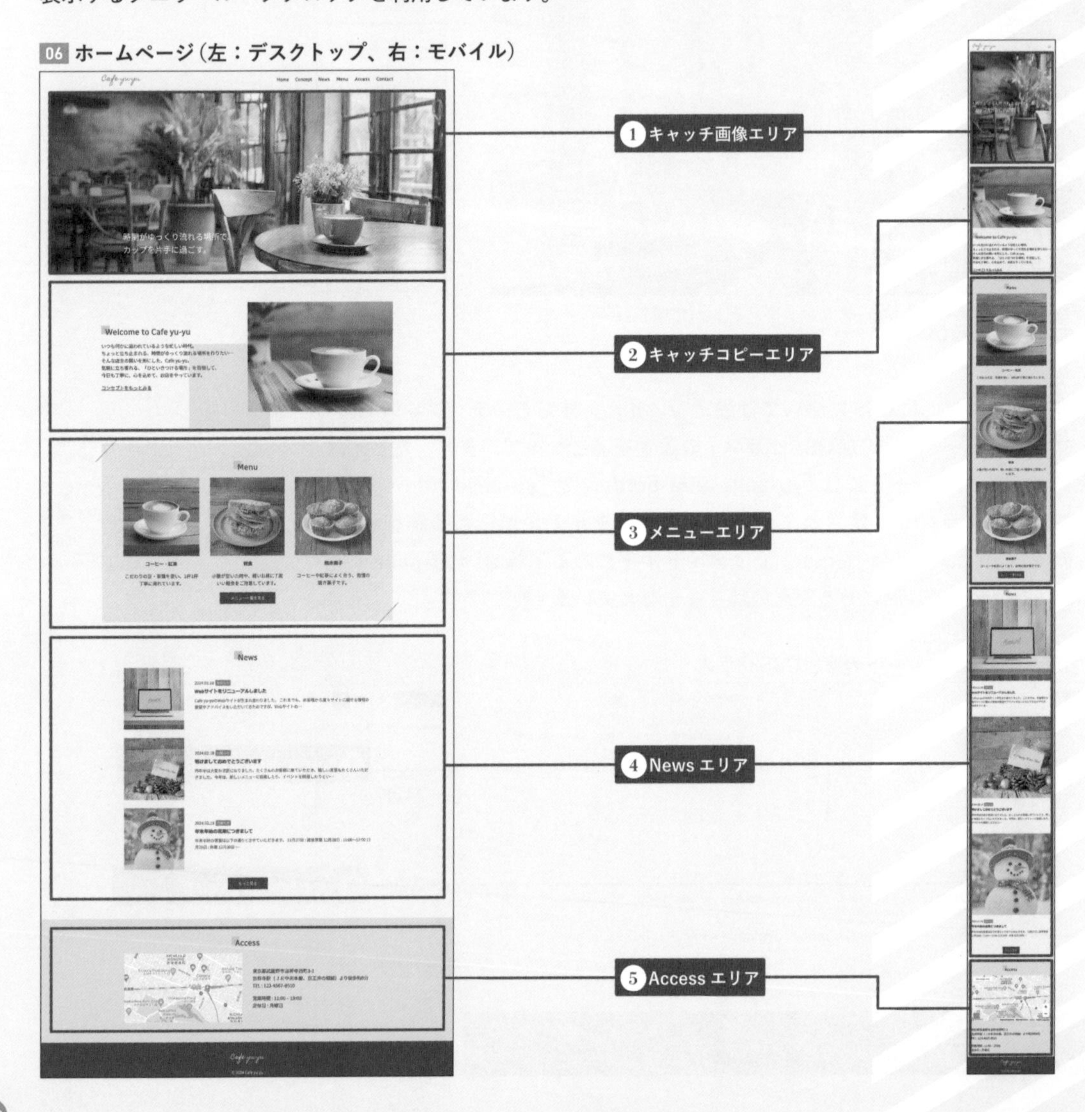

Conceptページ

お店のコンセプトを伝えるページです 07 。他のページとはタイトルの位置が異なります。また、画像にネガティブマージンを利用して、他のブロックと重なるようにずらしています。

- 使用テンプレート：Page No Title
- 参照ページ：P144 ～

07 Conceptページ（左：デスクトップ、右：モバイル）

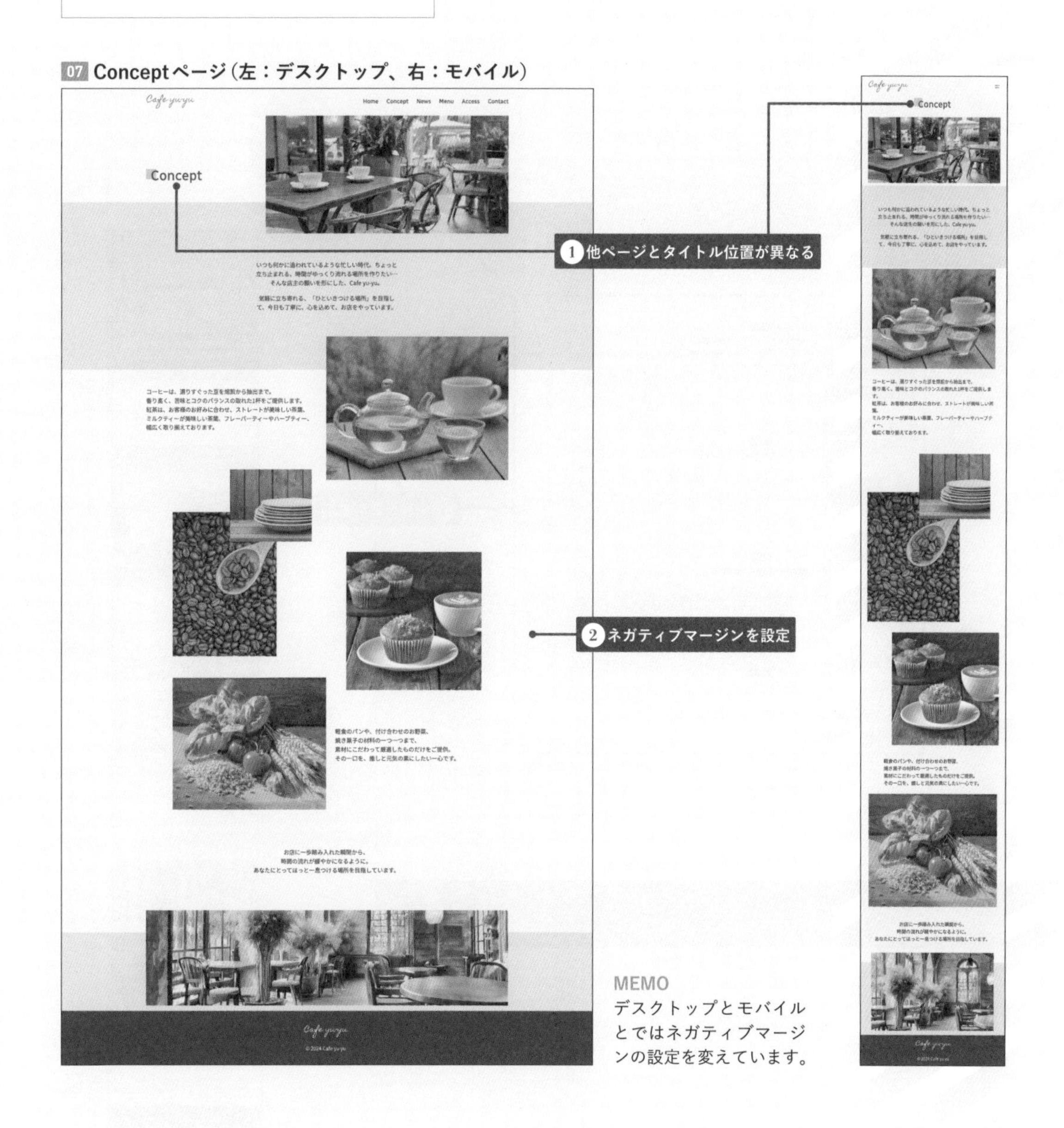

MEMO
デスクトップとモバイルとではネガティブマージンの設定を変えています。

Newsページ

Newsページは「投稿」の一覧を表示するページです 08 。Newsページに表示されている投稿の概要から各投稿ページにアクセスできます。なお、Newsページは［ダッシュボード］→［設定］→［表示設定］→［ホームページの表示］→［固定ページ］→［投稿ページ］を［News］に設定すると、設定しているブログテンプレートの内容に応じて自動生成されます。

- 使用テンプレート：ブログテンプレート
- 参照ページ：P158 ～

08 Newsページ（左：デスクトップ、右：モバイル）

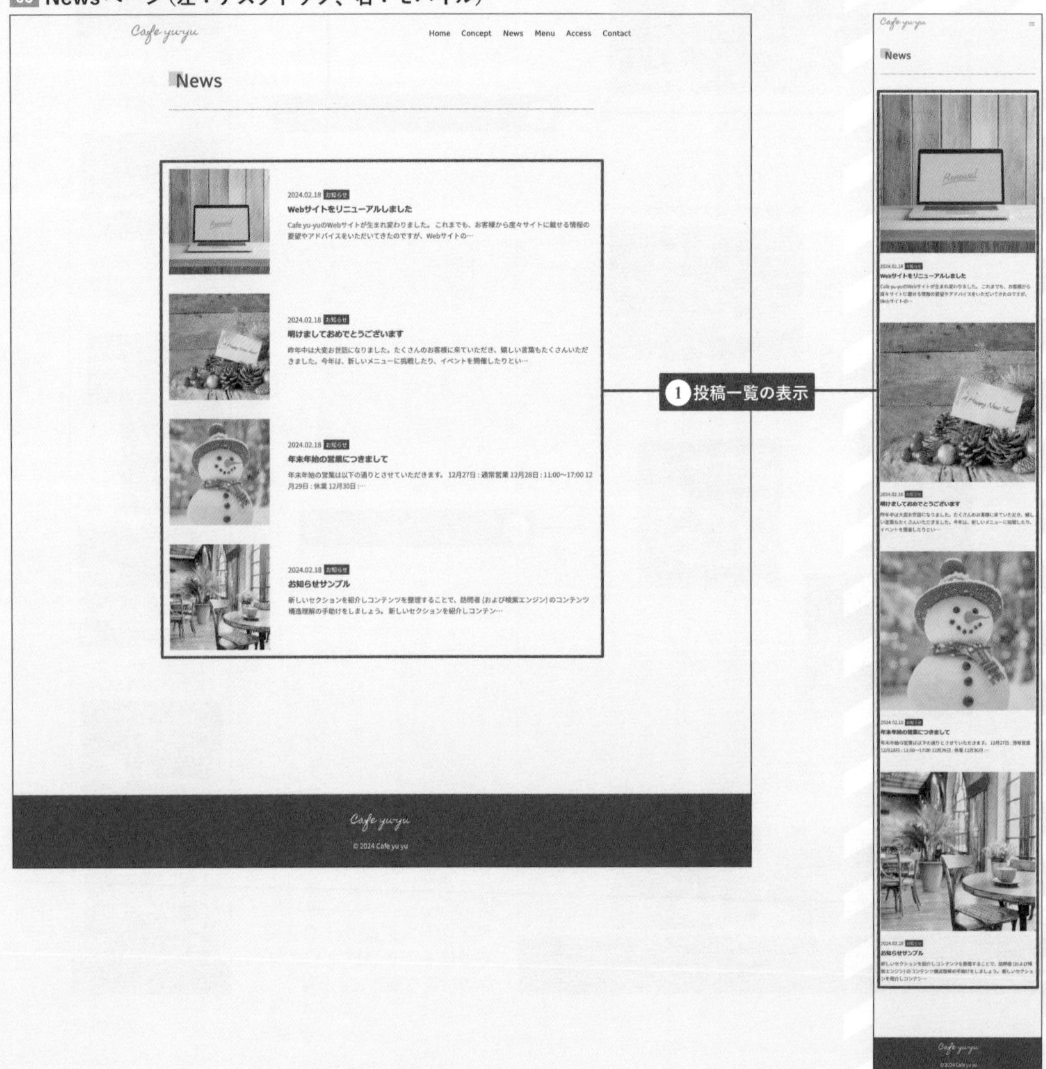

Menuページ

お店のメニューを表示するページです 09 。1つのメニューブロックを入れ子で作成して、コピーすることで複数のメニューを作成しています。

- 使用テンプレート：固定ページテンプレート
- 参照ページ：P139 ～

09 Menuページ（左：デスクトップ、右：モバイル）

Menuページのモバイル表記は長くなるので省略して表示しています。

Accessページ

　お店へのアクセスを表示するページです 10 。Googleマップから取得したコードを利用して地図を表示しています。

- 使用テンプレート：固定ページテンプレート
- 参照ページ：P136 ～

10 Accessページ（左：デスクトップ、右：モバイル）

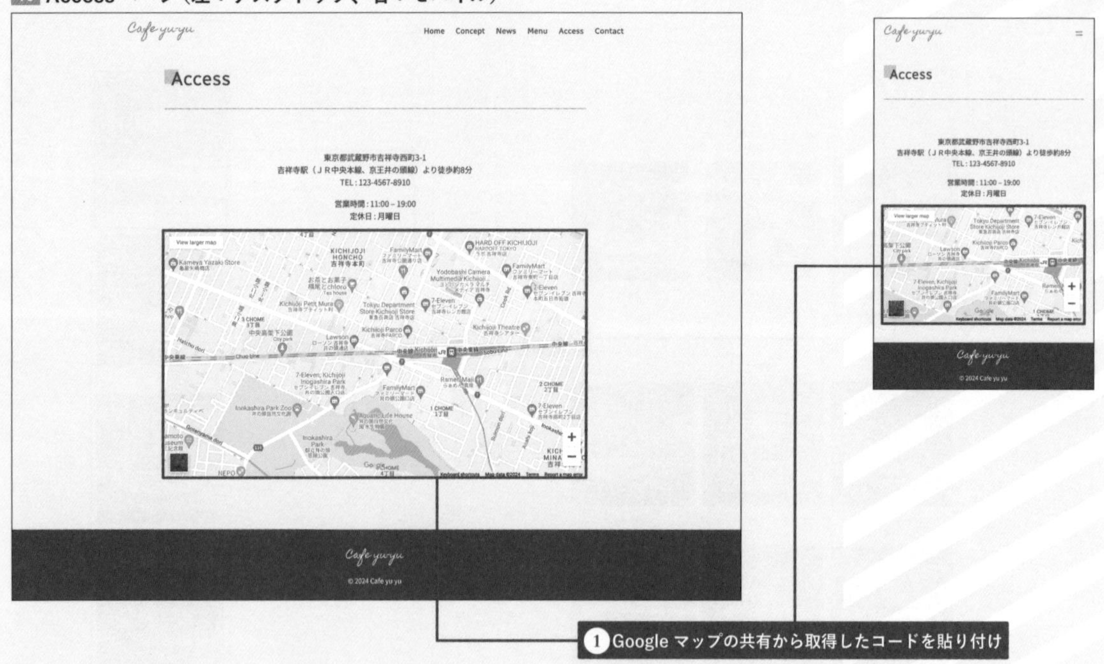

Contactページ

お問い合わせフォームを設置したページです 11 。お問い合わせフォームはプラグインの「Snow Monkey Forms」を使用して設置しています。

- 使用テンプレート：固定ページテンプレート
- 参照ページ：P194 ～

11 Contactページ（左：デスクトップ、右：モバイル）

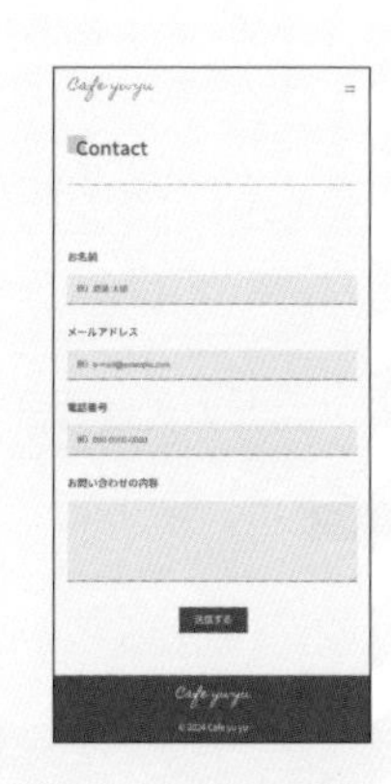

投稿詳細ページ

WordPressの［投稿］から作成する記事ページです 12 。ここで作成した記事の概要が投稿一覧としてNewsページに表示されます。また、Newsページの記事概要をクリックすると、それぞれの記事ページが表示されます。

- 使用テンプレート：個別投稿テンプレート
- 参照ページ：P128 ～

12 投稿詳細ページ（左：デスクトップ、右：モバイル）

MEMO
404ページは、本来なら表示されないページなので、テンプレートにある内容をそのまま利用する方もいます。しかし、404ページを見やすく、かつ凝ったものにすると、本来のページへと誘導してサイトからの離脱を防ぐことができます。

404ページ

URLが不正確だったり、リンク先のページがなかった場合などに表示されるページです13。こちらは専用の404テンプレートを利用しています。

- 使用テンプレート：404テンプレート
- 参照ページ：P118 ～

13 404ページ（左：デスクトップ、右：モバイル）

検索結果ページ

フリーワードでの検索の結果を表示するページです14。

- 使用テンプレート：検索結果テンプレート
- 参照ページ：P189 ～

14 検索結果テンプレートページ（左：デスクトップ、右：モバイル）

サンプルサイトには検索ブロックがないので、検索結果ページは表示されません。検索結果ページを確認したい場合は、ページに検索ブロックを追加するか、上部管理バーの右端にある検索窓から検索してみてください 15。

15 上部管理バーの検索窓

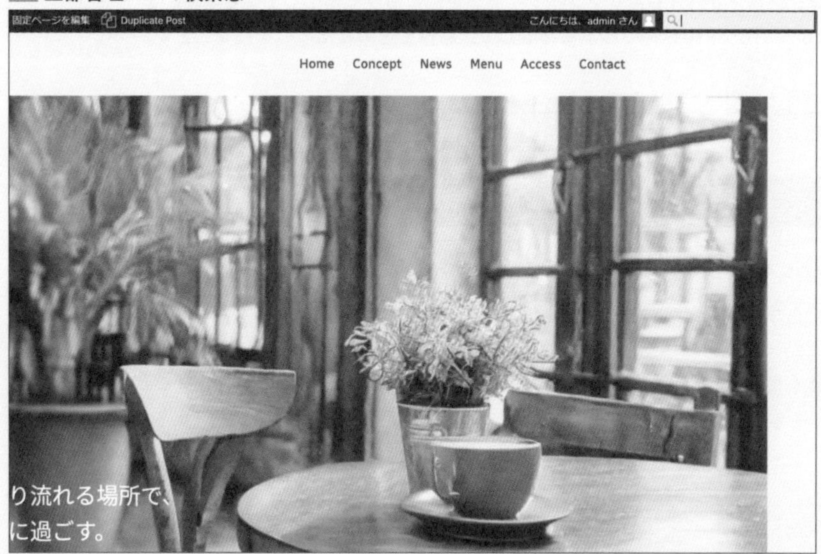

サンプルサイトのページ概要は以上となります。以降で、まっさらな新しいWordPressサイトにサンプルサイトを再現していきます。

投稿とページの仮投稿をしよう

本書では、前セクションで紹介したサンプルサイトを手順に沿って作成していきます。まず、新たにLocalでWordPressのサイトを作成して、制作を進めるための準備をします。

固定ページの仮設定をする

ここからはP018でLocal上に作成した新規のWordPressのサイトにサンプルサイトを再現していきます。なお、P022を参考に日本語化や日時表記の設定なども実行しておいてください。

続いてサンプルサイトにある固定ページを仮設定します。なお、WordPressにはデフォルトで2つの固定ページが用意されていますが、これらは使用しないので削除します。

デフォルトの固定ページを削除する

デフォルトで用意されている固定ページを削除します。固定ページの削除は、ダッシュボードから[固定ページ]→[固定ページ一覧]でおこないます。

STEP

01 Local上で新規サイトを作成し、言語等の設定が終わったら、[ダッシュボード]→[固定ページ]→[固定ページ一覧]で固定ページの一覧を表示します。

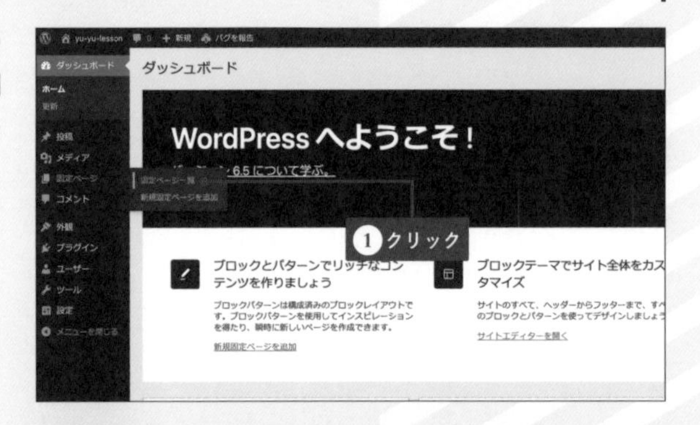

02 すべてのページにチェックを入れます。

> TIPS
> 一番上にあるチェックボックスをクリックすると、すべてのページにチェックが入ります。

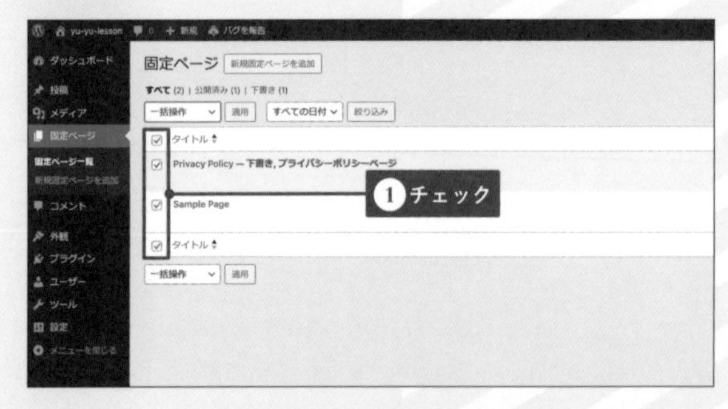

03 [一括操作]→[ゴミ箱に移動]をクリックし、[適用]ボタンをクリックしてページを削除します。

TIPS
ゴミ箱に入れたページは[ゴミ箱]から復元可能です。なお、完全に削除する場合は[ゴミ箱]→[ゴミ箱を空にする]を選択します。

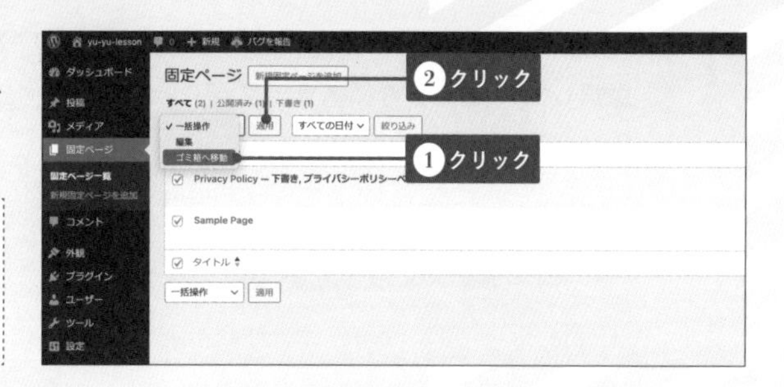

固定ページを登録する

サンプルサイトにある固定ページを仮登録します。作成した固定ページにはひとまずタイトルとスラッグのみを登録します。新規登録時にはパターンの選択画面が表示されますが、今回は使用しないので無視してください。

STEP

01 [固定ページ一覧]の上部にある[新規固定ページを追加]をクリックします。

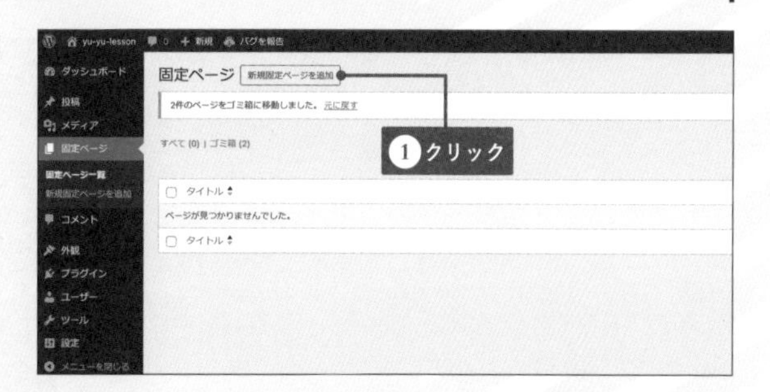

02 パターンの選択画面が表示されるので[×]をクリックしてキャンセルします。

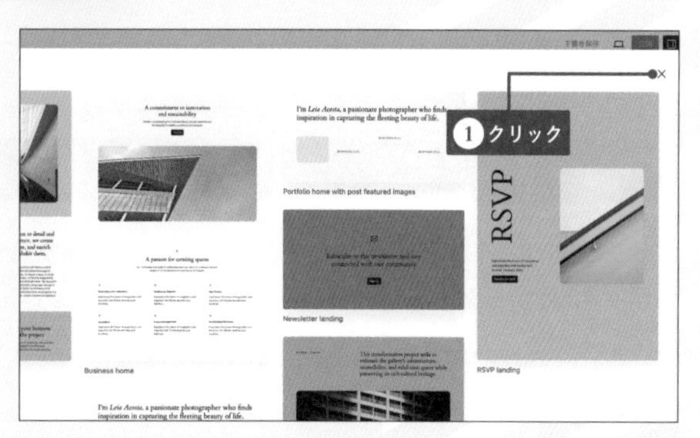

03 固定ページのタイトルを「Home」と入力して[公開]を2回クリックします。続いて[固定ページ一覧]をクリックして[固定ページ一覧]を表示させます。

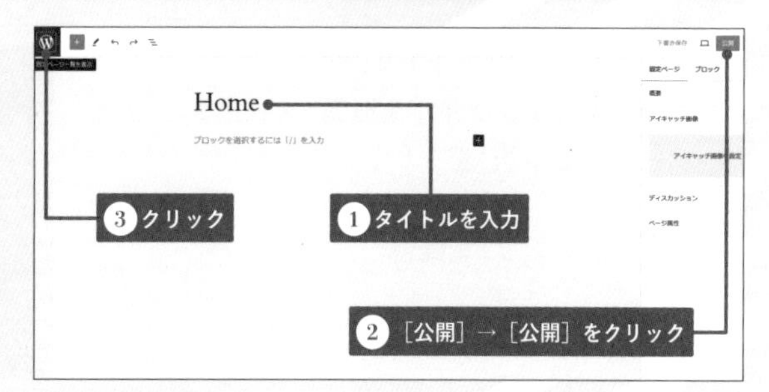

04

［固定ページ一覧］から［クイック編集］を選択して、01 を参考にスラッグが「home」になっていることを確認します。

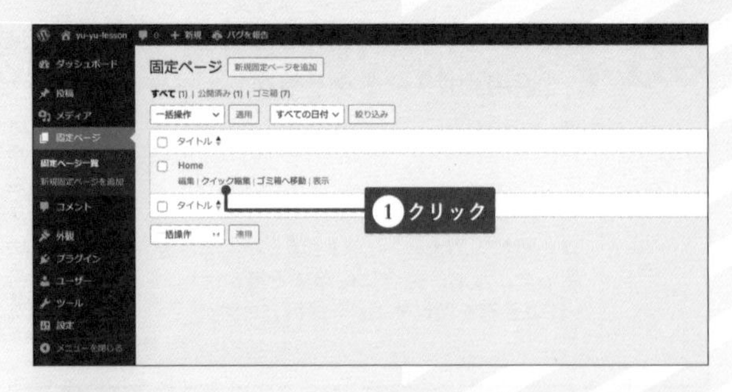

01 固定ページのタイトルとスラッグ

タイトル	スラッグ（URL）
Home	home
Concept	concept
News	news
Menu	menu
Access	access
Contact	contact

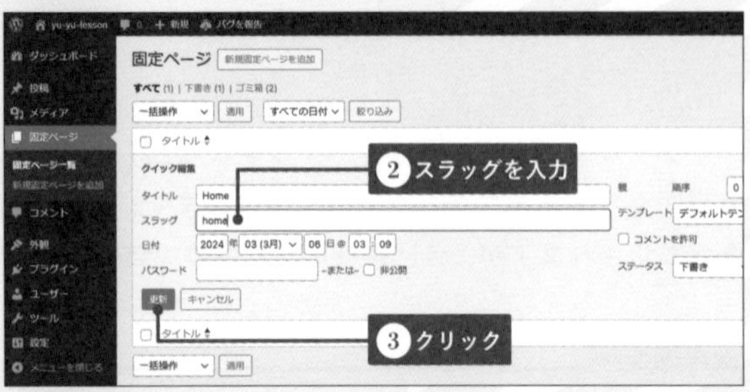

05

同様の手順で 01 にあるタイトルとスラッグを設定した固定ページを作成します。

画像を登録する

サンプルサイトで使用している画像を新たに作成するサイトにアップロードします。P006からダウンロードしたファイルの「uploads」フォルダに画像が収納されているので、これを［メディア］からアップロードします。

STEP

01

［ダッシュボード］→［メディア］→［新しいメディアファイルを追加］を選択し、［ファイルを選択］をクリックします。

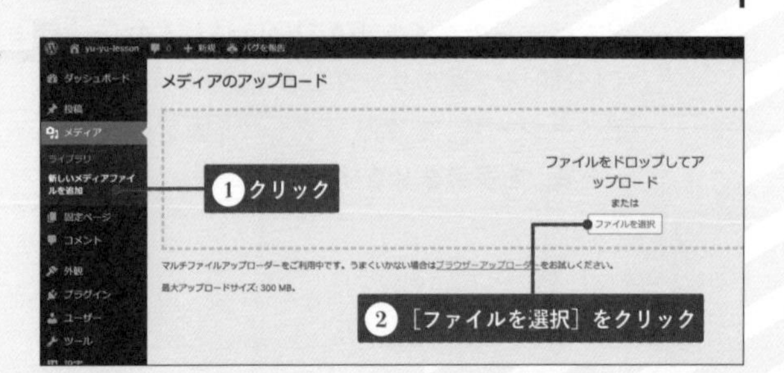

02 「uploads」フォルダにあるすべての画像ファイルをアップロードします。

TIPS
「ファイルをドロップしてアップロード」に画像をドラッグ＆ドロップしてもアップロードできます。

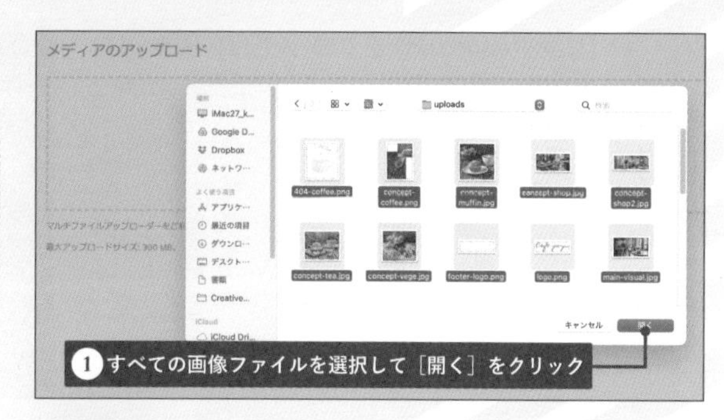

03 画像がアップロードされました。

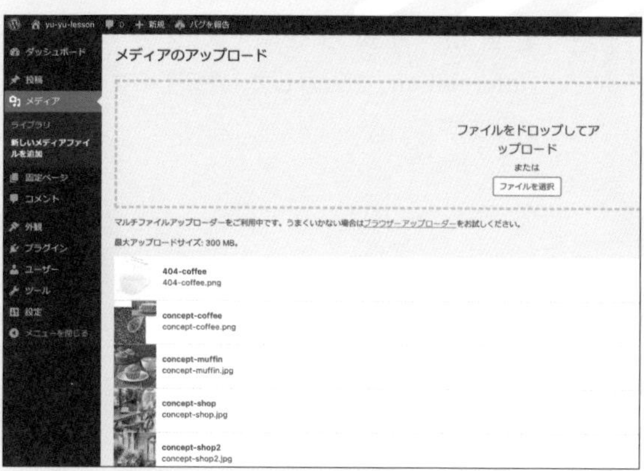

投稿の仮設定をする

カテゴリーとアイキャッチについて、投稿ページの仮設定をおこないます。なお、固定ページと同様、投稿にもデフォルトで「Hello world!」という投稿がありますが、今回はこちらを編集して再利用します。もちろん、削除して新たに投稿を追加しても問題ありません。

初期カテゴリーの名前を変更する

デフォルトで設定されているカテゴリー「Uncategorized」をサンプルサイトにあわせて「お知らせ」に変更します。

STEP

01 ［ダッシュボード］→［投稿］→［カテゴリー］をクリックして［カテゴリー］を表示します。

02 [Uncategorized] をクリックして編集画面を表示させます。

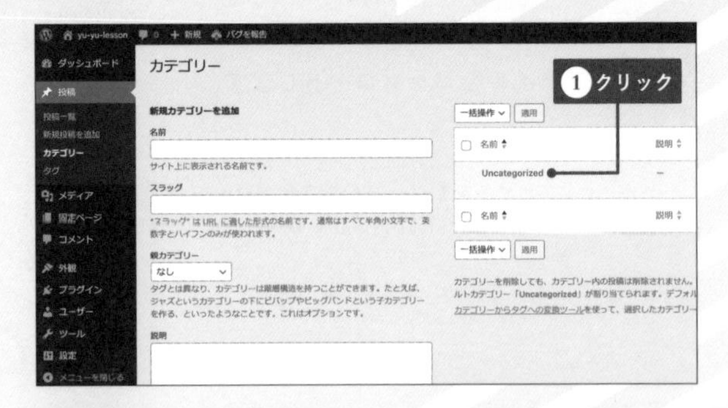

03 名前に「お知らせ」、スラッグに「information」を入力して [更新] をクリックします。

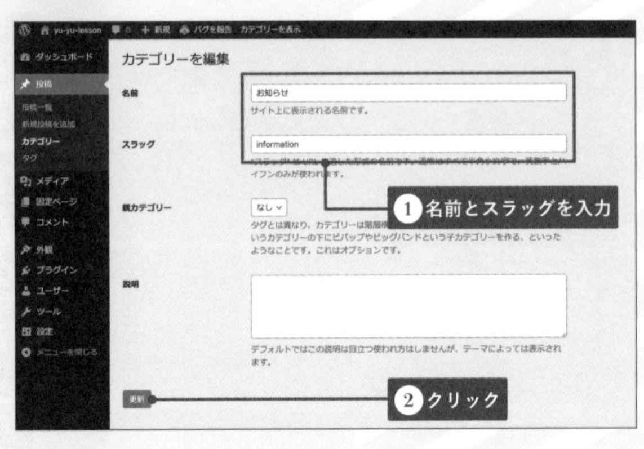

投稿の「Hello world!」を編集してアイキャッチ画像を登録する

デフォルトの投稿である「Hello world!」を「お知らせ」の投稿として仮登録します。

STEP

01 [ダッシュボード] → [投稿] → [投稿一覧] から投稿の「Hello world!」をクリックします。

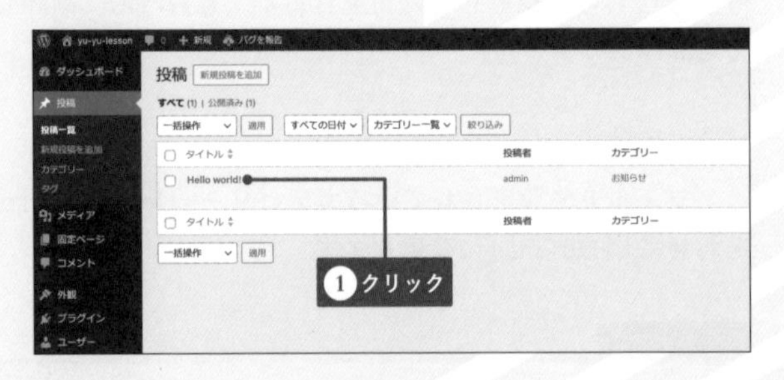

02 投稿の編集画面で見出しを「Hello world!」から「お知らせ」に変更します。

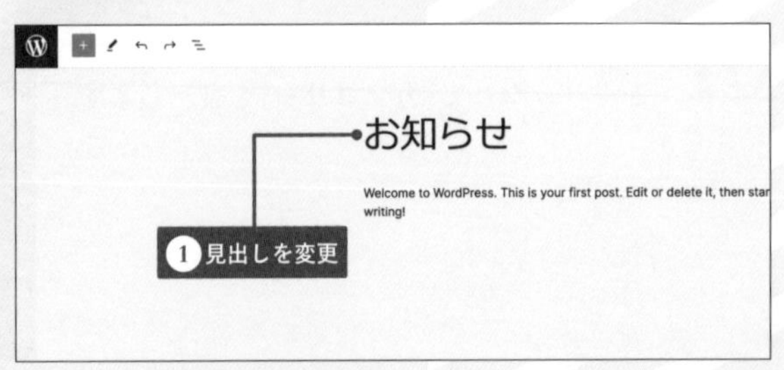

03 ［設定］アイコンをクリックして右側に設定パネルを表示させます。設定パネルから［アイキャッチ画像］→［アイキャッチ画像を設定］をクリックします。

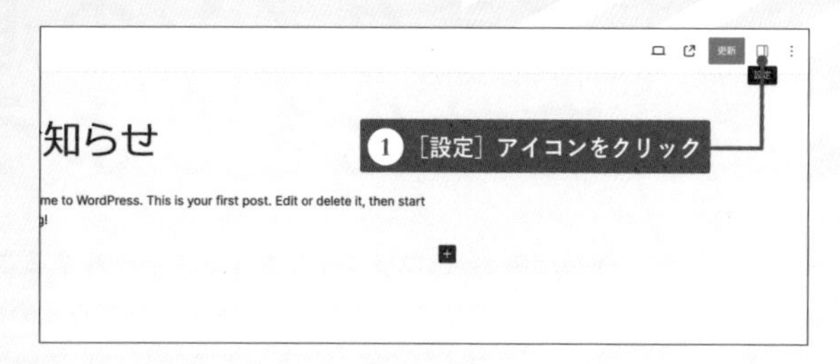

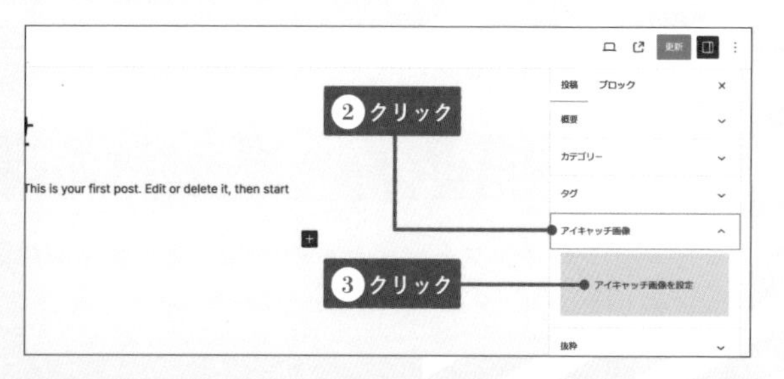

04 ［メディアライブラリ］タブをクリックしてアップロードした画像を表示します。アイキャッチ画像は「news-」から始まる画像を設定します。検索窓に「news」と入力し、アイキャッチ画像を選択して設定します。最後に［更新］をクリックして変更を保存しましょう。同様の要領で、完成サイトを参考にいくつか投稿を用意しておきましょう。内容は自由でかまいません。

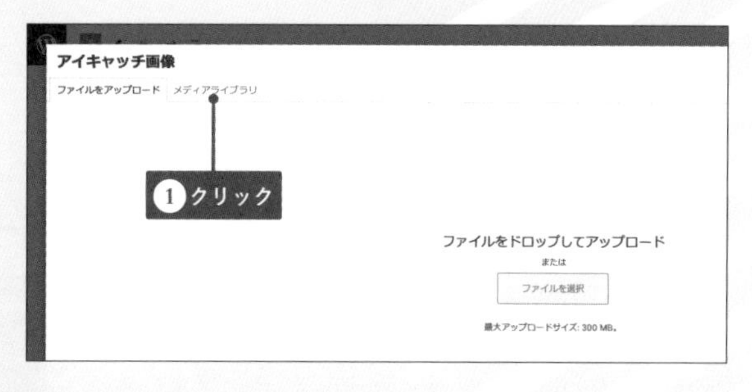

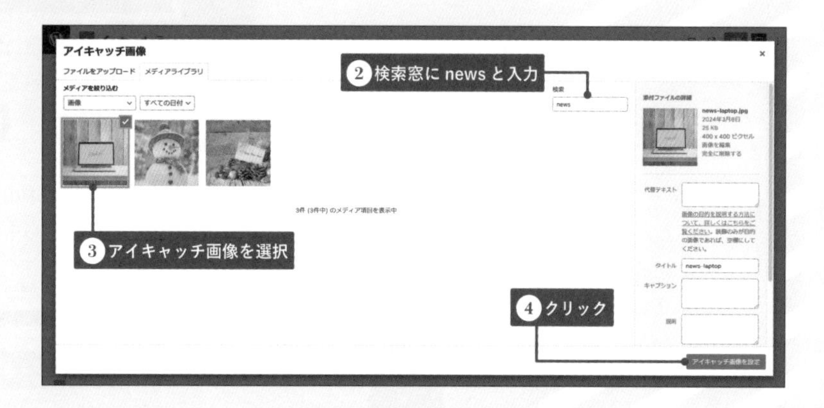

これで固定ページと投稿の仮設定が完了しました。次セクションでは、WordPressに機能を追加するプラグインについて解説します。

プラグインの追加と有効化をしよう

WordPressはプラグインをインストールすることで、様々な機能を追加することができます。本書では、サイトを作成・運用するために6つのプラグインを使用します。ここでは、プラグインのインストール方法について解説します。

プラグインのインストールと有効化の方法

プラグインのインストールと有効化は、プラグインの画面からすべて同じ手順でおこないます。

プラグインをインストールする

［ダッシュボード］→［プラグイン］から利用するプラグインをインストールします。

STEP

01 ［ダッシュボード］→［プラグイン］→［新規プラグインを追加］をクリックします。

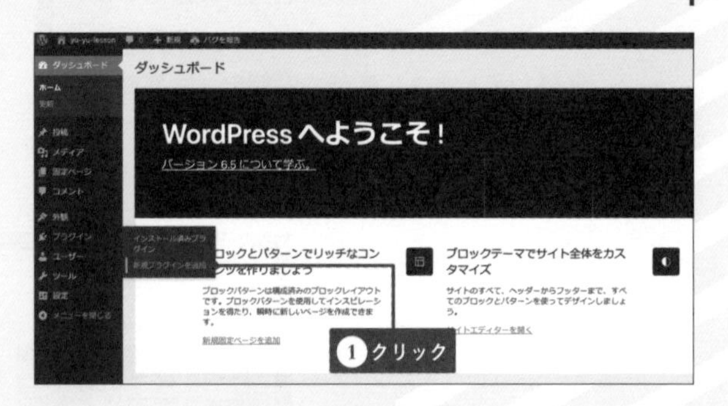

02 ［キーワード］の検索窓にプラグインの名前「All-in-One WP Migration」を入力して検索します。リストに該当するプラグインが表示されたら［今すぐインストール］をクリックします。

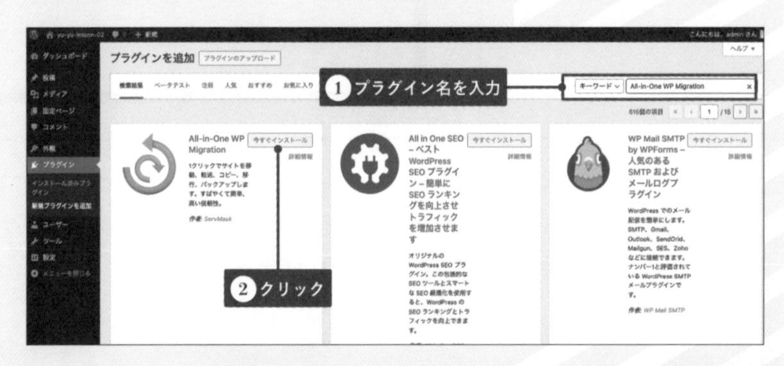

プラグインを有効化する

　プラグインはインストールしただけでは利用できません。かならず「有効化」しましょう。

STEP

01 ［有効化］ボタンが表示されたらクリックしてプラグインを有効化します。同様の手順で 01 にあるプラグインをすべてインストール＆有効化します。

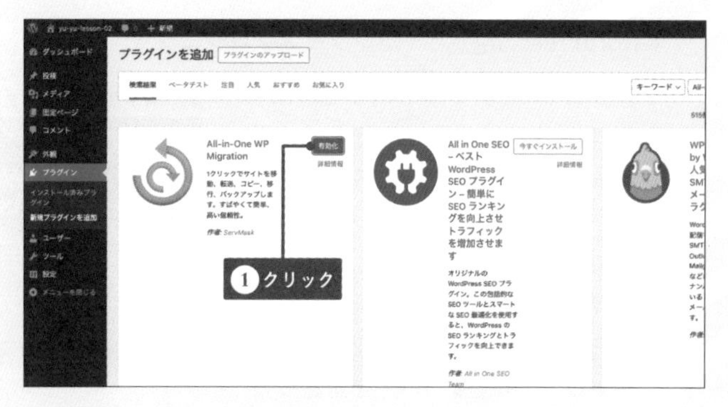

TIPS
有効化は［インストール済みプラグイン］から一括でおこなうことが可能です。

01 使用するプラグイン

プラグイン名	機能概要
All-in-One WP Migration	サイト全体のバックアップ、エクスポートとインポート、復元
Create Block Theme	ブロックテーマにおけるカスタマイズ結果をファイルとして書き出す機能など
Flexible Spacer Block	画面幅に応じた、余白としてのマージンを設定できるブロックを追加
SEO SIMPLE PACK	メタタグ、OGPなどの設定
Snow Monkey Blocks	複数のブロックを追加
Snow Monkey Forms	お問合せフォームの作成

02 ［ダッシュボード］→［プラグイン］→［インストール済みのプラグイン］をクリックして、必要なすべてのプラグインがインストールされ、有効化されていることを確認しましょう。

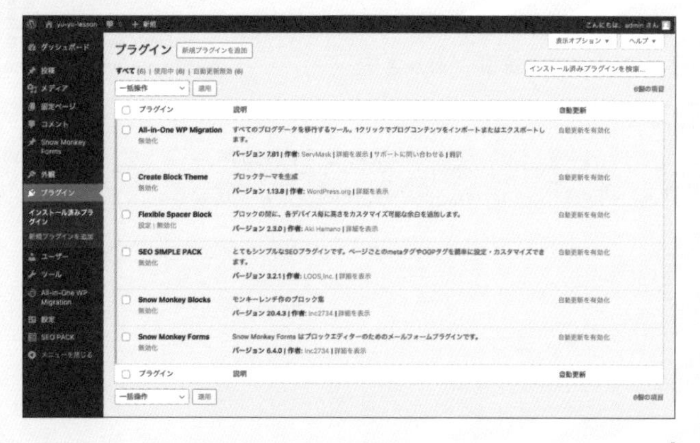

Column

WordPress.orgとWordPress.comの違い

「WordPress」で検索すると、上位に「WordPress.org」と「WordPress.com」の2つが表示されます。初めて見た方は、それぞれが何なのかわからず混乱するかもしれません。ここでは、2つの違いについて簡単に紹介します。

●WordPress.orgはオープンソースプロジェクト

WordPress.orgは、WordPress Foundationという非営利団体が運営するWordPressというCMSのオープンソースプロジェクトであり、無料で利用できるソフトウェアです01。通常、WordPressのダウンロードはここからおこないます。WordPressを動かすには自分でサーバーを用意または契約する必要があります。

01 WordPress.org日本語サイト

https://ja.wordpress.org/

●WordPress.comはブログ・ホスティングサービス

WordPress.comは、Automattic社によって運営されるWordPressを使ったブログ・ホスティングサービスです02。登録するだけで簡単にWebサイトやブログを始めることができます。しかし、無料プランではカスタマイズの自由度が限られ、独自ドメインの使用や広告非表示などの機能をフルに利用するには有料プランにアップグレードする必要があります。

02 WordPress.com日本語サイト

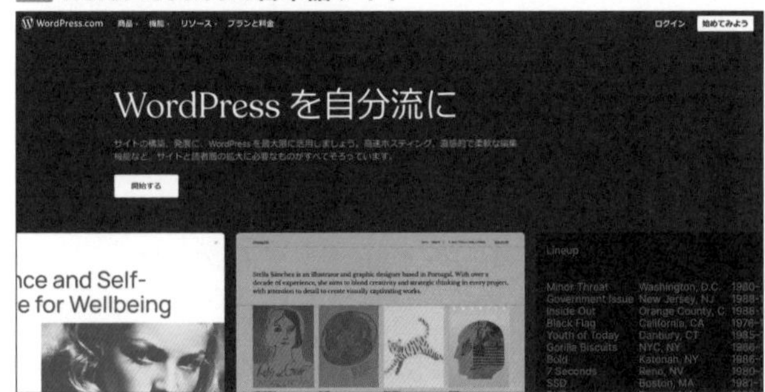

https://wordpress.com/ja/

Lesson 4

テーマをカスタマイズする

フルサイト編集機能を利用しサイトを構築していきます。まずはサイト全体のスタイルから設定を開始し、つづいて比較的シンプルなテンプレートをカスタマイズします。

テーマカスタマイズの準備をしよう

ここからはフルサイト編集を利用して、WordPressのデフォルトテーマである「TwentyTwenty- Four」をカスタマイズします。

TwentyTwenty-Fourの複製

今回のサンプルサイトは、**プラグイン「Create Block Theme」の機能を用いてWordPressのデフォルトテーマである「Twenty Twenty-Four」を複製して、新たに今回作成するカフェの名前と同じ「Cafe yu yu」テーマを作成します。**まず、「Create Block Theme」プラグインが有効化されていることと、「Twenty Twenty-Four」テーマを有効化していることを確認します。その後、以下の手順で複製します。

> MEMO
> Twenty Twenty-Fourが有効化されていない場合は、[ダッシュボード]→[外観]→[テーマ]で有効化してください。インストールもここからおこなえます。

STEP

01 「Create Block Theme」が有効化されていると[ダッシュボード]の[外観]で[ブロックテーマを作成]という項目が追加されているので、こちらをクリックします。

02 有効化されているテーマについての操作が表示されます(今回は「TwentyTwenty-Four」)。ここで[Twenty Twenty-Fourを複製する]のラジオボタンをクリックします。

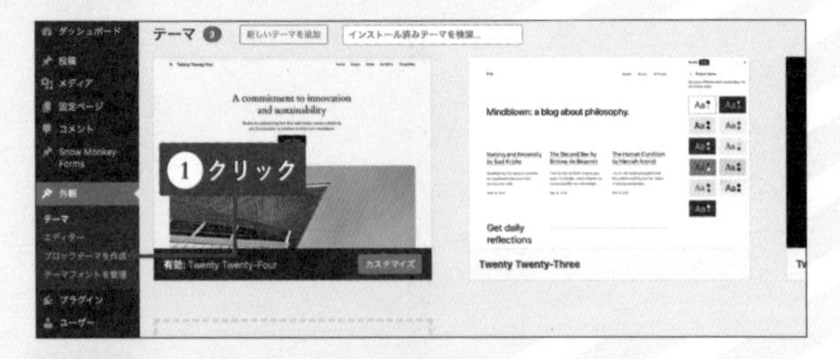

03 テーマ名とスクリーンショットを設定します。スクリーンショットには「uploads」フォルダ内のファイル名「screenshot.png」を選択してください。

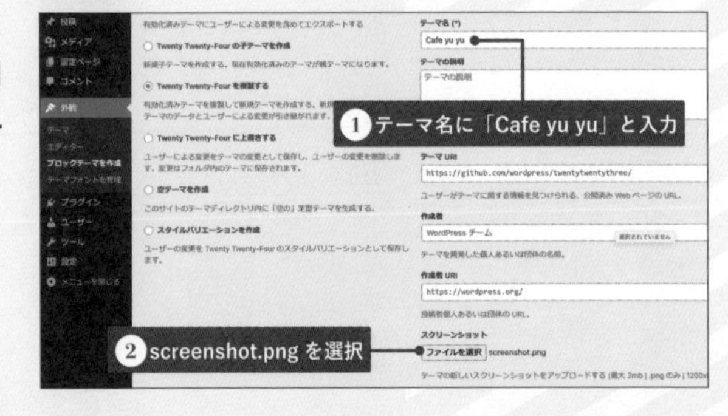

04 [生成] ボタンをクリックすると複製されたテーマがダウンロードされます。

MEMO
Chromeでは、安全ではないファイルのダウンロードがブロックされましたと表示される場合があります。

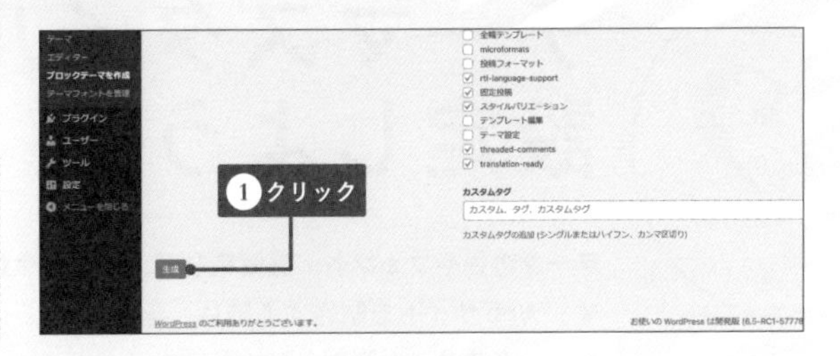

複製したテーマの追加と有効化

複製したテーマを新たにアップロードして有効化します。[ダッシュボード] → [外観] → [新しいテーマを追加] からダウンロードしたファイルをアップロードして有効化します。

STEP

01 [ダッシュボード] → [外観] → [テーマ] → [新しいテーマを追加] をクリックします。

02 [テーマのアップロード] をクリックします。ダウンロードしたテーマのZIPファイルを選択して、[今すぐインストール] をクリックします。

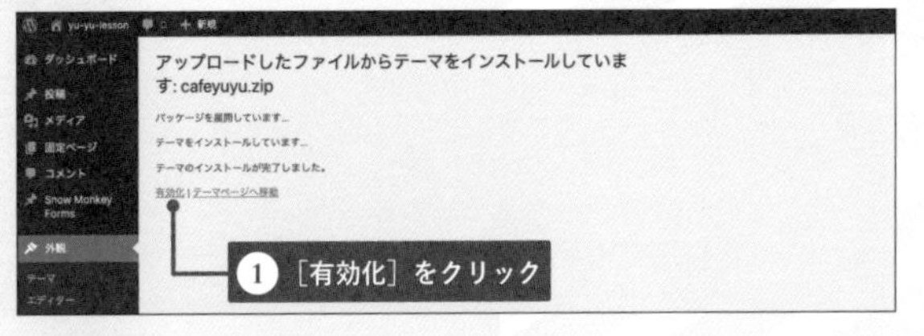

03 インストールしたテーマを有効化します。

04 アップロードしたテーマがサイトに反映されました。

MEMO
この段階では「Twenty Twenty-Four」テーマを複製して有効化しただけなので、ページを表示した際の見た目はTwenty Twenty-Fourの状態と変わりません。

テーマスタイルを設定しよう

テーマの色やフォント、画面幅など、サイト全体のスタイルにかかわる設定をおこないます。Webサイトを制作する際は、最初にデザインの根幹となるスタイルを設定して、統一感のあるサイト制作をおこないます。

スタイルパネルを表示する 

色やフォントなどのスタイル設定は、[ダッシュボード]→[外観]→[エディター]→[スタイル]にある[スタイルパネル]にておこないます。まずは[スタイルパネル]を表示します。

STEP

01 [ダッシュボード]→[外観]→[エディター]をクリックします。

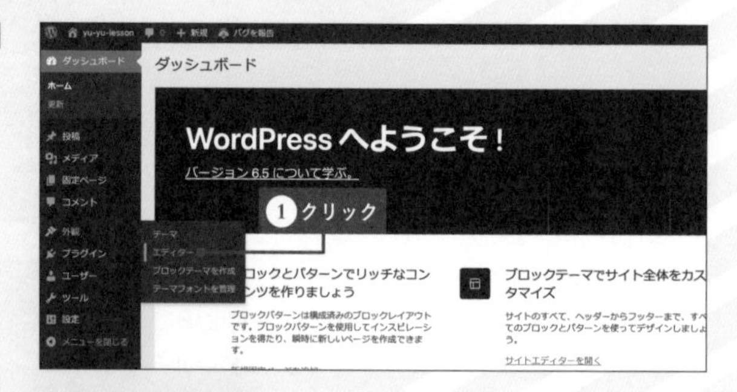

02 [スタイル]をクリックして[スタイル]の一覧を表示します。

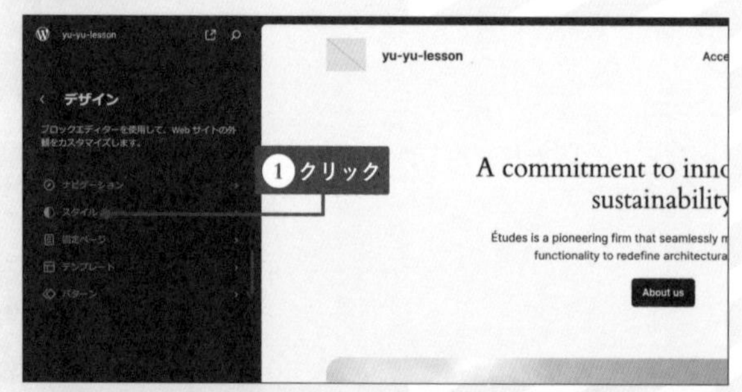

03 続いて目のアイコンをクリックして[スタイルブック]を表示します。

04 ［スタイルブック］はブロックごとの見栄えが確認できます。鉛筆アイコン（または右の画面）をクリックすると編集モードに移行します。

MEMO
スタイルを設定する際は、スタイルブックとサイトのデザインを切り替え、双方を確認しながら調整をおこないます。

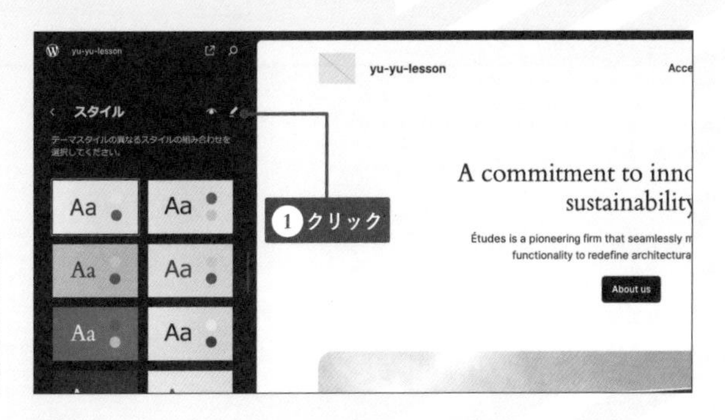

05 編集モードの右側に［スタイルパネル］が表示されます。このスタイルパネルでスタイルを設定します。スタイルパネルが表示されない場合は右上にある［スタイル］アイコン（白黒の円）をクリックします。

色の設定をする

続いてサイトで使用する色（カスタムカラー）を登録して、見出しやリンクなどに反映します。

カスタムカラーを登録する

まず、使用するカスタムカラーをカラーパレットに追加します。追加した色を、それぞれの項目に反映します。なお、登録するカスタムカラーの名前とコードは 01 になります。

01 登録するカスタムカラー

色名	コード
yu-light-green	#E3E6DD
yu-green	#C9D1B8
yu-light-beige	#F7F6F2
yu-beige	#EBE8E1
yu-dark-beige	#8C877B
yu-brown	#4D4B48

STEP

01

［スタイルパネル］の［色］→［パレット］をクリックします。

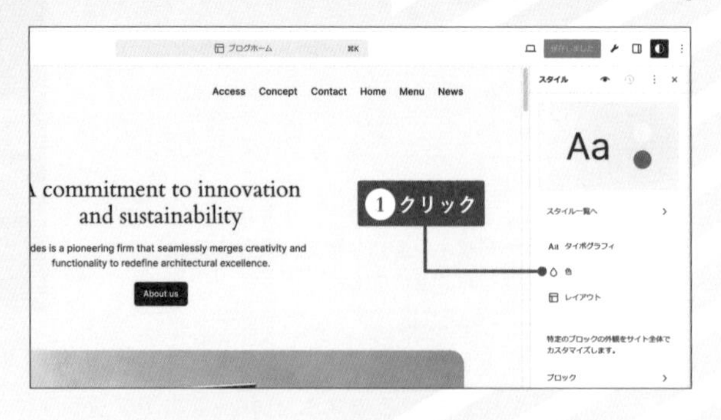

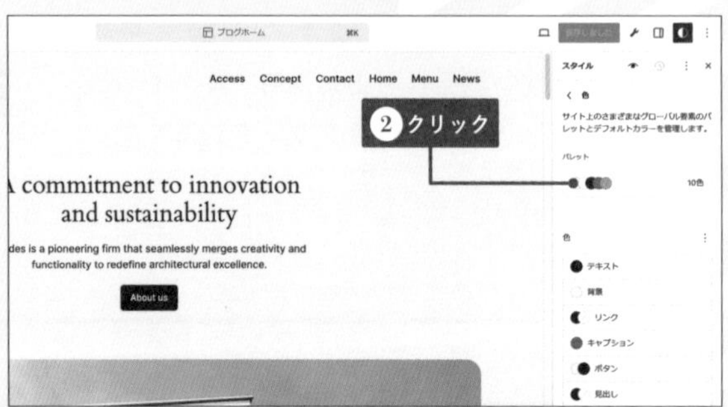

02

［カスタム］にある［+］をクリックしてカラーパレットを表示させます。01のうちの1色について、カスタムカラーの色名とコードを入力してカスタムカラーを登録します。

MEMO
カスタムカラーのコードはHEX値と呼ばれる16進数の値で入力します。

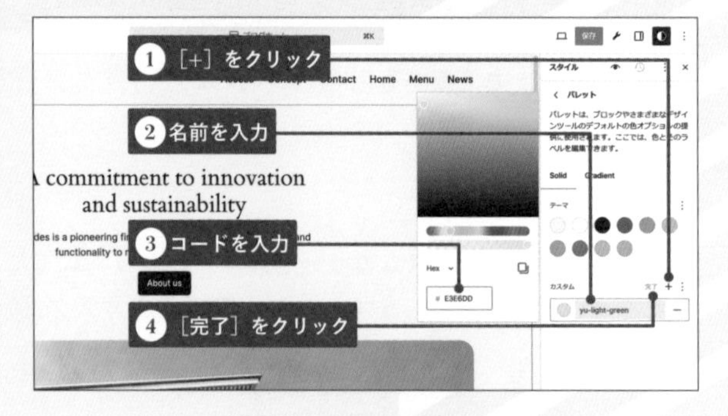

03

01にあるカスタムカラーの名前とコードをすべて登録します。登録が終わったら［保存］をクリックします。その後、カスタムカラーを反映するために［<］をクリックして前画面に戻ります。

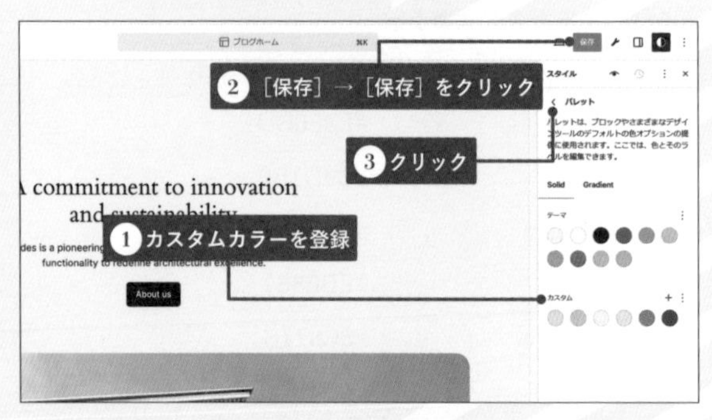

色を反映する

登録したカスタムカラーを各項目に登録します 02。

02 カスタムカラーを登録する項目

項目	カスタムカラー名
テキスト	yu-brown
背景	yu-light-beige
リンク	デフォルト : yu-brown
キャプション	yu-brown
ボタン	テキスト : #FFFFFF (Base / Two) 背景 : yu-brown ※テキストと背景は上部のタブから選択します。
見出し	yu-brown

STEP

01 02 の表を参考にカスタムカラーの登録をおこないます。まずは[テキスト]をクリックしてカラーパレットを表示して色を選択します。

02 02 の表にある項目をすべて選択したら[保存]をクリックします。完了したら[<]をクリックして前画面に戻ります。

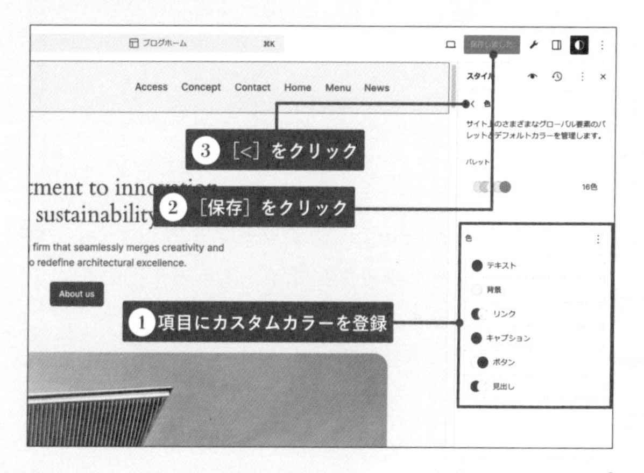

タイポグラフィの設定 

サイトで使用する文字のフォントを設定します。今回は**Googleが提供しているWebフォント（Googleフォント）**をインストールして使用します。

Googleフォントをインストールする

今回のフォントは、2種類のGoogleフォントについて通常と太字、計4種類をインストールします。

STEP

01 ［タイポグラフィ］をクリックしてタイポグラフィの管理画面を表示します。

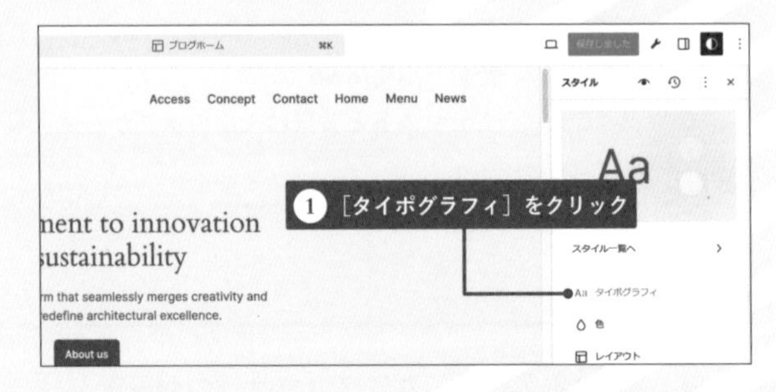

02 ［フォントの管理］アイコンをクリックしてフォントの管理画面を表示します。

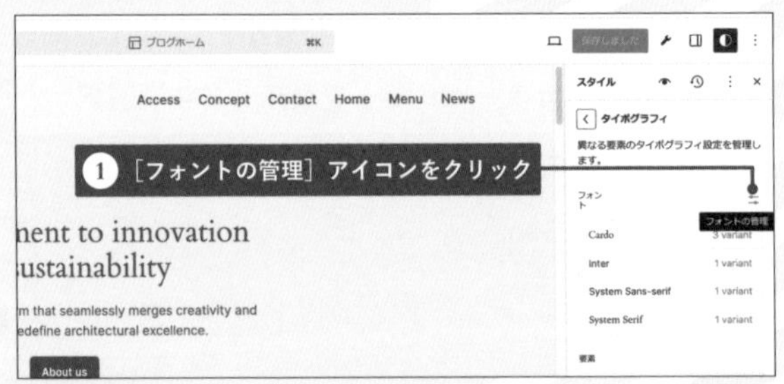

03 ［フォントをインストール］をクリックします。

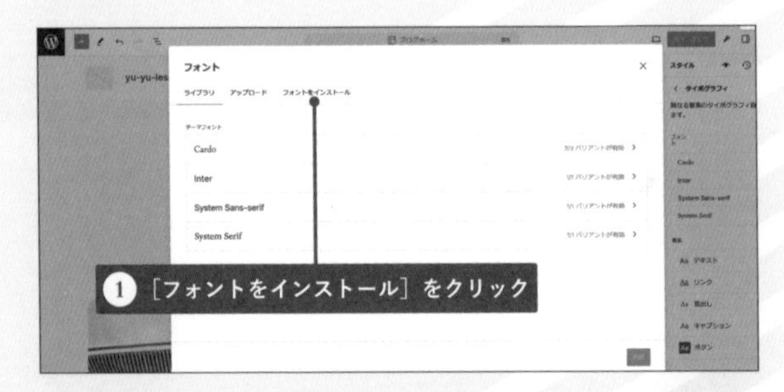

04 ［Google Fonts へのアクセスを許可する］ボタンをクリックしてインストール画面を表示します。

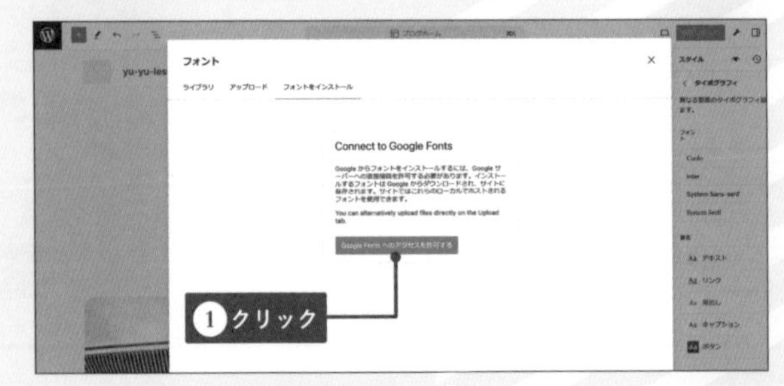

05 フォント名の検索窓に「noto sans jp」と入力します。表示された「Noto Sans JP」をクリックして項目を開きます。

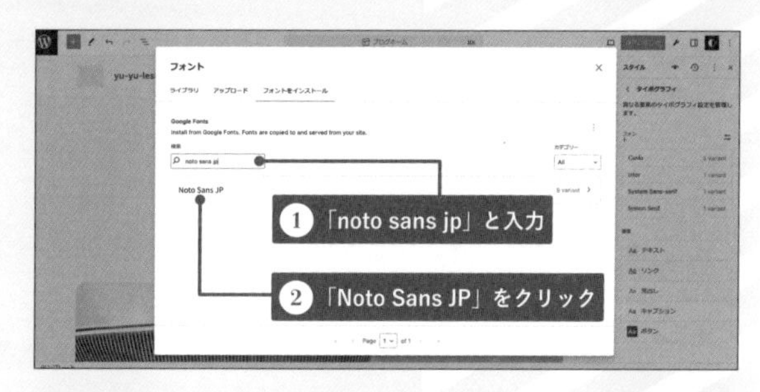

06 表示された400と700にチェックを入れて[インストール]をクリックします。

MEMO
エラーが出る場合、再度400と700にチェックを入れてインストールをクリックすると成功します。

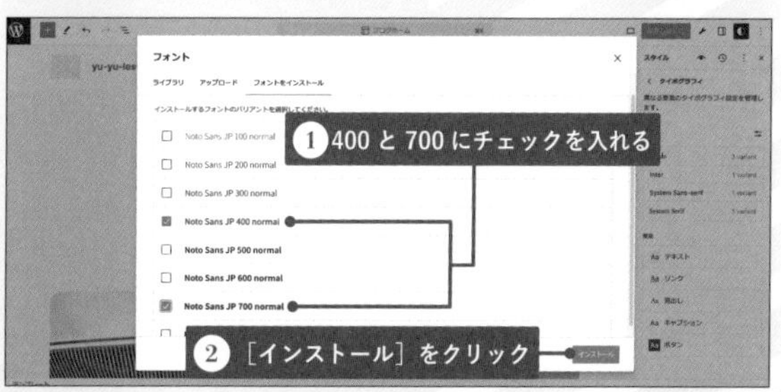

07 同様の手順で「Radio Canada」の400と700もインストールします。

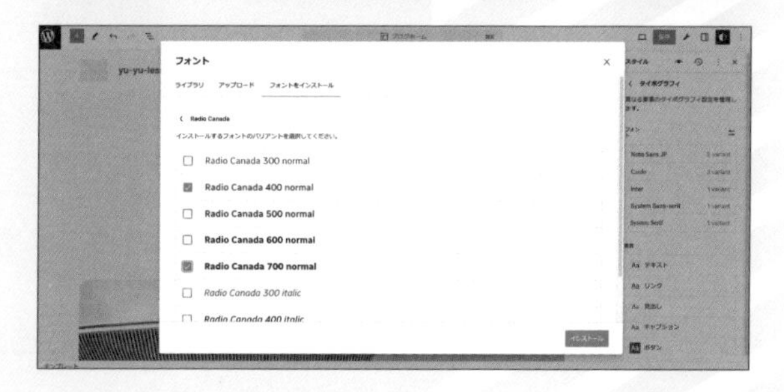

デフォルトフォントを無効化する

インストールしたフォントを設定する前に、デフォルトでインストールされているフォントを無効にします。

STEP

01 [タイポグラフィ]から[フォントの管理]アイコンをクリックしてフォントの管理画面を表示します。

02 フォントのインストールと同様の手順でフォントライブラリよりテーマフォントのCardoを表示して、すべてのチェックを外します。[更新] をクリックすると無効になります。

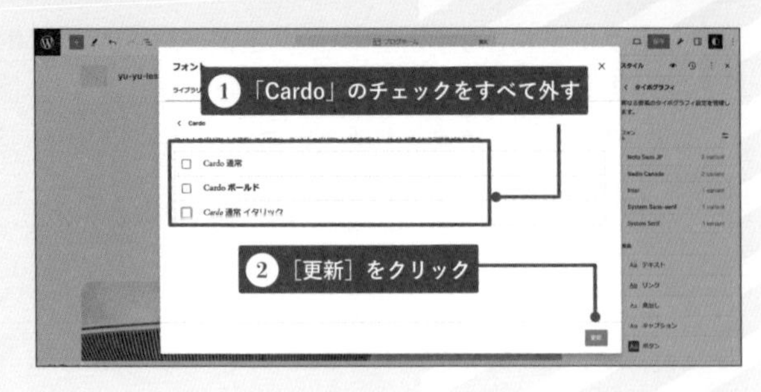

03 同様の手順で既存フォントのチェックを外して無効にします。フォントの項目にインストールした「Noto Sans JP」と「Radio Canada」のみが表示されます。

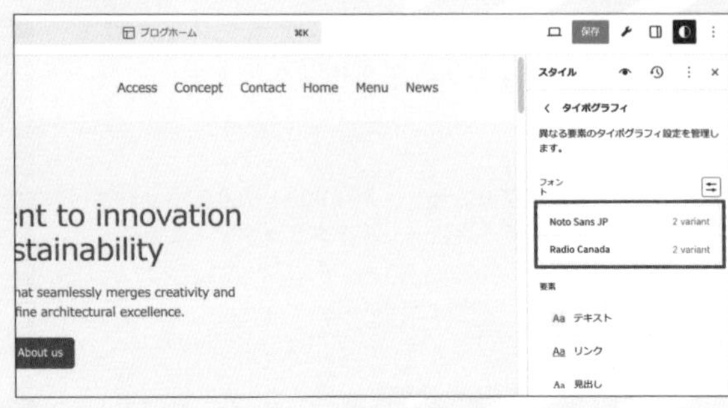

要素ごとのフォントを設定する

新たに追加したGoogleフォントを、各要素に設定します。

STEP

01 [タイポグラフィ]の[要素]から[テキスト]をクリックします。

02 [フォント] から「Noto Sans JP」を設定します。

03 見出しのフォントを「Radio Canada」に設定します。なお、見出しはサイズも変更できます。今回はH1とH2ともにXLに変更します。

MEMO
[テキスト]で設定したフォントがデフォルトフォントとなります。設定していないリンクやボタンなどはデフォルトフォントである「Noto Sans JP」が使用されます。

レイアウトの設定

サイトのレイアウトに関連する幅や余白の設定をおこないます。

サイト全体の幅と余白を設定する

コンテンツや幅広といった横幅、さらに画面幅が狭くなった際の左右の余白などを設定します。

STEP

01 ［スタイル］から［レイアウト］をクリックして設定画面を表示します。

02 設定画面からコンテンツ「920」、幅広「1080」、パディングの左右「4」にして［保存］をクリックします。これによりサイトのコンテンツの通常時の幅と、幅広を設定したときの幅が変更されます。

MEMO
「パディング」とは、ブロックの内側に設定される余白です。パディングが0になると、ブロックいっぱいに文字等が配置され、パディングが大きくなるとブロックの内側に余白ができます。

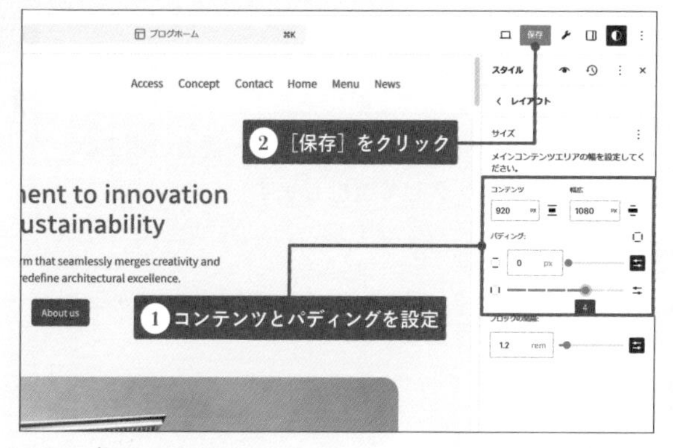

ブロックごとの設定

ブロックごとに初期設定を変更できます。ここでは、ボタンブロックとナビゲーションブロックを設定します。

ボタンのデフォルトの設定を追加する

ボタンブロックのデフォルトスタイルを設定します。

STEP

01 ［スタイル］から［ブロック］をクリックしてブロックの一覧を表示します。

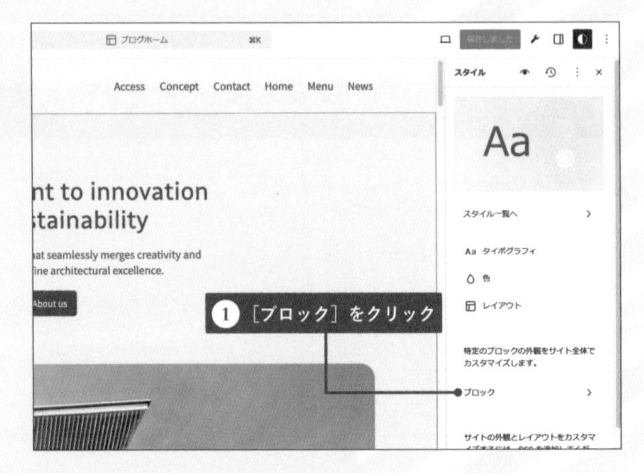

02 ［スタイルブック］（目のアイコン）のアイコンをクリックしてプレビューを表示します。

03 プレビューの上部にある［デザイン］タブをクリックし、表示された一番上のボタンをクリックして選択します。

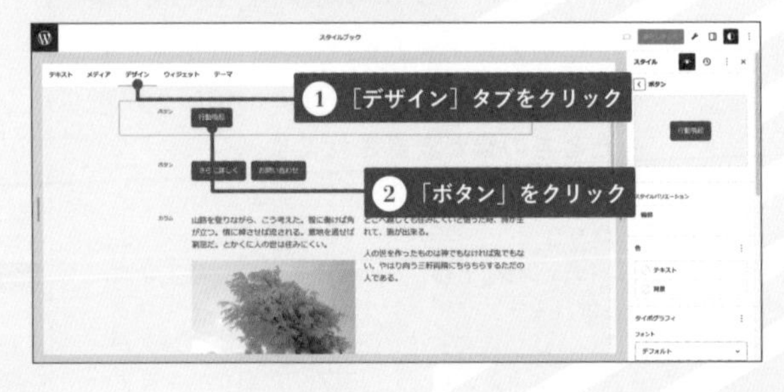

MEMO
ブロック一覧に表示されている「ボタン」から選択することも可能です。

04 右のパネルがボタン設定に変わります。下にスクロールして、パディングの左右「4」、角丸「0」に設定して［保存］をクリックします。

MEMO
パディングや角丸はパネルの下部にあります。

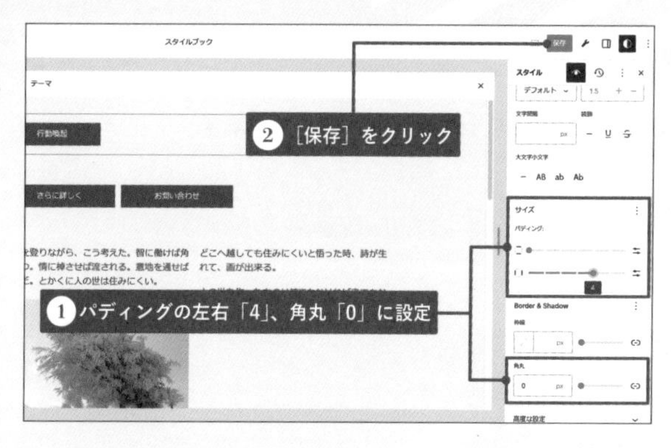

ナビゲーションブロックのフォントを設定する

ナビゲーションブロックに使用するフォントをインストールした「Radio Canada」に変更します。

STEP

01 ［スタイル］から［ブロック］をクリックしてブロックの一覧を表示します。

02 ［スタイルブック］アイコンをクリックします。プレビューの上部にある［テーマ］タブをクリックし、表示された［ナビゲーション］をクリックして選択します。

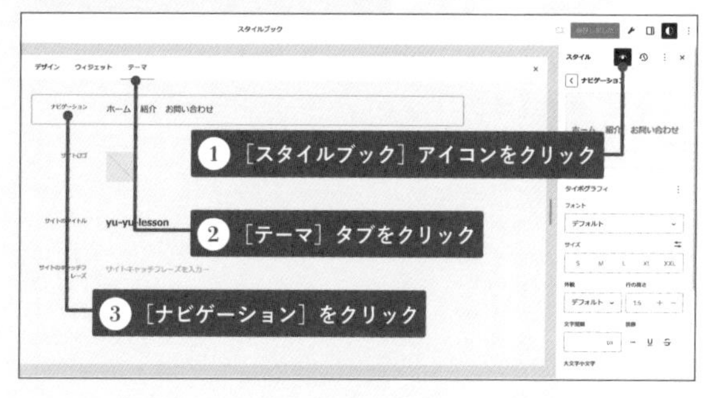

03 右のパネルがナビゲーション設定に変わります。フォントから「Radio Canada」を選択して[保存]をクリックします。

テーマを保存する

[スタイル]の上部にある時計アイコン(リビジョン)をクリックすると、これまでの保存の履歴が表示されます。このように、エディターで変更した内容はデータベースに保存されます。このまま作業を続けてもよいのですが、複数の人が制作する場合などは作業者の環境ごとにテーマの状態が異なるので不便です。

「Create Block Theme」プラグインには、**エディターでおこなわれたカスタマイズをファイルとして書き出して保存する機能があります。** この作業をおこなうと、時計アイコンで表示されていた変更の履歴は削除され、あらたな変更内容がテーマに上書きされます。

注意
上書き後はこれまでの変更が初期設定となります。

STEP

01 カラーパレット(P100)を表示します。現在の段階では、カスタムの列に設定した色が並んでいます。
上部右にあるレンチアイコンをクリックすると「ブロックテーマを作成」画面が表示されます。

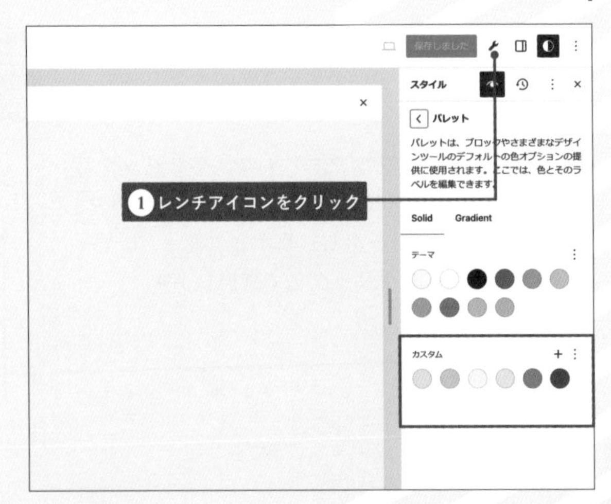

02 「ブロックテーマを作成」画面で［変更内容を保存］をクリックします。

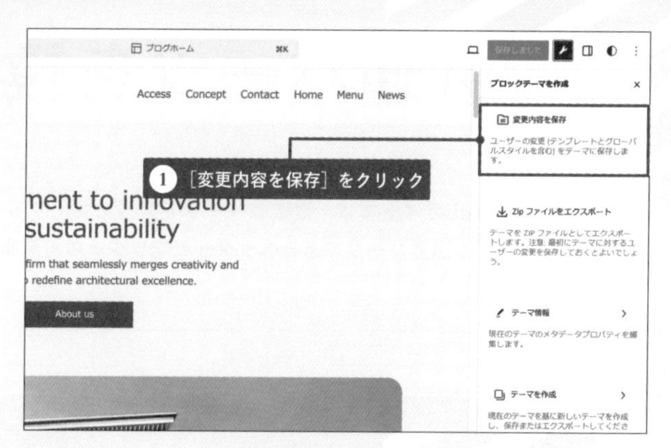

03 「テーマの保存に成功しました。エディターがリロードされます。」とダイアログが表示されるので［OK］をクリックします。

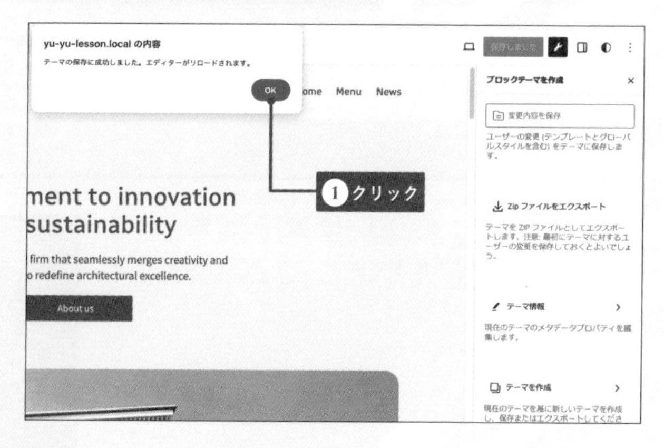

04 リロード後は、カスタムにあった色が初期設定側に並びます。

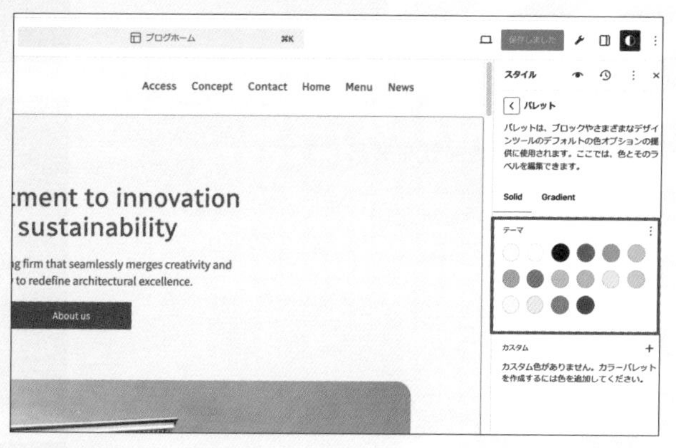

内部的にはデータベースに保存されていた内容がファイルに書き出されます。今回はサイト設定のためのtheme.jsonに書き出されます。

共通パーツを設定しよう

Webサイトでは、複数のページで共通に利用するパーツが存在します。ここでは、代表的な共通パーツであるヘッダーとフッターの設定をおこないます。

ヘッダーを設定する

共通パーツはパターンのテンプレートパーツ内にあります。まずはヘッダーを編集してみましょう。

STEP

01 [ダッシュボード]→[外観]→[エディター]をクリックします。

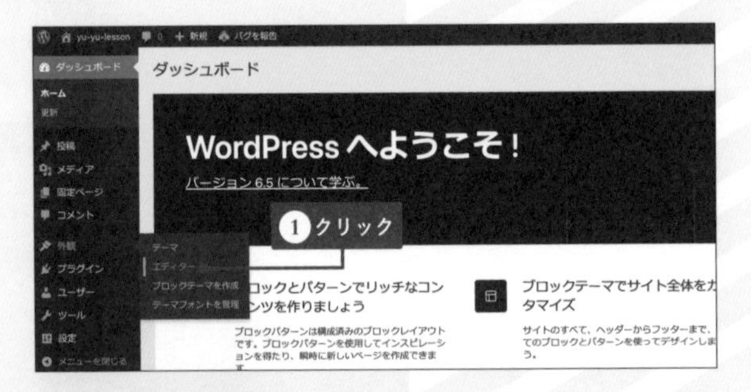

02 [パターン] をクリックしてテンプレートパーツの一覧を表示します。

03 下にスクロールして [ヘッダー] をクリックします。右に表示された [Header] をクリックして編集画面に入ります。

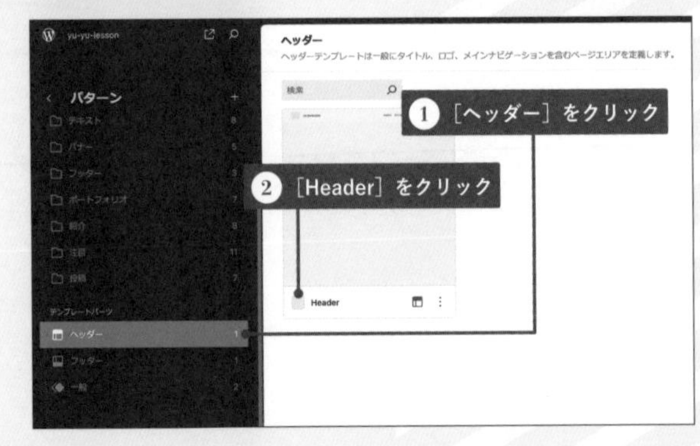

04 右に編集画面が表示されます。

MEMO
右の編集画面（または鉛筆アイコン）をクリックすると全体に広がり一覧表示が隠れます。元に戻したい場合は一番左上にある［ナビゲーションを開く］ボタンをクリックします。

サイトロゴとサイトタイトルを編集する

ヘッダーの左部分に位置する、サイトロゴとサイトタイトルを編集します。

STEP

01 編集画面からロゴ部分をクリックします。

02 ［サイトロゴを追加］ボタンが表示されます。クリックするとメディアライブラリが表示されます。

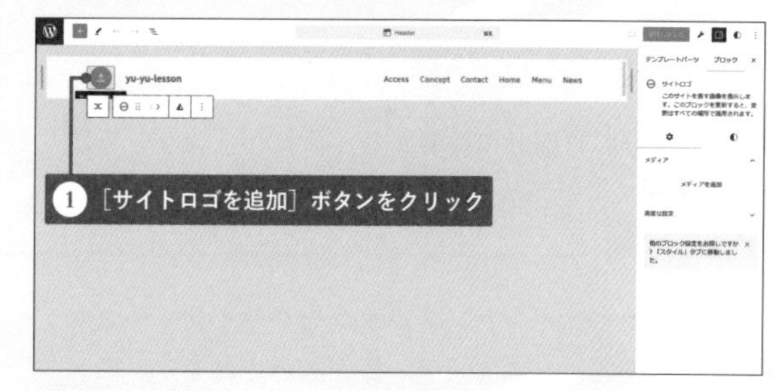

03 メディアライブラリから「logo.png」をクリックして［選択］をクリックします。

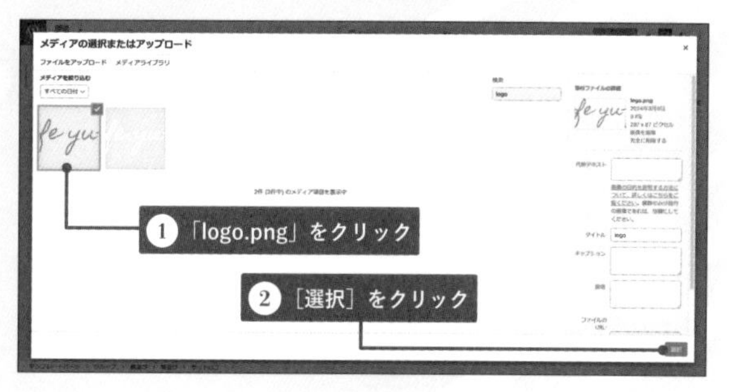

MEMO
「logo.png」が見つからない場合、右上の検索窓で「logo」と入力してください。

04 ロゴ画像の設定をします。ロゴ画像を選択し、右側のパネルで［ブロック］をクリックします。［画像の幅］を「145」、［サイトをアイコンとして使用する］を「OFF」に設定します。他の設定はデフォルトのままにします。

MEMO
ブロックには歯車アイコンの［設定］と白黒円アイコンの［スタイル］があります。今回は［設定］の項目を使用します。

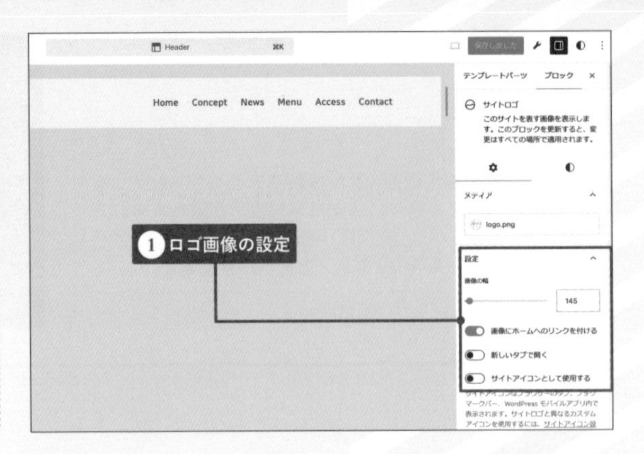

05 デフォルトではロゴ画像の横にサイトタイトルのテキストが入っているので、これを削除します。テキストのブロックを選択してツールバーの［オプション］から削除を選択します。

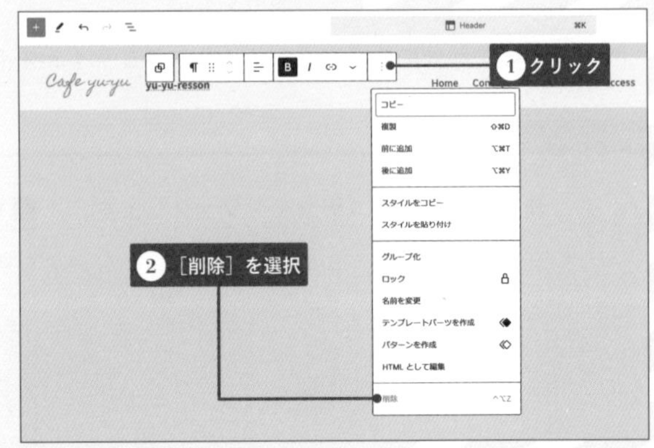

ナビゲーションを修正する

ヘッダーの右部分に位置する、ナビゲーションを設定します。

STEP

01 ナビゲーションブロックをクリックすると右側にメニューの一覧が表示されます。このメニューはドラッグ＆ドロップで移動できます。今回は「Home、Concept、News、Menu、Access、Contact」の順番に並び替えます。並び替えが完了したら［保存］をクリックします。

MEMO
ドラッグ＆ドロップする際にダイアログが表示される場合は［編集］をクリックして続行します。

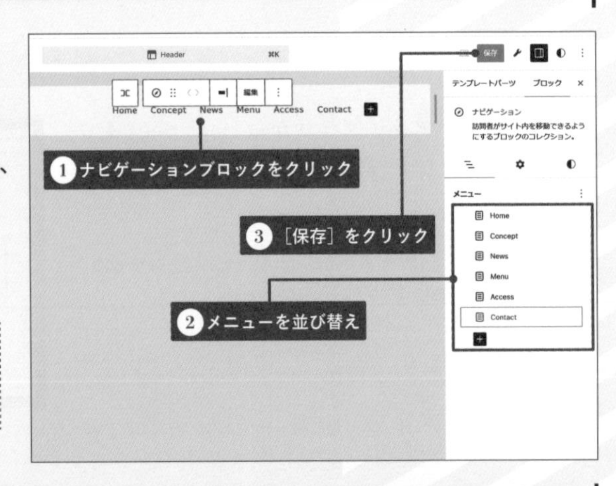

ヘッダーの背景を削除する

今回利用しているTwenty Twenty-Fourのヘッダーには背景に白色が設定されているので削除します。

STEP

01 ヘッダーの外側部分をクリックします。右の設定パネルにある［スタイル］タブ（白黒円アイコン）をクリックしてから［色］の［背景］をクリックします。

02 ［色］の［背景］から背景の色をクリアして［保存］をクリックします。

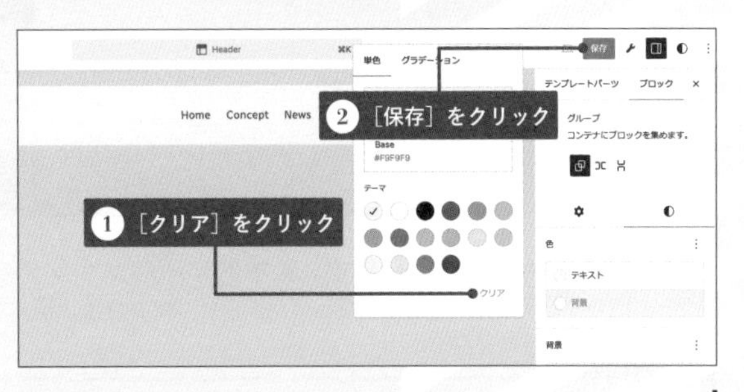

サイトアイコンの設定

ブラウザのタブやお気に入り登録時に表示される**サイトアイコン（ファビコン）**を設定します。サイトアイコンは［ダッシュボード］→［設定］から登録します。

STEP

01 ［ダッシュボード］→［設定］→［一般］から［サイトアイコン］→［サイトアイコンを選択］をクリックします。

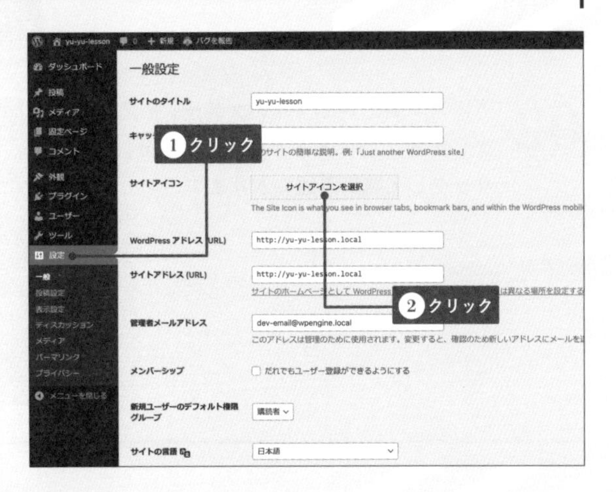

02 他の画像登録の手順と同様に「site-icon.png」を選択します。登録が完了したら、下にスクロールして[変更を保存]をクリックします。

MEMO
[設定]→[一般]からのサイトアイコン登録はWordPress 6.5からの機能です。

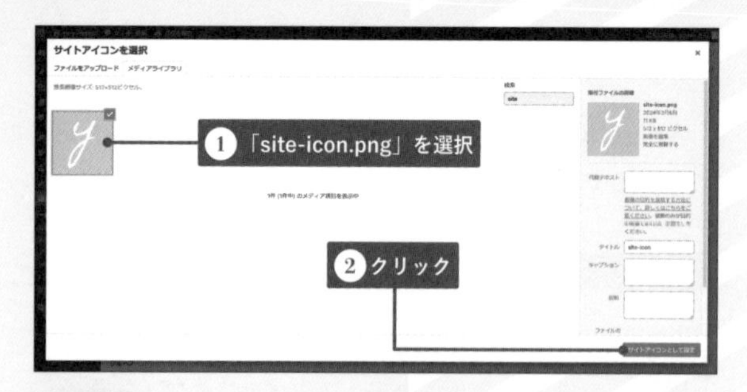

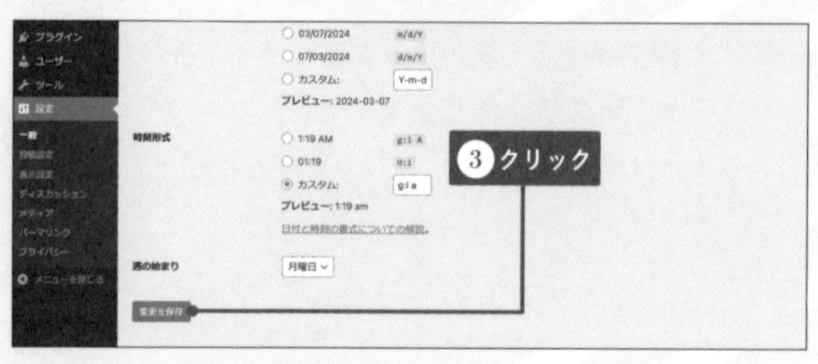

フッターを設定する

続いてフッターを設定します。基本的に手順はヘッダーと同じです。

STEP

01 ヘッダーと同様に[ダッシュボード]→[外観]→[エディター]→[パターン]からテンプレートパーツの一覧を表示します。

02 下にスクロールして[フッター]をクリックします。右に表示された[Footer]をクリックして編集画面に入ります。

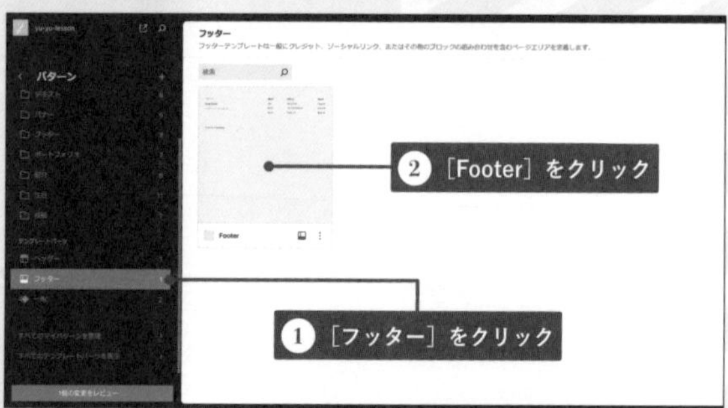

ブロックを整理する

今回、パターンで使用されているブロックは使用せず、新たにブロックを追加します。そのため、まずはパターンのブロックを削除し、画像ブロックと段落ブロックを追加して中身を整えます。

STEP

01 ［リスト表示］をクリックしてフッターにあるブロックのグループとその内容を表示させます。［オプション］→［削除］で、下2つのブロックを削除します。

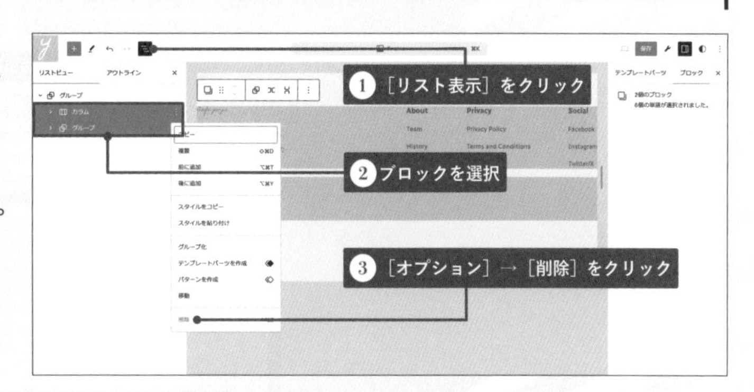

02 右の設定パネルから［スタイル］（白黒円アイコン）→［色］→［テキスト］を「白（Base/Two）」に、［背景］を「yu-brown」に設定します。

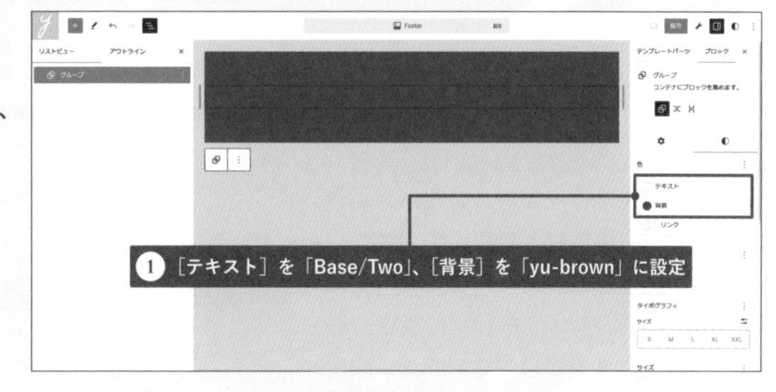

03 設定パネルを下にスクロールして［サイズ］→［パディング］から上下を「3」に設定します。

04 グループ内に画像ブロックを配置して画像「footer-logo.png」を設定します。

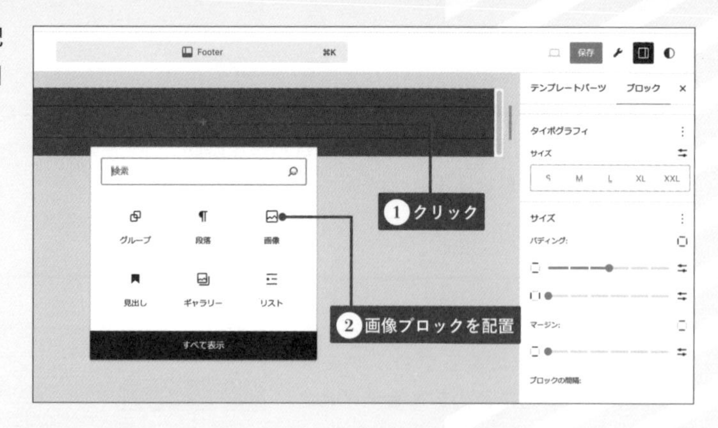

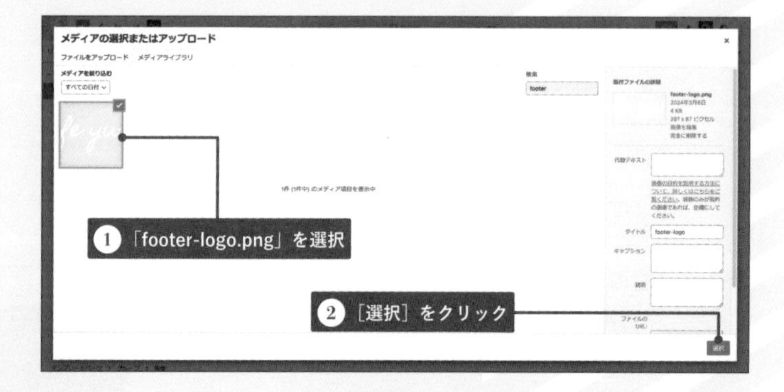

05 ツールバーと右の設定パネルから画像の細かい設定をおこないます。ツールバーから「中央揃え」、リンクを「/」に設定。設定パネルから幅を130pxに設定します。

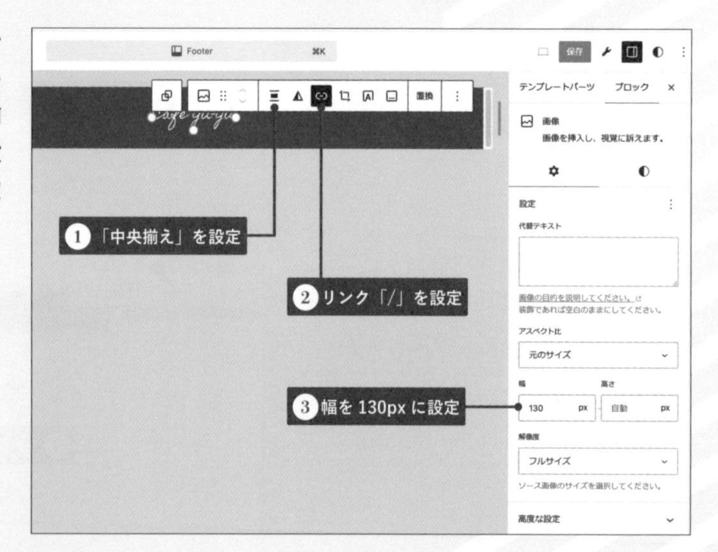

06 画像ブロックの下に段落ブロックを追加します。

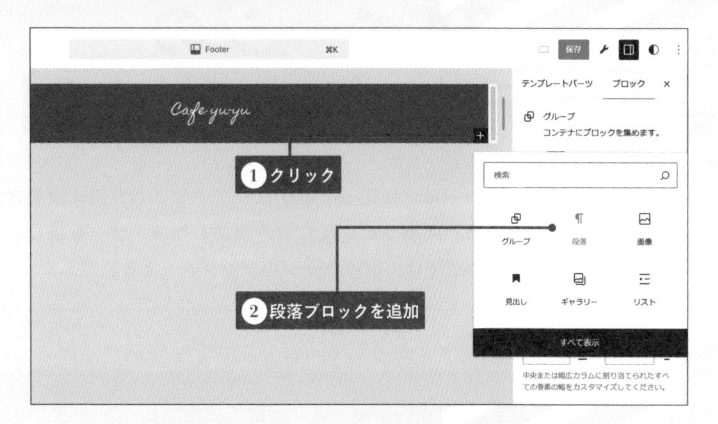

07 テキストを入力します。色は白、中央寄せ、文字サイズはSに設定します。

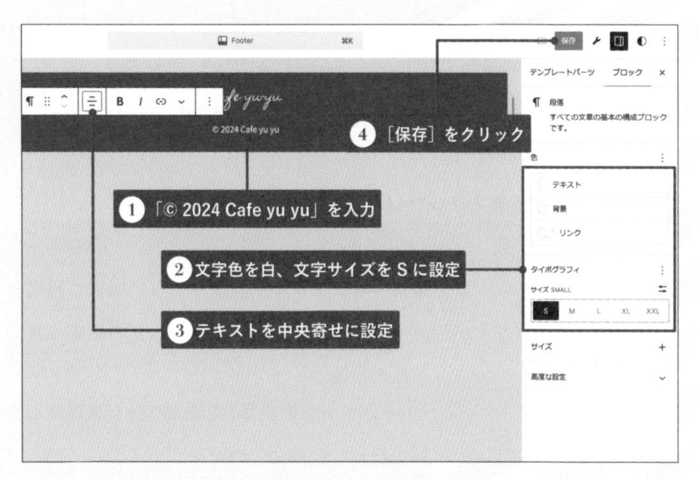

これで、共通パーツの設定は完了です。これからはどのページでもカスタマイズしたヘッダーとフッターが表示されます。

404ページのテンプレートを制作しよう

404ページは、存在しないURLにアクセスした際に表示されるページです。404ページがあると、間違ったURLにアクセスしたユーザーを正しいページに誘導することができます。ここでは、404ページのテンプレートを設定します。

テンプレートとページごとの役割との関連

初めてテンプレートを設定するのでテンプレートの機能を簡単に紹介します。**テンプレートは投稿などの情報を表示する際に利用します。どのテンプレートを利用するかはページの役割に応じて決定されます。**主なページごとの役割とテンプレートの関連は01の通りです。

01 ページごとの役割とテンプレートの関連

テンプレート名	役割
インデックス	該当するテンプレートが他にない場合に利用
すべてのアーカイブ	カテゴリー、タグ、投稿者別などの記事一覧
ブログホーム	最新の投稿 [ホームページの表示]で固定ページを設定した場合には、投稿ページ
ページ:404	見つからない場合のページ
検索結果	検索結果における記事一覧
個別投稿	投稿の詳細ページを表示
固定ページ	固定ページを表示

404のテンプレート設定画面へのアクセスと構成の確認

では、404テンプレートの編集・設定をおこないます。まずは404テンプレートの編集画面にアクセスします。

404テンプレート編集画面にアクセスする

これまでと同様の手順で[ダッシュボード]→[外観]→[エディター]→[テンプレート]からテンプレートの一覧を表示させ、[ページ: 404]をクリックします。

STEP

01 [エディター] の [テンプレート] からテンプレートの一覧を表示させ、[ページ: 404] をクリックします。

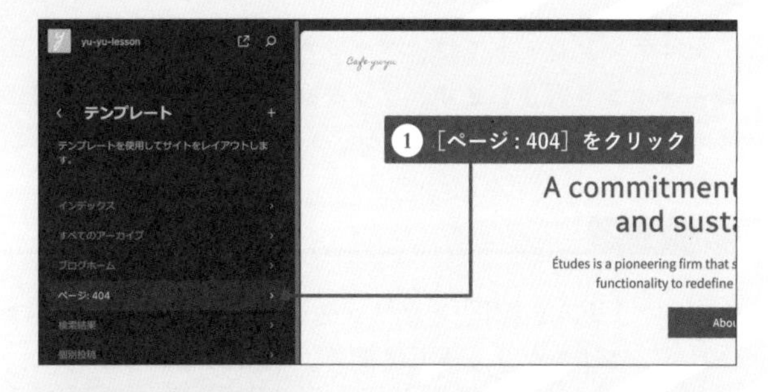

02 [ページ:404] のテンプレートが表示されます。[鉛筆] アイコン (または右の編集画面) をクリックして編集画面を全体表示させます。

テンプレート編集画面におけるブロック構成を確認する

404テンプレートは、前セクションで作成したヘッダーテンプレートパーツとフッターテンプレートパーツも含んだ状態で構成されています。

Twenty Twenty-Fourでは、404テンプレート以外の他のテンプレートも同様にヘッダーとフッターのテンプレートパーツが含まれており、どのページでも共通で表示されます。これらをカスタマイズすることで、テンプレートごとにヘッダーやフッターの変更が可能となります 02 。

02 404テンプレートの構造

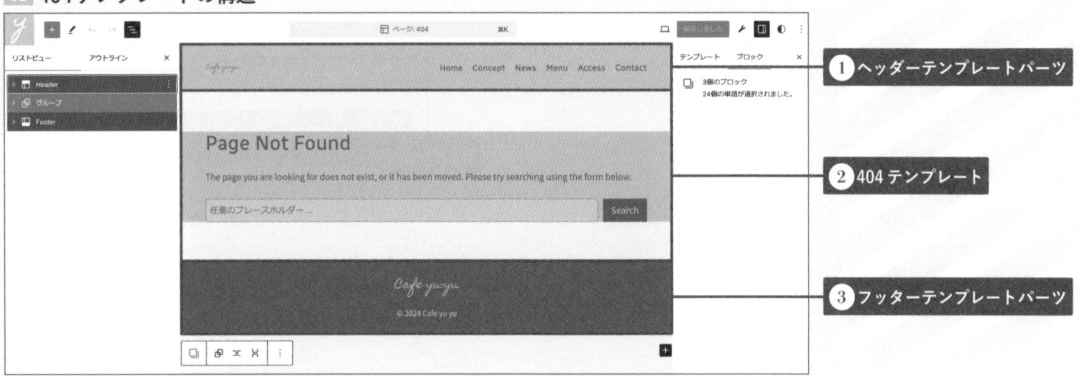

[リスト表示] ボタンをクリックするとテンプレートの構造がリスト表示されます

404テンプレートをカスタマイズする

404テンプレートでは、ページが見つからないというテキストと画像、TOPに戻るボタンを設定します。フッターの時と同じように、テンプレートにあるブロックをいったんすべて削除します。

STEP

01 ［リスト表示］をクリックしてから「グループ」をクリックして開き、中にある3つのブロックを選択します。これらのブロックを［オプション］から削除します。

> 注意
> グループそのものは削除しません。また、HeaderとFooterのテンプレートパーツも削除しません。

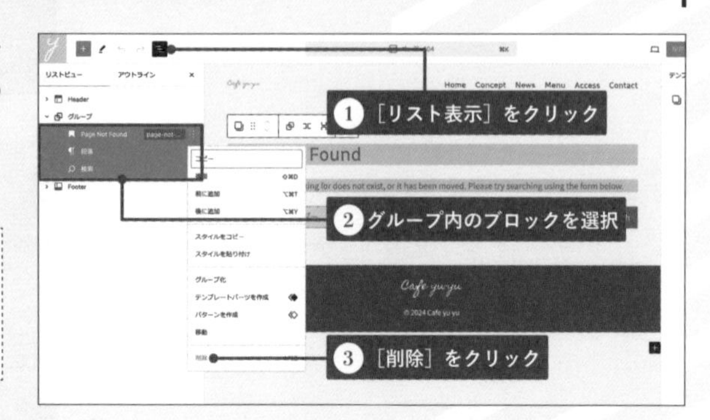

02 空にしたグループに背景用のグループブロックを追加します。

> 注意
> グループブロックは3種類のレイアウトを選択できます。本書では基本的に一番左にある縦横1×1のグループを使用します。

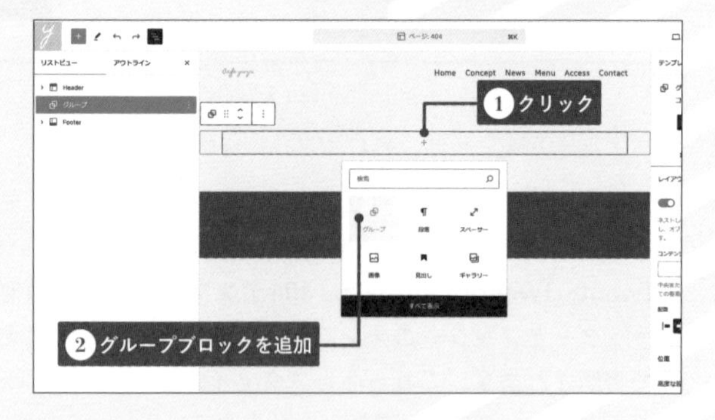

03 追加したグループブロックの設定をします。右の設定パネルで［スタイル］タブ（白黒円アイコン）をクリックして、背景に「yu-beige」、パディングを上下左右「4」に設定します。

04 グループ内に［メディアとテキスト］ブロック（赤字のSnow Monkey Blocksプラグインのブロック）を配置します。

MEMO
［メディアとテキスト］は2つあり、ここでは標準のものではなく、プラグインで追加した赤字のブロックを使用します。詳しくはP123のColumnを参照してください。

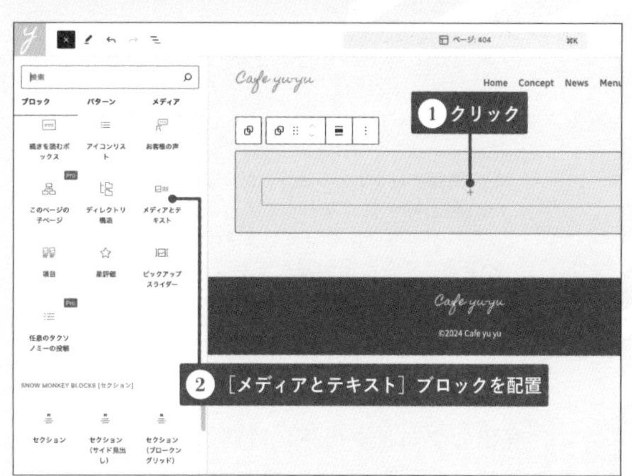

05 右の設定パネルから画像カラムのサイズを33%に設定して［メディアライブラリ］をクリックします。

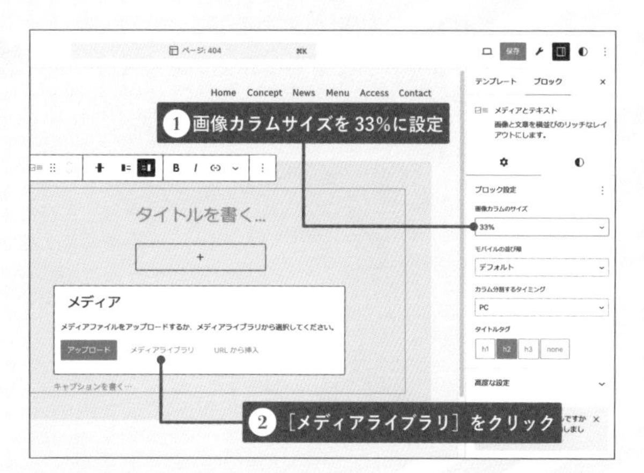

06

メディアライブラリから「404-coffee.png」を選択します。

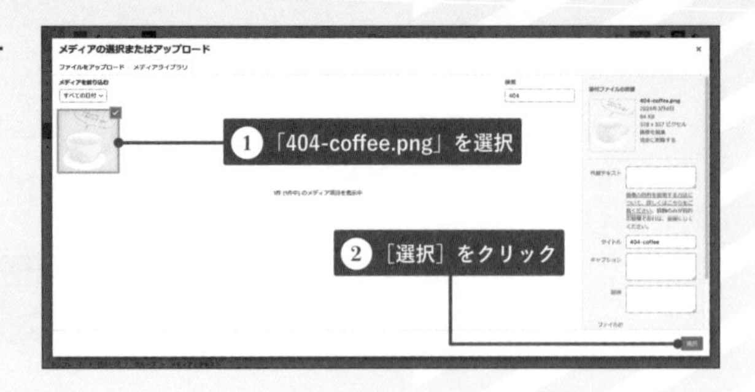

07

見出しブロック（H1）を追加して文字サイズをLに設定します。ブロックに「お探しのページは見つかりませんでした」と入力します。

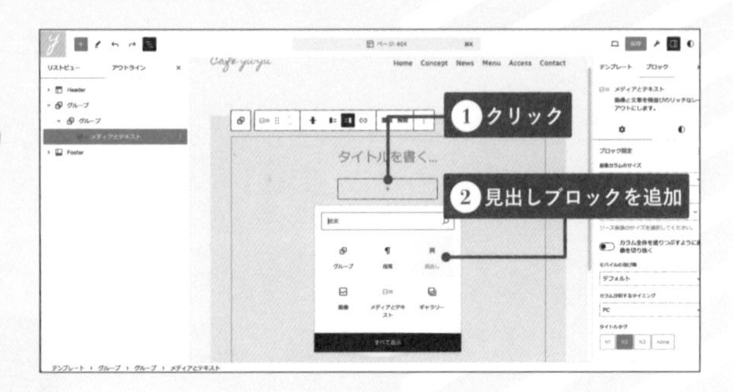

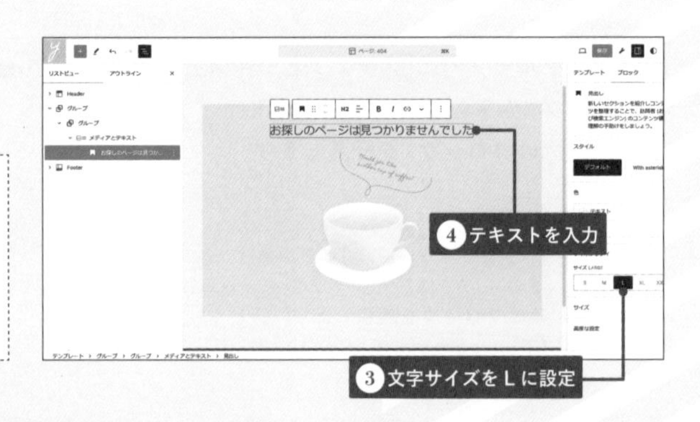

注意

この画面では［リスト表示］がONになっているため画面幅が狭くなり［メディアとテキスト］の表示が縦並びになっています。［リスト表示］をOFFにすると画面幅が広がり横並びで表示されます。

08

見出しブロックの下に段落ブロックを追加して「お探しのページは、移動または削除されたか、URLの入力間違いの可能性があります。URLをお確かめいただくか、トップページよりお探しください。」と入力します。

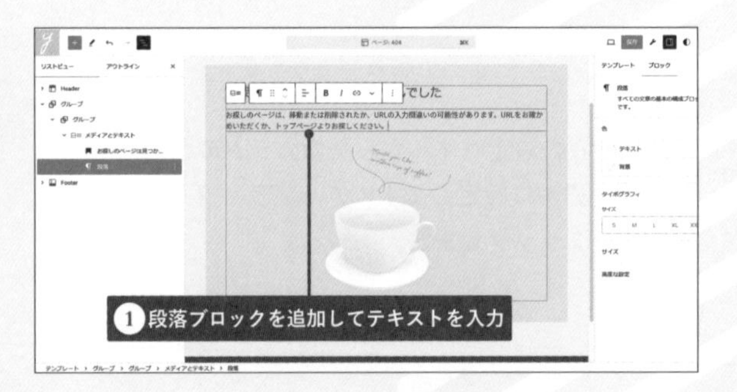

09 段落ブロックの下にボタンブロックを追加して「トップページへ」と入力します。ツールバーからリンクを「/」に設定します。

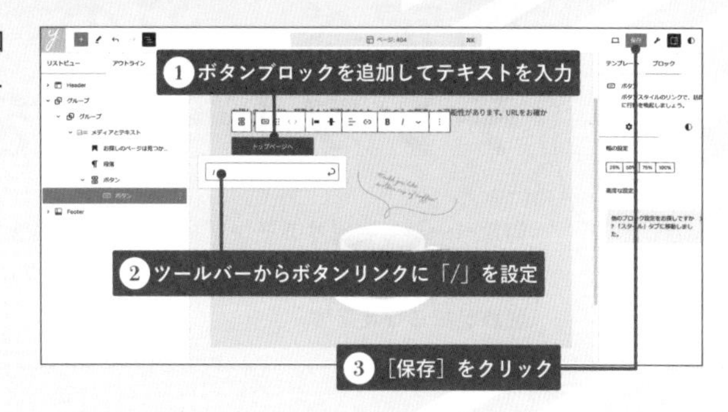

10 ［リスト表示］をOFFにして画面を確認してみましょう。

以上で404の設定は完了です。存在しないURLにアクセスして、404が表示されることを確認しましょう。

Column

赤文字と黒文字のブロックの違いについて

［メディアとテキスト］のように、赤字と黒字の2種類があるブロックがあります。赤字はプラグインの「Snow Monkey Blocks」によって提供されているブロックです。今回、メディアとテキストについては赤文字の「Snow Monkey Blocks」を利用します。これは画面幅に応じて、画像と文字のどちらを上にするかを選択できる機能を利用するためです。
なお、ボタンについては、黒字のWordPressのコアが提供するものを利用します。こちらは先のスタイル設定において設定済みのものを利用するためです。
今後も同様に、メディアとテキストブロックは「Snow Monkey Blocks」を、それ以外は通常のものを利用します。

固定ページのテンプレートを制作しよう

固定ページで利用するテンプレートを設定します。なお、固定ページのレイアウトにはCSSを利用します。CSSを利用することで、タイトルにあしらいをつけるといった細かな装飾がおこなえます。

固定ページのテンプレートをカスタマイズ

固定ページテンプレートは、その名前の通り固定ページで利用するテンプレートです。完成サンプルサイトのタイトルには緑の四角が重なるようなあしらいと下線があります。他のテンプレートもタイトル部分は同様のデザインになっています。これらに対応するために、独自のクラスを設定してカスタムCSSとあわせます。ただ、CSSを一から作るのは大変なので、今回はサンプルファイルにある「style.css」をコピー＆ペーストします。

MEMO
タイトル部で利用するクラスは以下になります。

yu-page-title-border :
下線の追加
yu-page-title-square :
右部の背景に正方形を追加

ブロックを設定する

固定ページで使用する各ブロックの設定をおこないます。

STEP

01 これまでと同様の手順で［ダッシュボード］→［外観］→［エディター］から［テンプレート］を表示して［固定ページ］をクリックします。

02 ［固定ページ］のテンプレートが表示されます。［鉛筆］アイコン（または右の編集ページ）をクリックして編集画面を全体表示します。

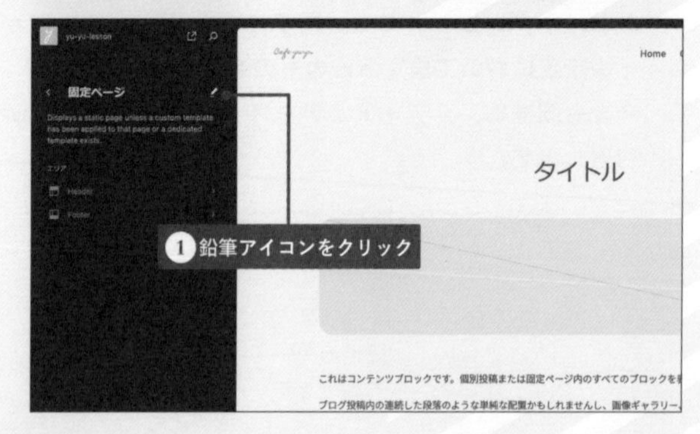

03 左上部にある［リスト表示］をクリックしてブロックのリストを表示します。グループを選択して右の設定パネルから［スタイル］タブ（白黒円アイコン）をクリックします。

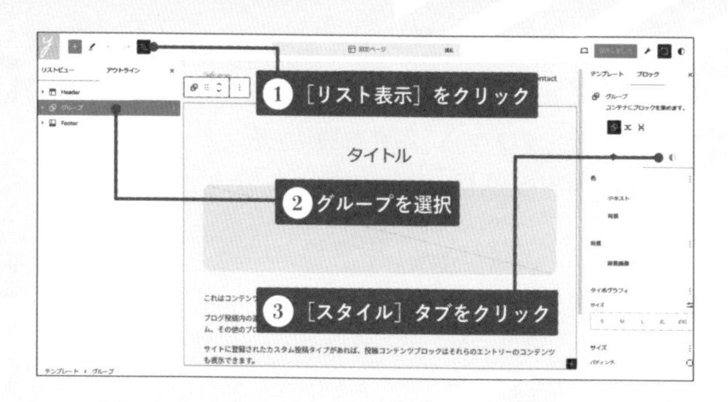

04 設定パネル下部にある［パディング］の［パディングオプション］アイコンから［カスタム］を選択します。

05 パディングを「上1、下5」に設定します。左右はそのままで大丈夫です。

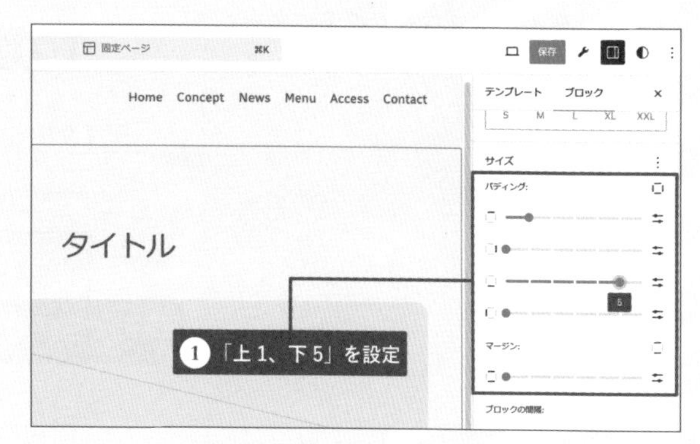

06 入れ子になっているグループを開きます。「スペーサーブロック」と「投稿のアイキャッチ画像ブロック」をオプションから削除します。

MEMO
スペーサーブロックは余白用のブロックです。

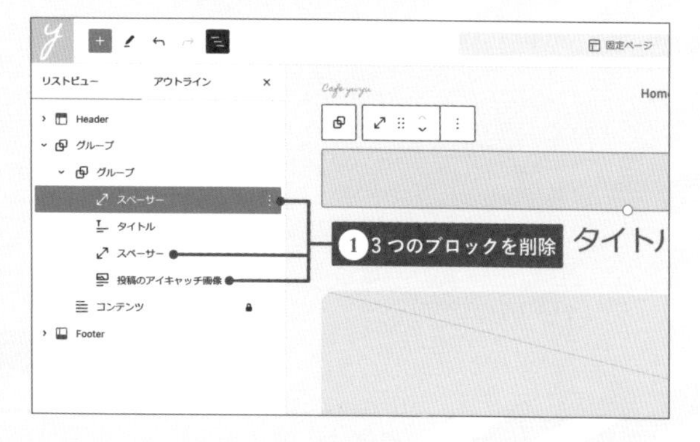

Lesson 4 テーマをカスタマイズする

07

タイトルブロックを左寄せにします。続いて右パネルの[設定]タブから[高度な設定]をクリックします。

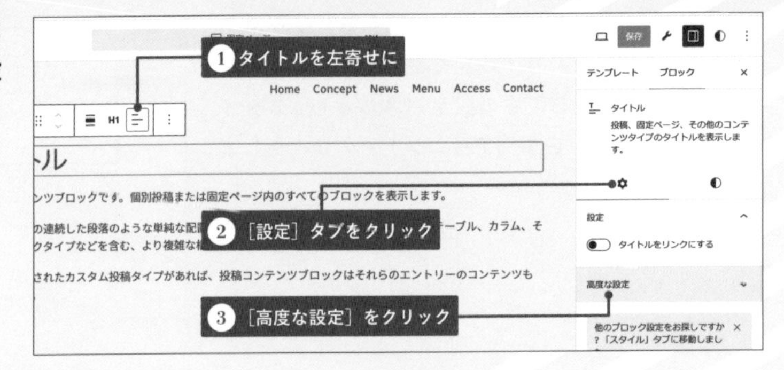

08

[追加CSSクラス]に「yu-page-title-border yu-page-title-square」を追加します。

> MEMO
> CSSクラスを追加することで、あとで設定するCSSを適用できるようになります。CSSについては別途解説書等をご参照ください。

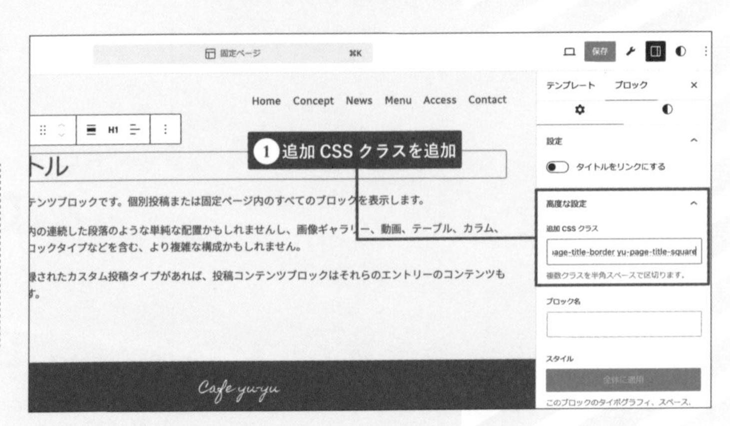

09

タイトルブロックの下に余白となるスペーサーブロックを配置します。

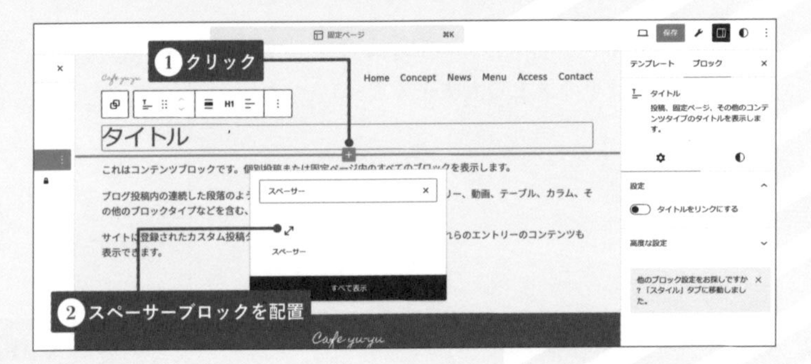

10

右の設定パネルから高さを40pxに設定します。

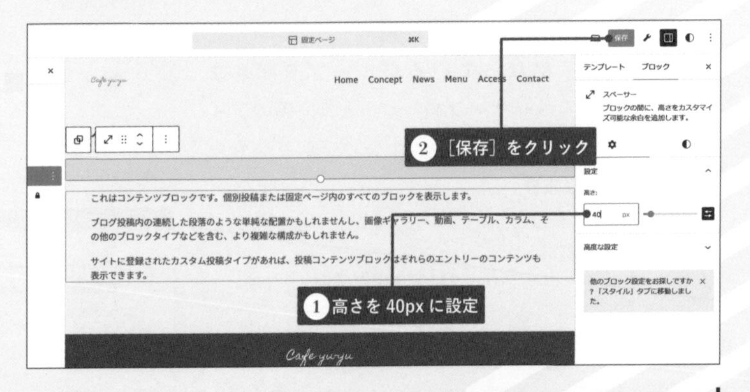

カスタムCSSを設定する

固定ページ全体を整えるCSSを追加します。なお、追加するCSSは**ダウンロードファイルの「style.css」にある内容をすべてコピー&ペーストします。**

STEP

01 右最上部にある［スタイル］アイコンをクリックします。

注意
右パネル内にある［スタイル］アイコンとは異なるので注意してください。

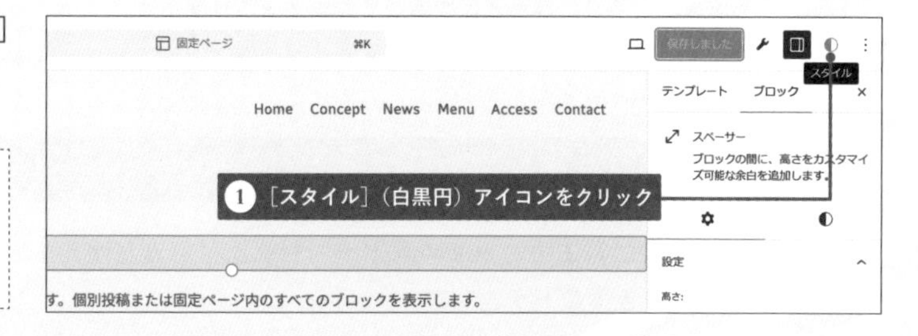

02 ［追加CSS］をクリックしてCSSをペーストする枠を開きます。

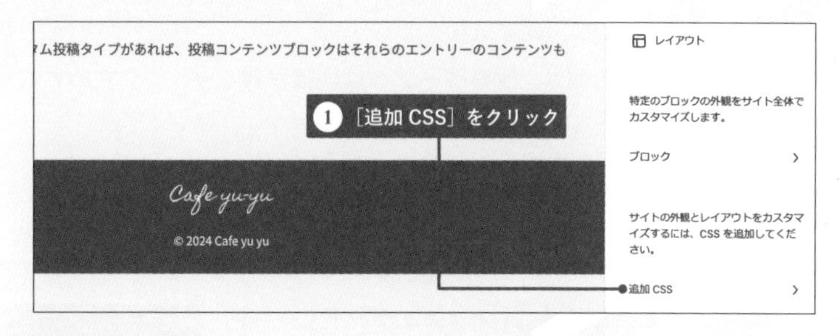

03 「style.css」の内容をコピー&ペーストします。すると見出しの前に正方形の飾りができ、下に罫線がひかれました。このような装飾ができるのがCSSのメリットです。

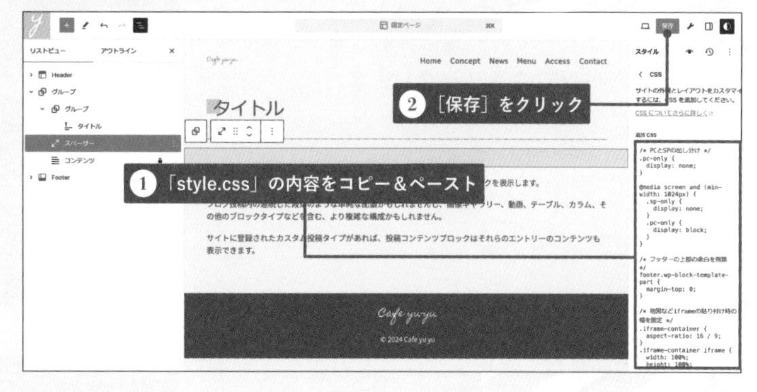

動的なブロックについて

固定ページテンプレートではタイトルブロックと、コンテンツブロックの2つの動的なブロックを利用しています。固定ページ表示時に、タイトルブロックでは固定ページのタイトル、コンテンツブロックでは固定ページの本文が表示されます。このように、テンプレートでは動的なブロックを活用します。実際に固定ページを確認すると、タイトルブロックの場所に、各固定ページのタイトルが表示され、さらにCSSによって装飾されていることが確認できます。

06 投稿詳細のテンプレートを制作しよう

最後に、投稿詳細ページで利用するテンプレートを設定します。投稿詳細は個別投稿のテンプレートを利用します、これまで以上に細かく設定するので少々手間がかかりますが、手順の通りに進めれば問題なく設定できるはずです。

投稿詳細ページのテンプレートのカスタマイズ

投稿詳細ページはこれまでの404や固定ページと比べ要素が増えます。それぞれ順番に設定していきましょう。

横幅を設定する

投稿詳細ページの幅は、他のページとは横幅が異なり、やや狭めとなっています。

STEP

01 これまでと同様に［ダッシュボード］→［外観］→［エディター］→［テンプレート］でテンプレートの一覧を表示します。続いて［個別投稿］をクリックします。

02 ［個別投稿］のテンプレートが表示されます。［鉛筆］アイコン（または右の編集ページ）をクリックして編集画面を全体表示します。

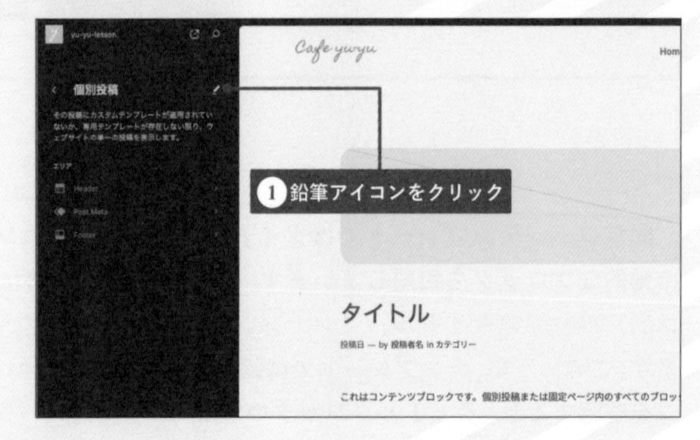

03 左上部にある［リスト表示］をクリックしてリストを表示します。グループブロックを開き、入れ子になっている上のグループブロックを選択して、設定パネルの［レイアウト］から「コンテンツ（ブロック幅）760px」、「幅広920px」に設定します。

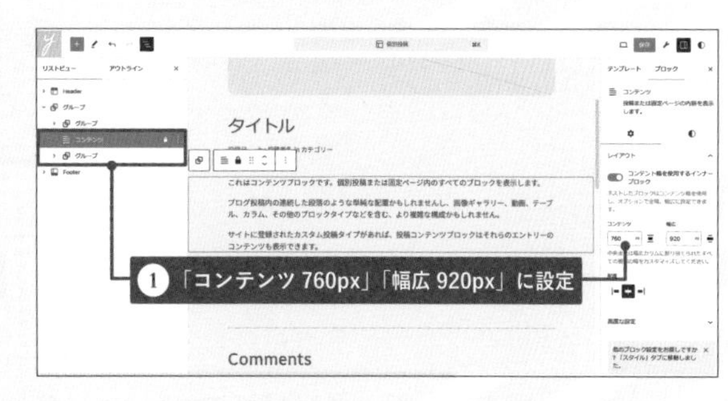

04 同様の手順で同じグループにある「コンテンツブロック」と下の「グループブロック」の幅も同じサイズに設定します。

投稿のヘッダー部分のブロックを設定する

記事上部のアイキャッチ画像やタイトル、投稿日などを設定します。

STEP

01 入れ子の上のグループブロックを開き、投稿のアイキャッチ画像を左リストで選択します。ツールバーから［∨］（下に移動）をクリックして「縦積み」の下に移動します。

> MEMO
> 移動は左でリストをドラッグ＆ドロップしても可能です。

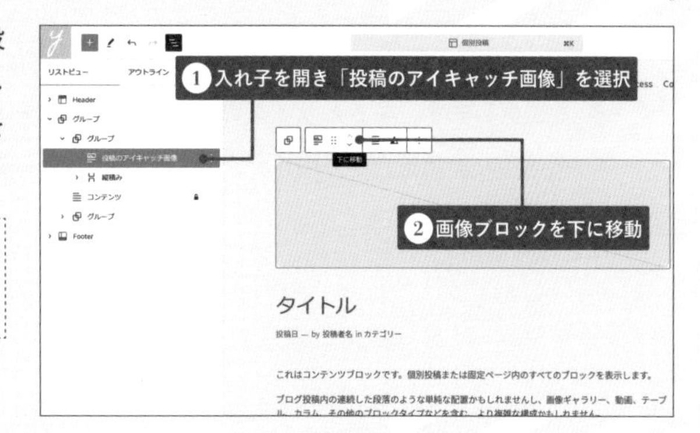

02 アイキャッチ画像がタイトル下に移動しました。続いて［スタイル］（白黒円）アイコンをクリックして下にスクロールします。

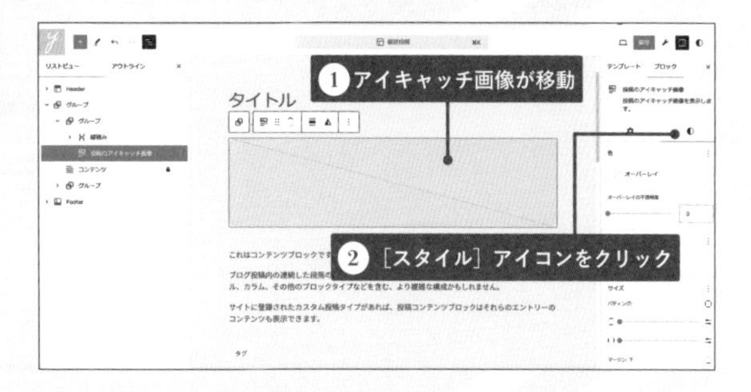

03 最下部にある［角丸］を0に設定します。

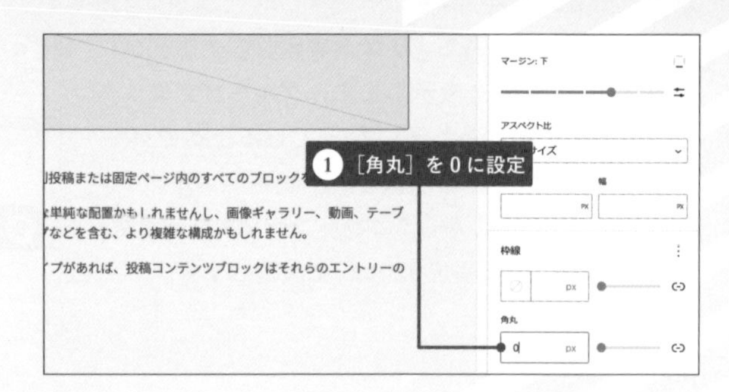

04 リスト表示にある［縦積み］を中央揃えに設定します。

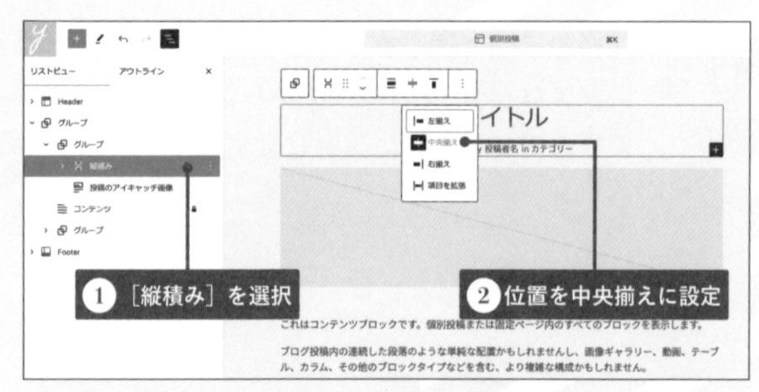

05 ［縦積み］を開いて［タイトル］を選択し、［スタイル］（白黒円）アイコンをクリックしてタイトルブロックの［文字サイズ］を「M」に設定します。

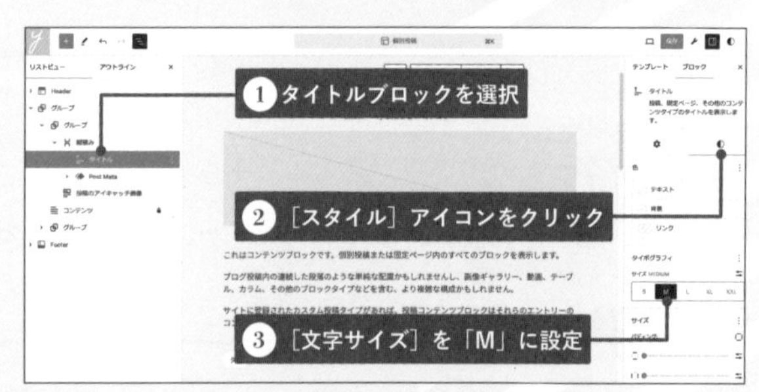

06 ［タイポグラフィオプション］から［外観］を選択します。するとサイズの下に外観のセレクトボックスが表示されます。

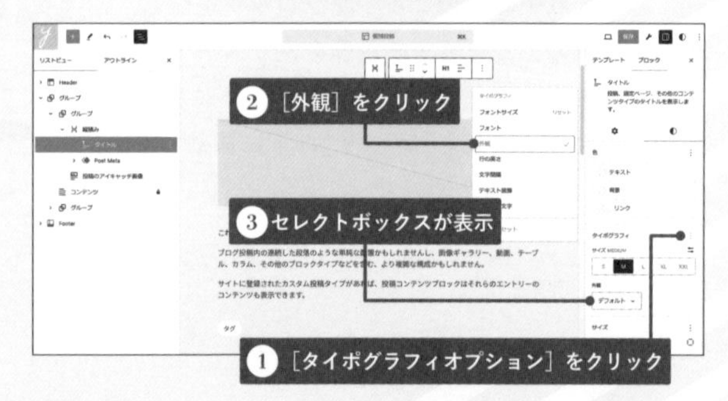

07 外観のセレクトボックスから［ボールド］を選択します。

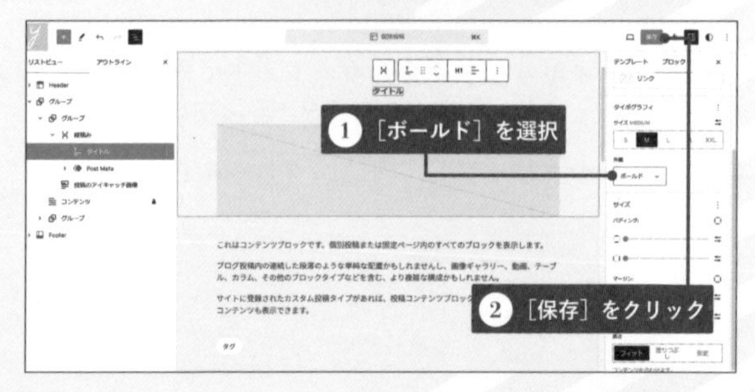

Post Metaブロックを設定する

同期パターンとして設定されているPost Metaブロックを編集します。このブロックは一覧でも利用されており、他箇所も同期して編集されます。

STEP

01 ［リスト表示］の［Post Meta］→［グループ］→［横並び］内の日付とカテゴリー以外のブロックを削除します。

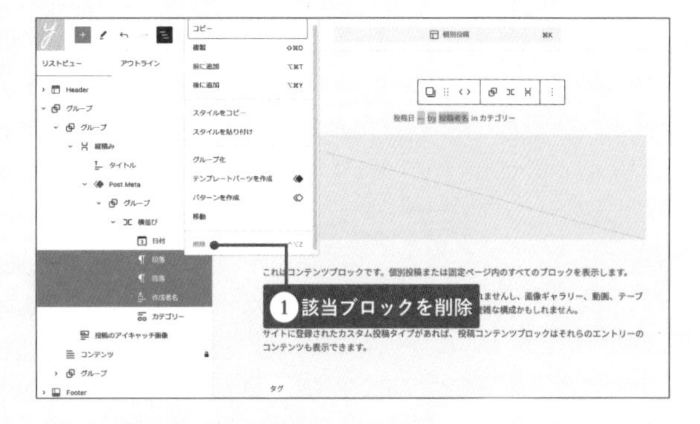

02 日付ブロックを設定します。選択して右の設定パネルから［デフォルトの書式］を「ON」に、［投稿へのリンク］を「OFF」に設定します。

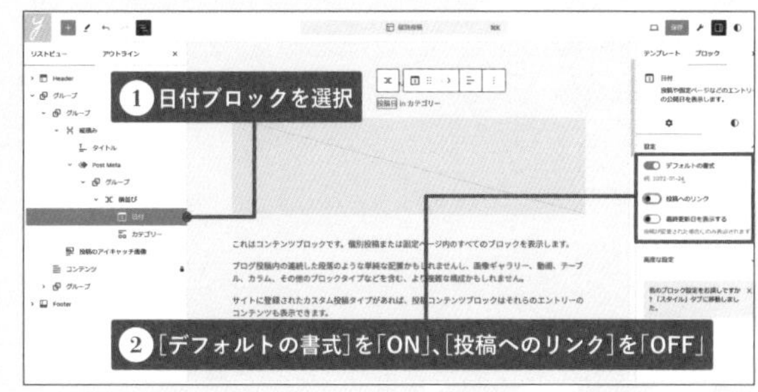

03 カテゴリーブロックにある接頭辞の「in」を削除します。

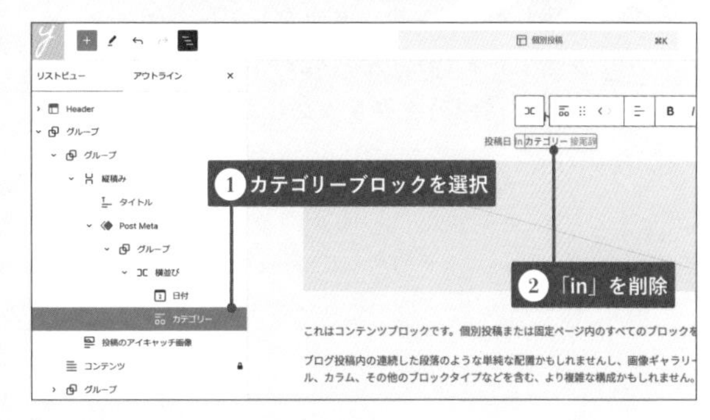

04 カテゴリーブロックを選択して右の設定パネルからタイポグラフィの［カスタムサイズを設定］ボタンをクリックして12pxに設定します。

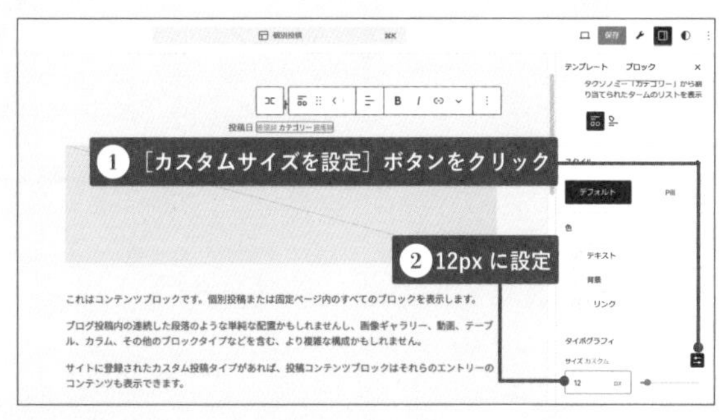

05 テキストの色を白に、背景に「yu-brown」を設定します。

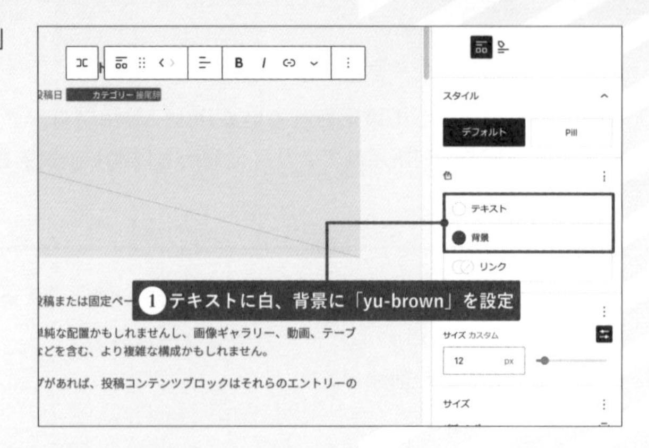

06 [パディングオプション]→[水平と垂直]をクリックします。

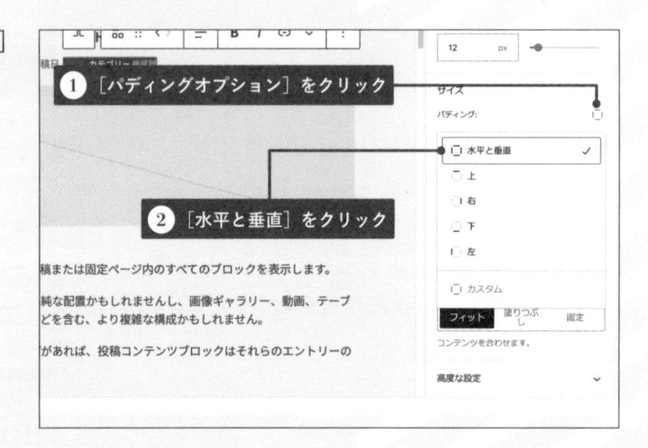

07 それぞれの右端にある[カスタムサイズを設定]アイコンをクリックして、パディングを「上下1px、左右4px」に設定します。最後に[保存]をクリックします。

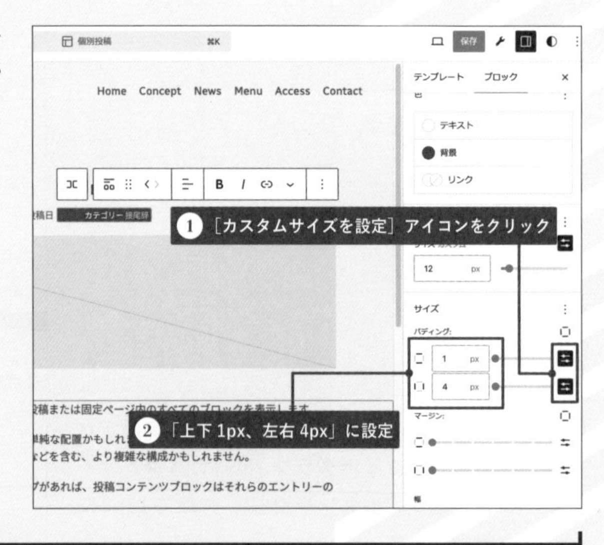

投稿のフッター部分のブロックを設定する

記事下部のタグやコメント、「次の記事」「前の記事」へのリンクを設定します。

STEP

01 今回のサイトではコメントを使用しないのでコメントブロックを削除します。リスト表示から［Footer］の上にある［グループ］→［グループ］→［コメント］を選択して削除します。

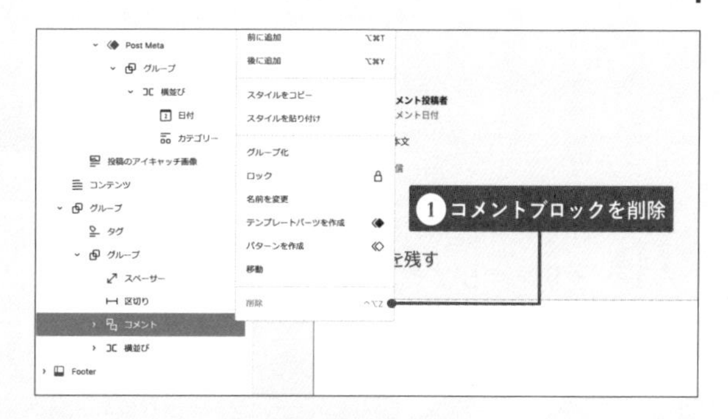

02 リスト表示から、削除した［コメント］の下にあった［横並び］を開き、「前の投稿」ブロックを選択します。右の設定パネルから［タイトルをリンクとして表示する］を「OFF」に設定します。矢印は［シェブロン(<<)］を選択します。

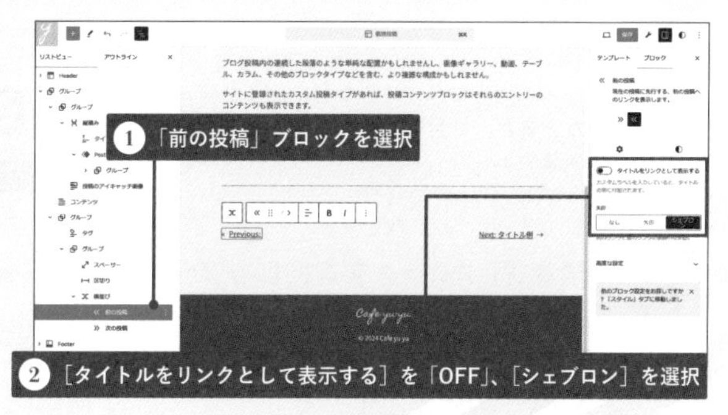

03 「前の投稿」ブロックのテキストを「Prev」に変更します。

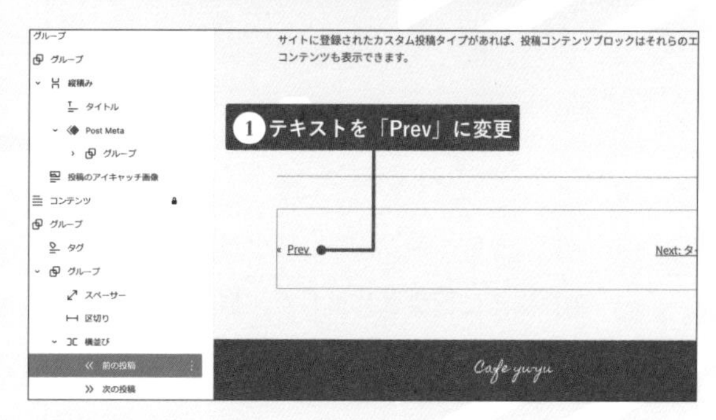

04 「次の投稿」ブロックも同様に設定します。テキストは「Next」とします。

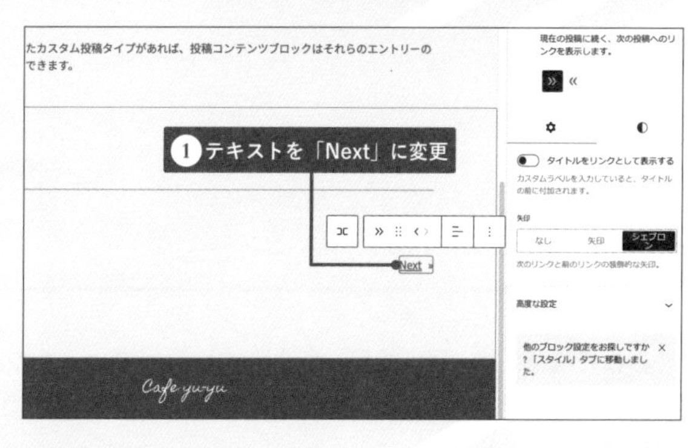

05 「Prev」と「Next」の間に段落ブロックを追加して「News Top」と入力します。

MEMO
「Prev」と「Next」の中間にカーソルをあわせると、[ブロックを追加]ボタンが表示されます。

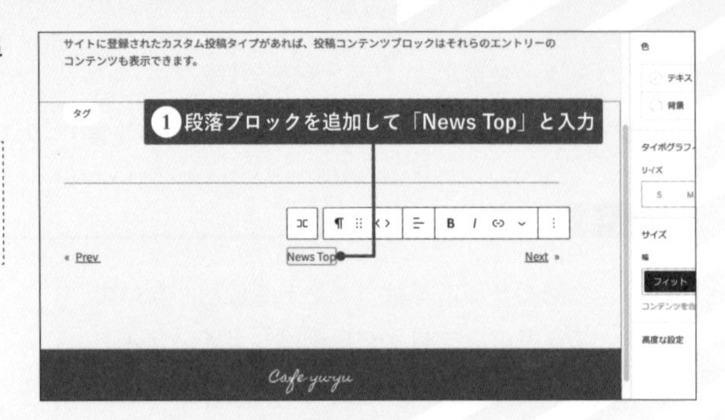

06 「News Top」は固定ページのNewsページとリンクします。「News Top」の文字全体を選択して、ツールバーの[リンク]からNewsページを選択します。

注意
「News Top」の文字列全体を選択しないと、カーソルの位置にページ名の「News」が挿入されます。また、リンクも挿入された文字列に設定されます。

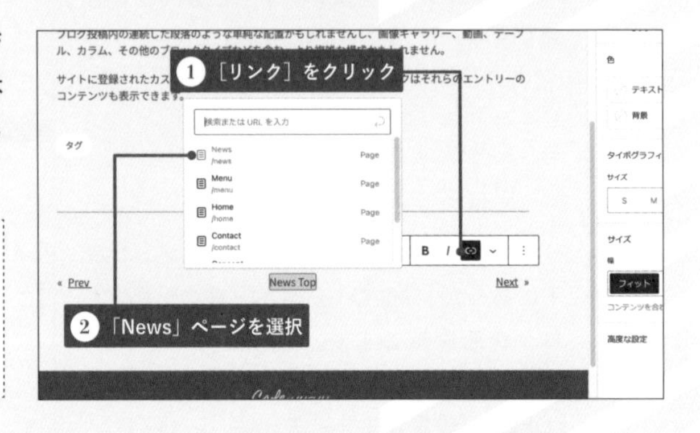

07 「横並び」ブロックを選択してツールバーの[項目の揃え位置を変更]から[中央揃え]を選択します。

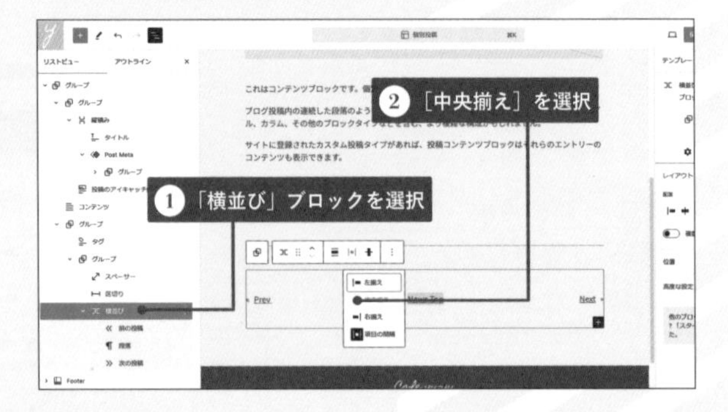

08 中央揃えに配置されました。最後に[保存]をクリックします。

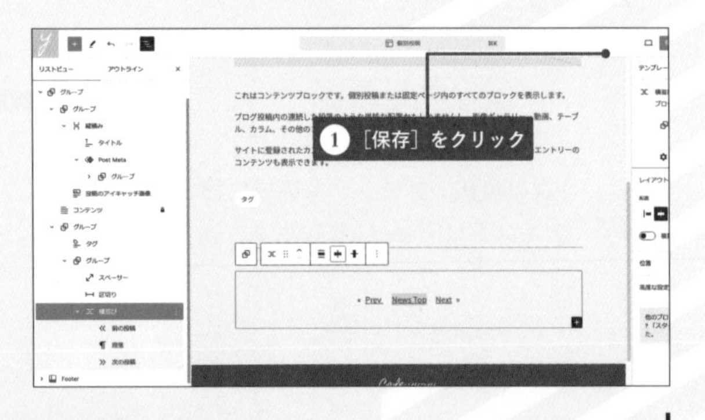

これで投稿詳細(個別投稿)で使用するテンプレートの設定が終わりました。以降、個別投稿テンプレートではこのフォーマットで表示されるようになります。

Lesson 5

各固定ページを作成する

各固定ページのコンテンツ部分を、ブロックを利用して作成します。様々なブロックを組み合わせることで、多様なレイアウトを実現します。

Accessページと Menuページを作成しよう

ブロックエディターを活用して、サンプルサイトにあるAccessページとMenuページを作成していきます。なお、AccessページにはGoogle マップを埋め込むので、そのためのコードを取得します。

Accessページの作成

AccessページにはGoogle マップを埋め込みます。まずはGoogle マップから埋め込み用のソースコードを取得します 01 。地図の埋め込みにはカスタムHTMLブロックを利用します。ただ、そのままではスマートフォンなどの画面幅が狭い場合に比率が変わってしまったりはみ出したりするので、レスポンシブ対応をしてみます。

01 Google マップの埋め込み用ソースコードを取得

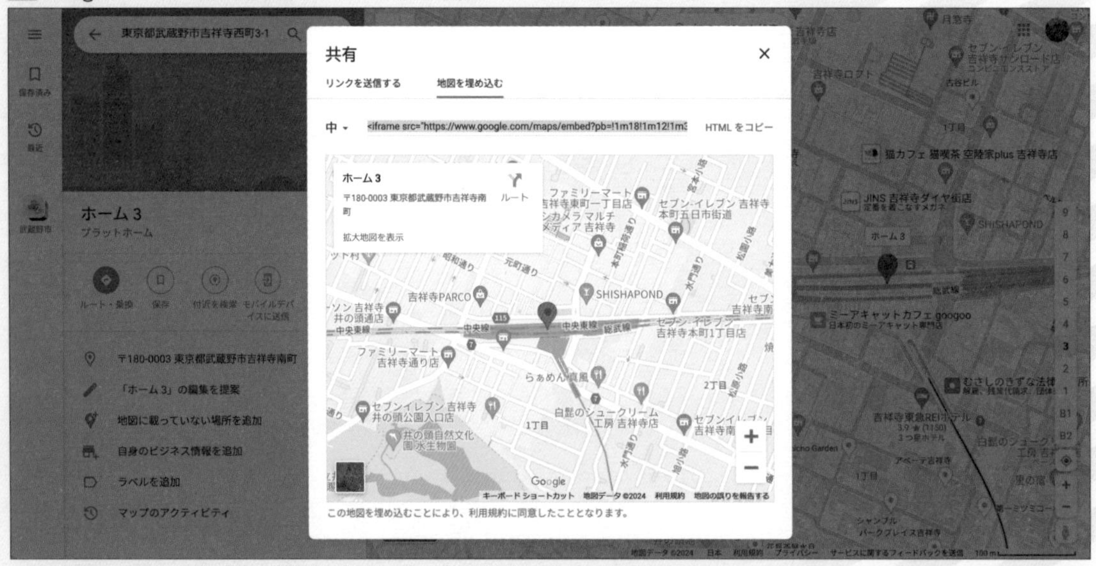

目的の地図を表示して［共有］→［地図を埋め込む］→［HTML をコピー］で取得します。

Google マップを埋め込む

取得したソースコードをカスタムHTMLブロックにペーストします。その後、画面が狭い場合に備えて<iframe>タグのレスポンシブ対応をします。

STEP

01 [ダッシュボード]→[固定ページ]→[固定ページ一覧]からP087で仮登録した[Access]をクリックします。

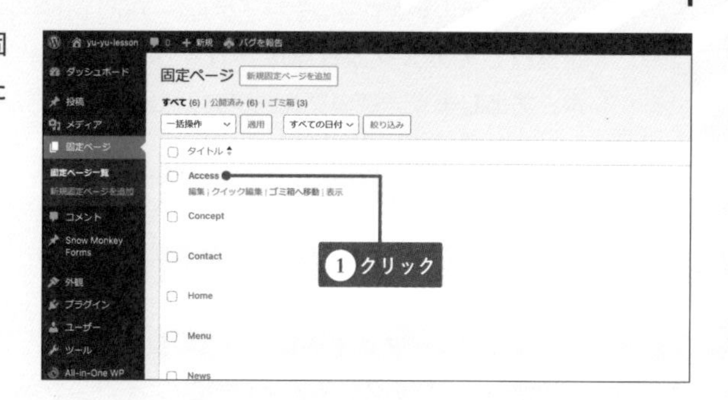

02 仮登録した「Accessページ」が表示されます。カスタムHTMLブロックを作成します。

MEMO
ページの下部にはプラグイン「SEO SIMPLE PACK」の設定項目が表示されていますが、ここでは無視して大丈夫です。

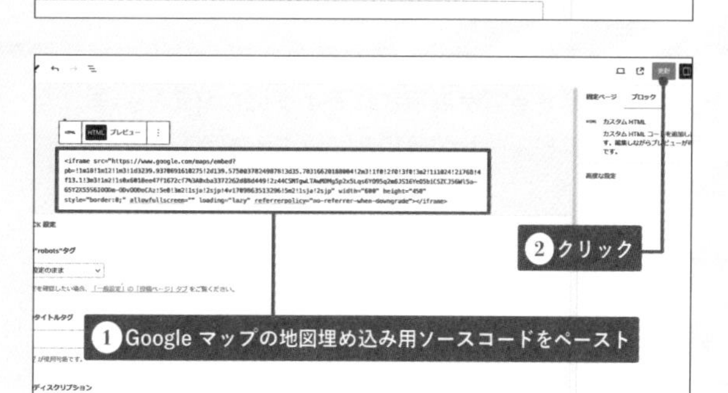

03 作成したカスタムHTMLブロックにGoogle マップの地図埋め込み用ソースコードをペーストして[更新]をクリックします。

04 この段階でプレビューをしてみましょう。するとGoogle マップの画面が左側に寄っています。また、モバイルサイズで表示するとマップの右側がはみ出てしまっています。次のステップでこの問題を修正します。

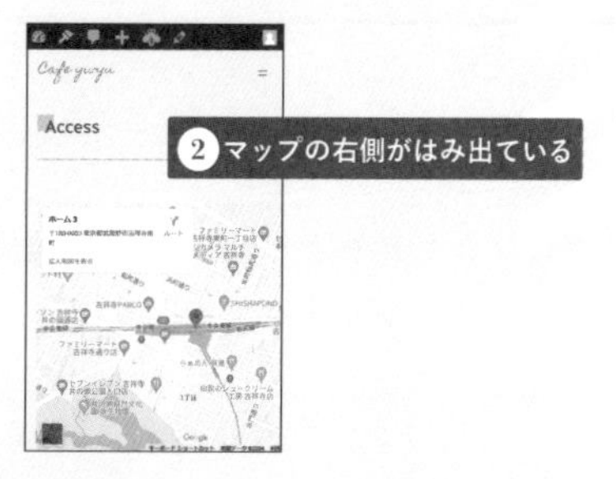

05 ［ドキュメント概観］からカスタムHTMLブロックの［オプション］→［グループ化］を選択してカスタムHTMLブロックをグループ化します。このグループに対してレスポンシブ対応のCSSを適用します。

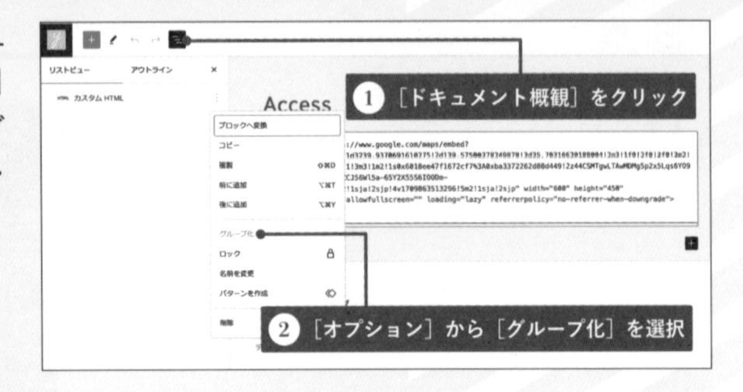

06 作成したグループを選択して、右の設定パネルから［ブロック］タブ→［設定］アイコン→［高度な設定］→［追加CSSクラス］に「iframe-container」と入力します。

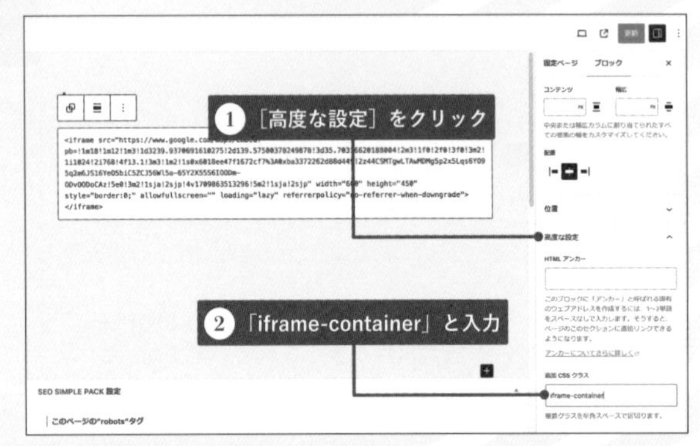

07 これで画面サイズが変わっても16:9の比率で地図が表示されるようになります。プレビューして確認してみてください。

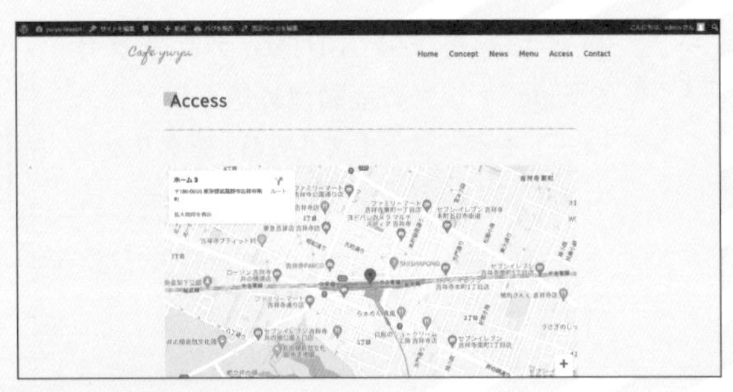

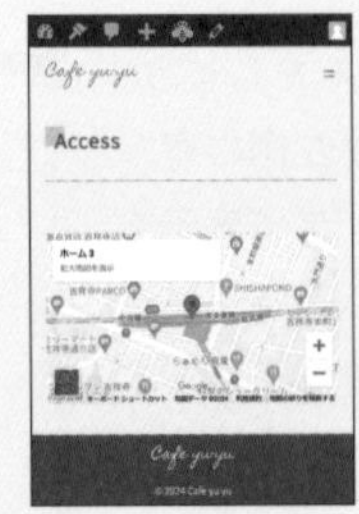

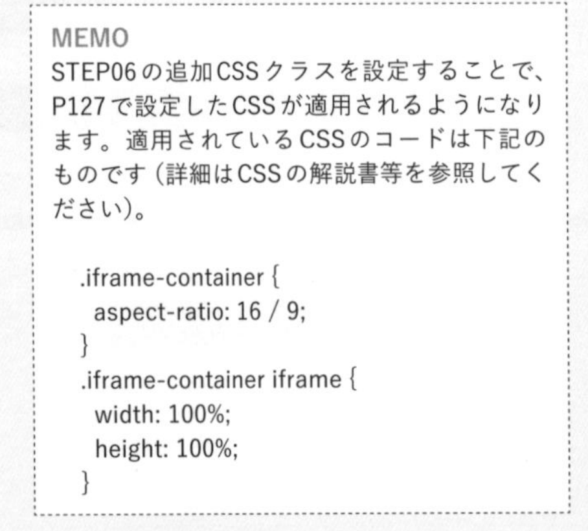

MEMO

STEP06の追加CSSクラスを設定することで、P127で設定したCSSが適用されるようになります。適用されているCSSのコードは下記のものです（詳細はCSSの解説書等を参照してください）。

```
.iframe-container {
  aspect-ratio: 16 / 9;
}
.iframe-container iframe {
  width: 100%;
  height: 100%;
}
```

段落ブロックにテキストを入力する

地図の上に、段落ブロックでテキストを中央寄せで配置して必要なテキストを入力します。これでAccessページは完成です。

STEP

01 段落ブロックを追加してテキストを入力します。

MEMO
テキストに改行が入ると段落ブロックが分割されます。ブロックを変えずに改行したいときはShiftキーを押しながらEnterキーを押します。

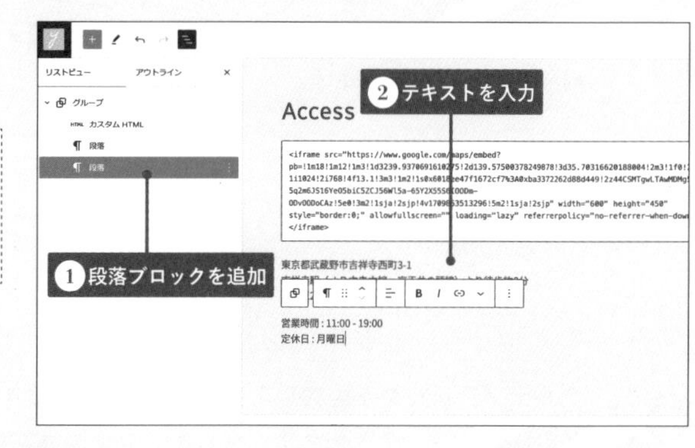

02 ツールバーから中央寄せを設定します。

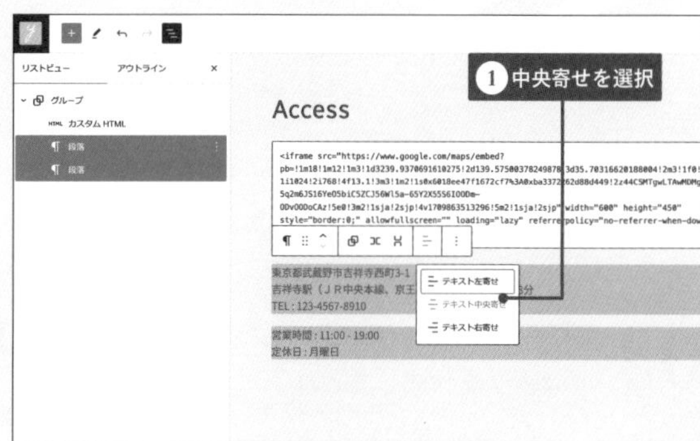

03 ツールバーで住所と営業時間の段落ブロックを上に移動します。最後に［更新］をクリックするとAccessページが完成します。

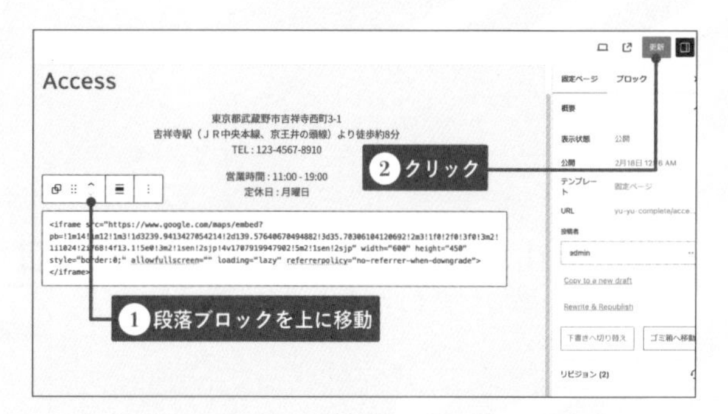

Menuページの作成

Menuページは**カラムブロック**を利用します。１つのメニューを作った後に、それを複製していくという手順で、効率よく作成していきます。

STEP

01 Accessページと同様に、仮登録したMenuページを開きます。

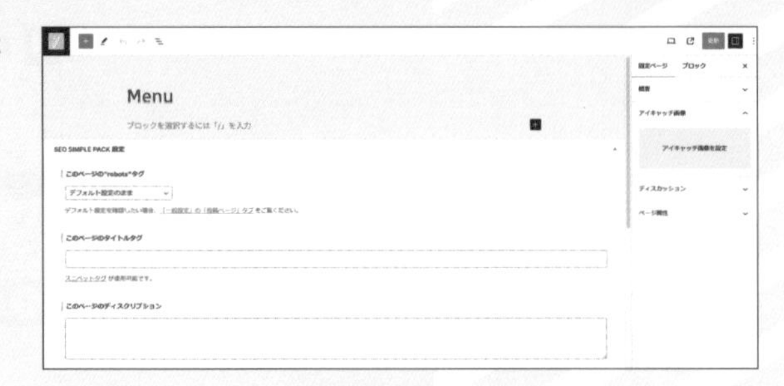

02 グループブロックを配置します。設定パネルの[スタイル]タブをクリックしてブロックの間隔を5に設定します。

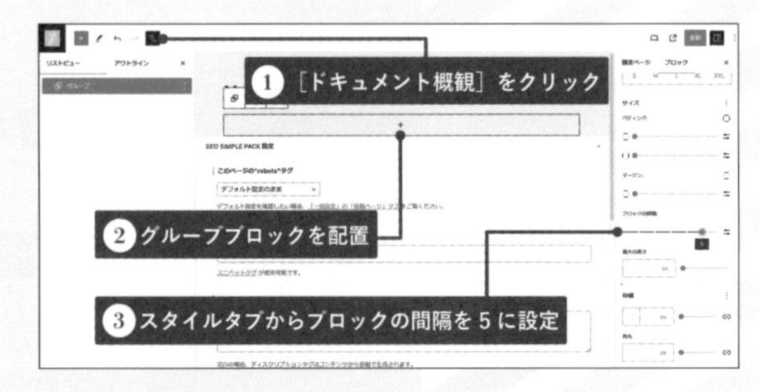

03 STEP2で作成したグループ内にグループブロックを作成して入れ子にします。

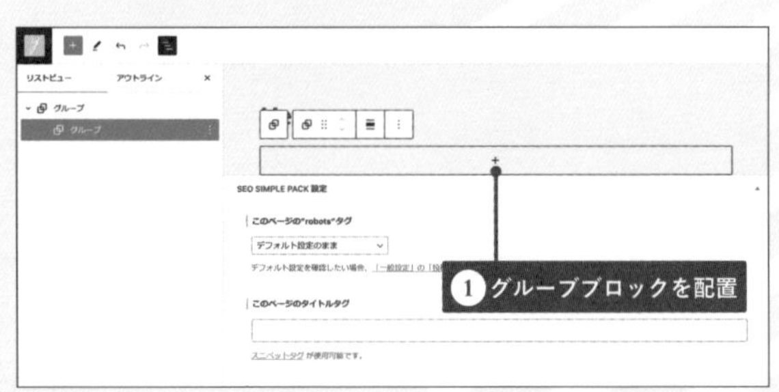

04 追加したグループブロックに見出しブロックを追加します。

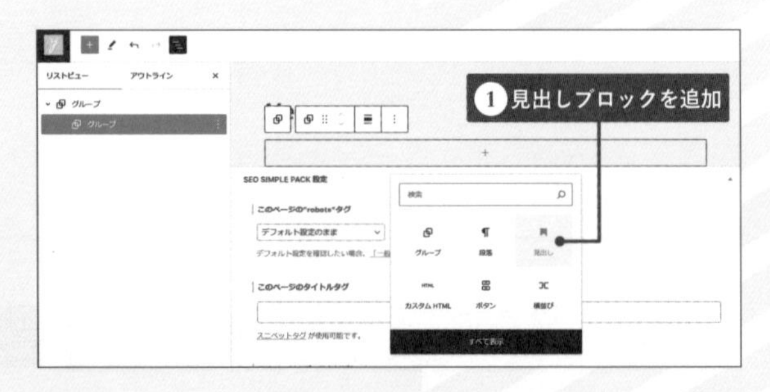

05 追加した見出しブロックを、ツールバーから[見出しレベル]を「H2」、[テキストの配置]を「中央寄せ」に設定します。

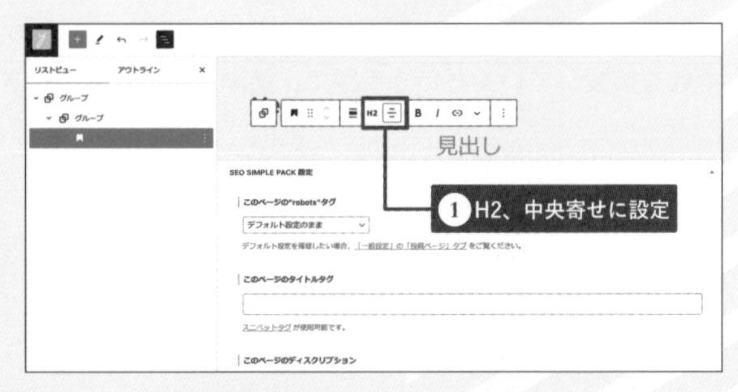

06 見出しにテキスト「Seasonal（季節限定の意味）」を入力して文字サイズをLに設定します。

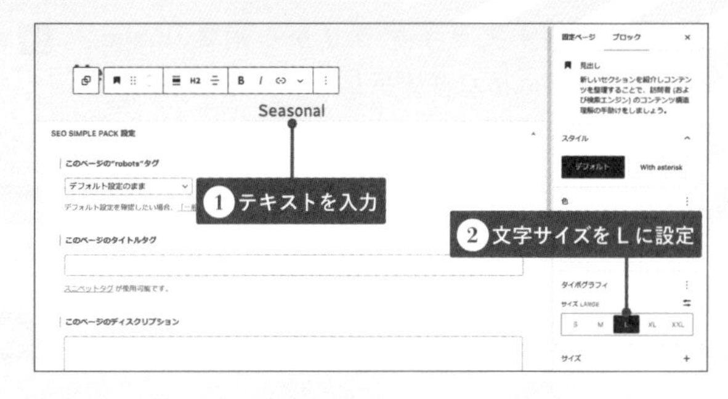

07 ［高度な設定］→［追加CSSクラス］に「yu-page-title-square」を入力します。

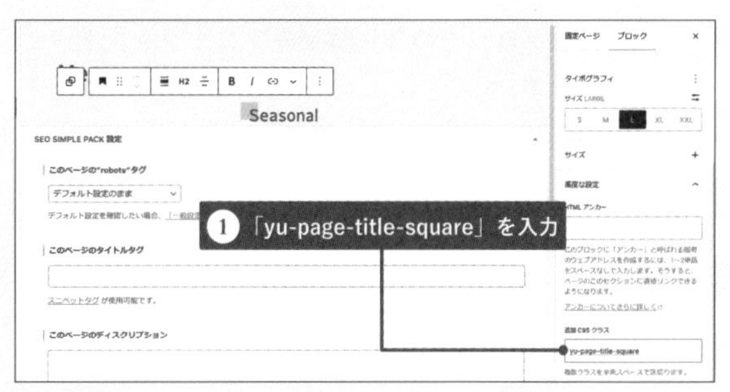

08 見出しブロックの下にカラムブロックを追加します。

> MEMO
> ブロックの追加ボタンが表示されない場合は、［ドキュメント概観］の見出しブロックを選択して［オプション］から［後に追加］を選択してください。

09 今回は、個別の調整がしやすいように1カラム（100）をコピーして並べるようにします。

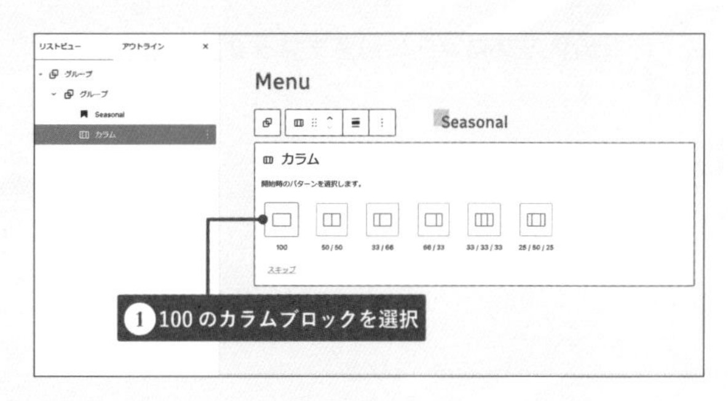

10 カラムブロック内に画像ブロックを配置します。

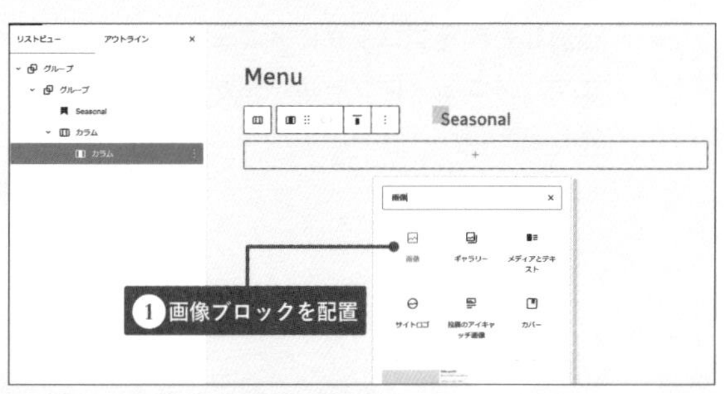

11 メディアライブラリから画像「menu-mocha.jpg」を選択して［配置］を「中央揃え」にします。

12 画像ブロックの下に縦積みブロックを配置します。

13 縦積みブロックの［項目の揃え位置］を中央揃えに、設定パネルの［スタイル］からブロック間隔を「0」に設定します。

14 縦積みブロックに段落ブロックを配置します。

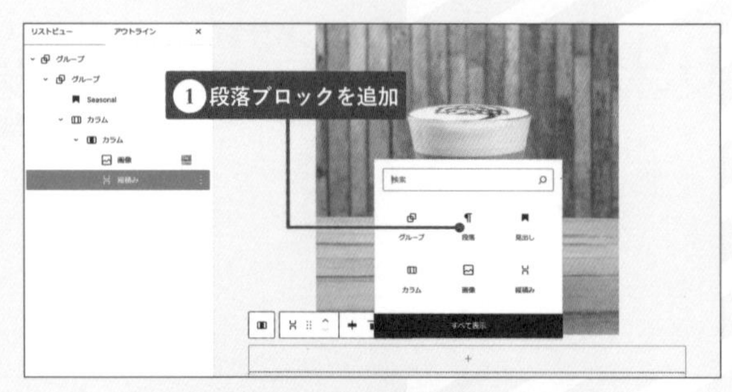

15 追加した段落ブロックにメニューを入力します。メニューはツールバーから太字を設定します。

16 段落ブロックを追加して価格を入力します。

17 完成したカラムを複製します。まず、わかりやすくなるように［ドキュメント概観］で入れ子の下側のカラムを閉じます。

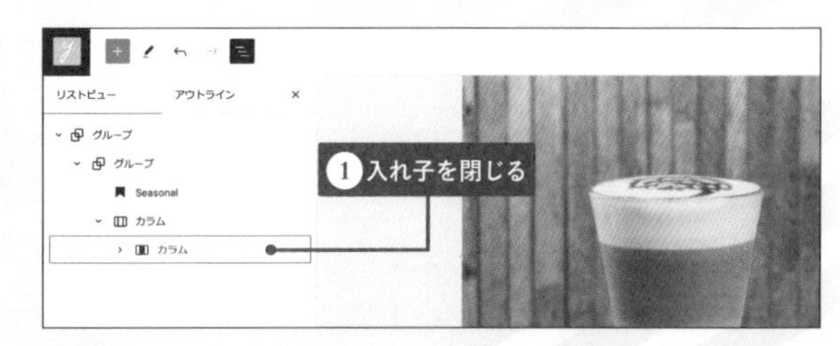

18 複製するカラムブロックを選択して［オプション］→［複製］で2つ複製します。

MEMO
オプションのコピーは複製ではなくクリップボードへのコピーです。

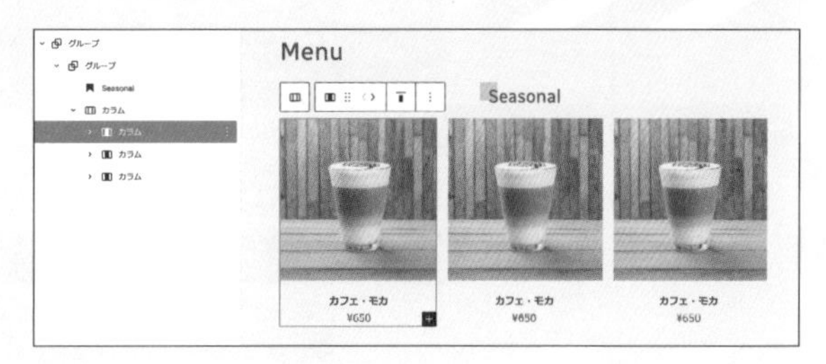

19 メニューが3列に並びました。

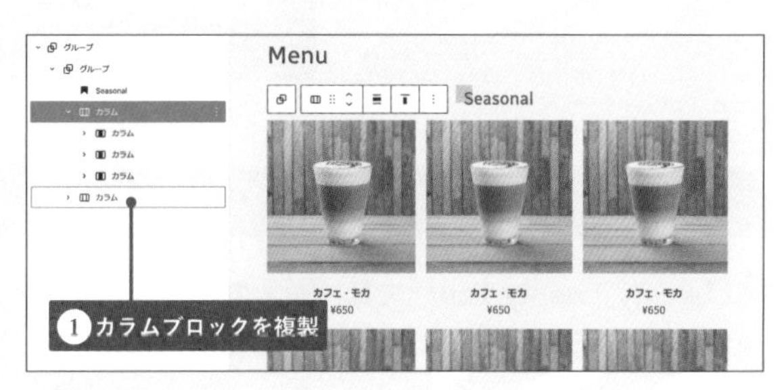

20 入れ子の外側にあるカラムブロックを複製すると2段目のメニューが配置されます。

メニューの追加や削除をおこなう場合は、内側の入れ子で調整します。メニューの段の追加や削除は外側の入れ子で調整します。このように、入れ子にすることでコピー＆ペーストによるメニューの追加や削除が簡単にできるようになります。同様の要領でメニューを並べていき、内容を入れ替えてP081のようなMenuページを完成させましょう。

Conceptページを作成しよう

Conceptページでは、ブロックでページレイアウトを作った後に、ネガティブマージンを利用しブロック同士が重なるようなデザインを実現します。

全体を確認する

Conceptページはお店のイメージを伝えるページです。**このページはレイアウトが他よりも複雑になっています。**これらは通常の設定方法では実現できないので、工夫をする必要があります 01 。まずはサンプルサイトでConceptページ全体を確認しましょう。

01 Conceptページの概要

タイトルのないテンプレート「Page No Title」の利用

「Twenty Twenty-Four」では、通常の固定ページテンプレートに加え、以下に挙げる3つのテンプレートに切り替えが可能です。

- Page No Title（タイトルなし）
- Page with Sidebar（サイドバーあり）
- Page with Wide Image（アイキャッチ画像あり）

Conceptページではページタイトルを通常のページと異なる位置に変更したいので、「Page No Title（タイトルなし）」を利用します。

STEP

01 P087で仮登録したConceptページを開きます。右設定パネルの［概要］をクリックすると［テンプレート］に「固定ページ」と表示されています。

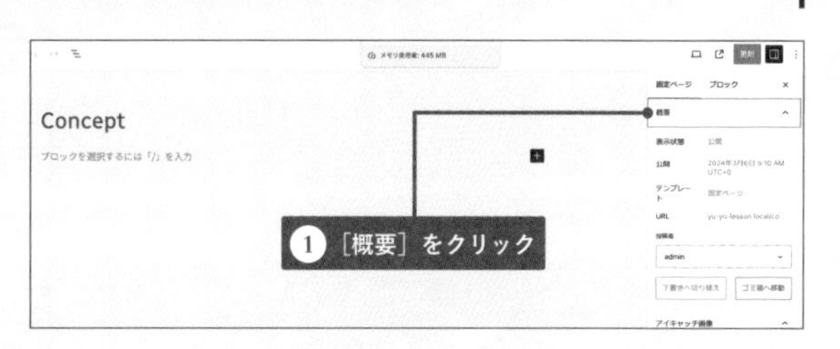

02 「固定ページ」をクリックします。続いて［テンプレートを入れ替え］をクリックします。

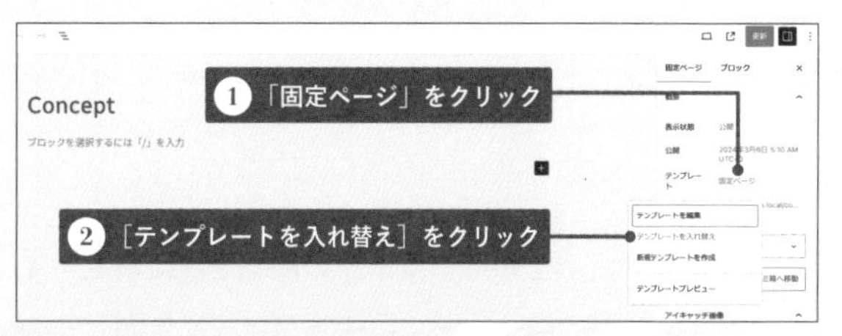

03 テンプレートの「Page No Title」をクリックします。

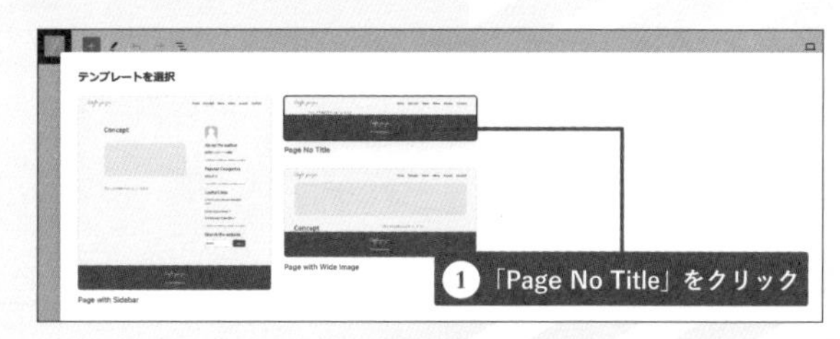

04 編集ページではタイトルが残っています（左）が、［更新］してプレビューするとタイトルが消えていることがわかります（右）。

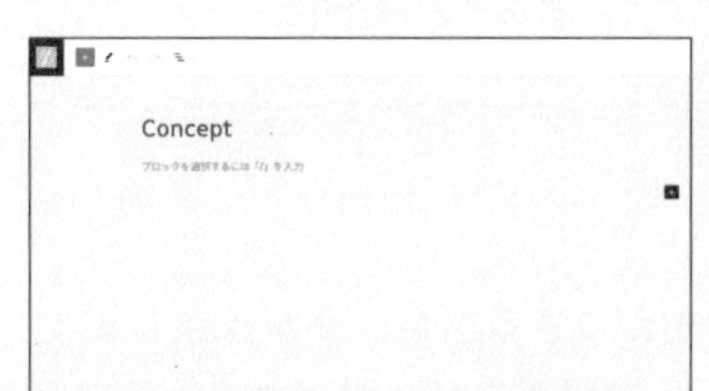

レイアウトの作成

Conceptページのレイアウトを作成していきます。まずは、グループごとにコンテンツを配置します。なお、**ブロックの追加や操作が多い場合は［ドキュメント概観］から操作する方がスムーズに進みます。**

STEP

01 既存の段落ブロックを変更してグループブロックを選択します。

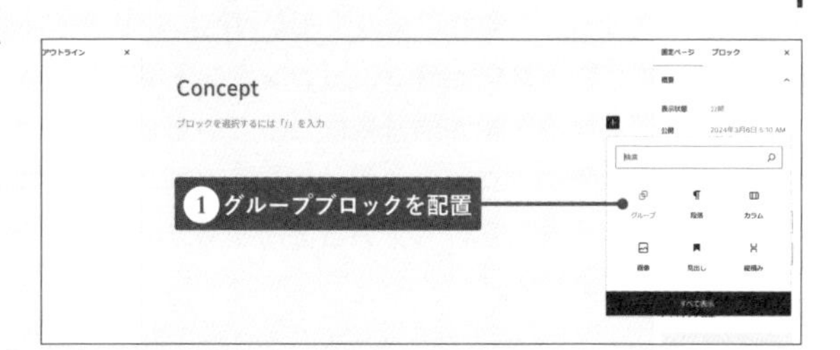

02 グループブロックを全幅に設定します。

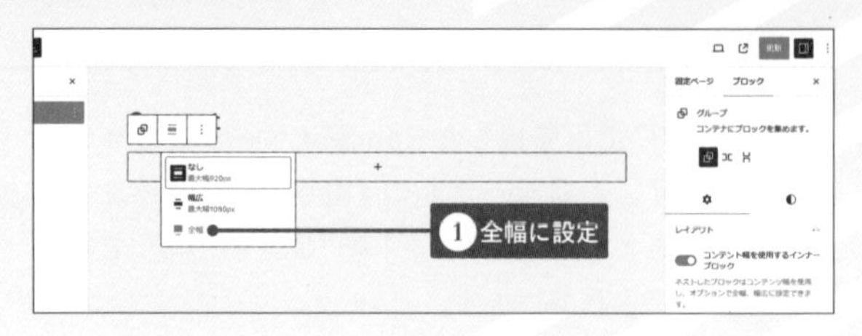

03 右設定パネルの［設定］で［コンテント幅を使用するインナーブロック］をOFFにします。

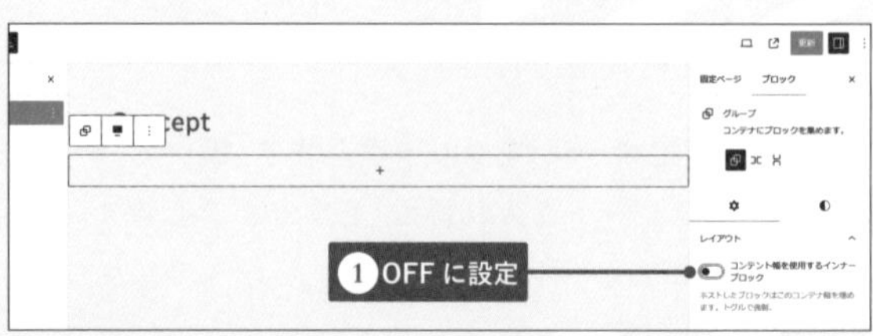

04 ［スタイル］からブロックの間隔を5に設定します。このグループはページ全体を囲む外枠になります。

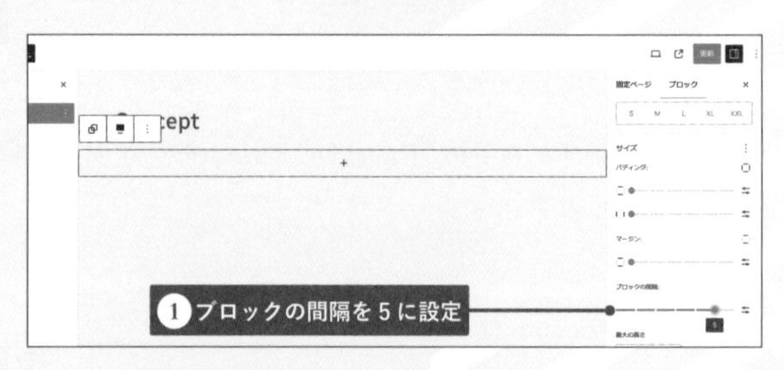

Column

ブロックの横幅設定について

ブロックの中には、横幅の指定ができるブロックが存在します（画像ブロックやグループブロックなど）。横幅の設定は以下の3つから選択するか、個別の手動設定が可能です。

- 通常：通常のコンテンツ幅
- 幅広：通常よりも広い幅
- 全幅：画面全体

通常と幅広の基本サイズは、［外観］→［エディター］→［スタイル］→スタイルパネルの［レイアウト］から設定します（P105参照）。またグループブロックのようにブロックを入れ子にできるものは、上記STEP03にある［**コンテント幅を使用するインナーブロック**］のチェックボックスが右パネルに表示されます。**これをONにすると、入れ子のブロックの横幅が通常の幅に設定されます。そして、入れ子のブロックにおいて新たに幅の設定が可能になります（横幅を設定できるブロックのみ）。** 01 は親となるグループブロックを全幅にし、［コンテント幅を使用するインナーブロック］をONにした状態です。入れ子のブロックの幅が通常幅になっているのが確認できます。OFFにした場合には、入れ子のブロックの幅が、親のブロックの幅に依存します。その結果、入れ子のブロックも全幅になっています 02。以降で入れ子を二重にしている箇所がありますが、それはこれらの機能を組み合わせてレイアウトをおこなうためです。

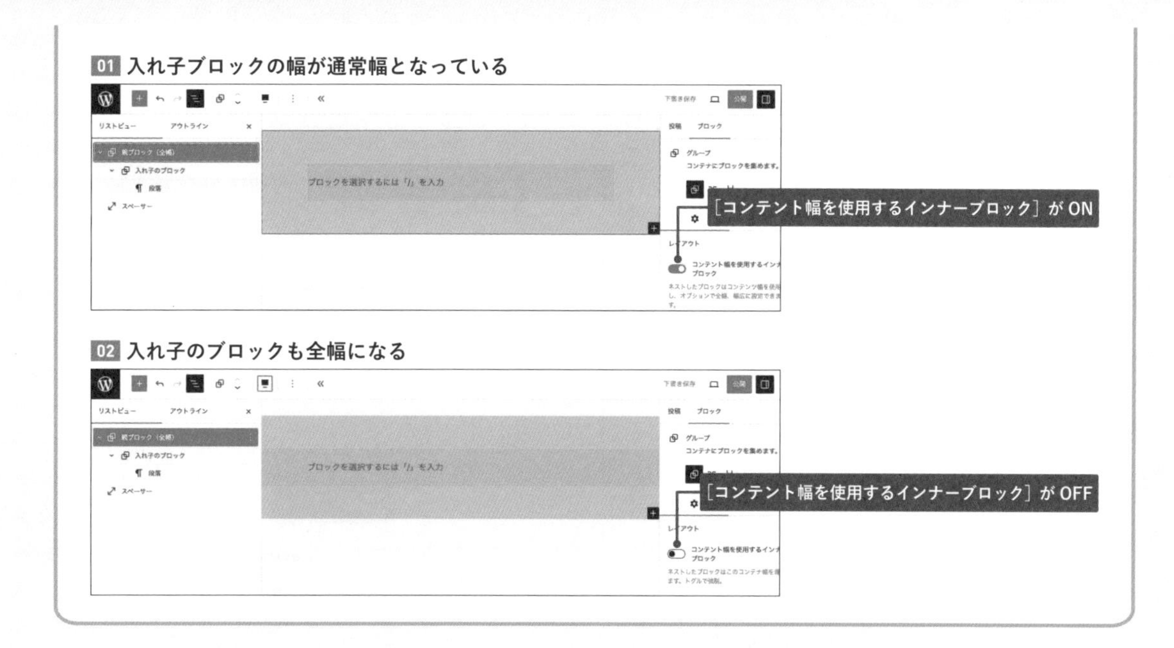

タイトル部分を作成する

Conceptページ全体の外枠ができたので、ここに各パートを入れ子として挿入していきます。

STEP

01 最初のグループの中にグループブロックを作成します。

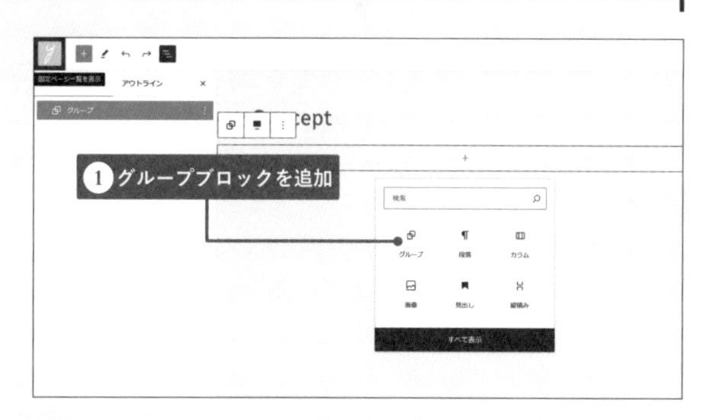

02 作成したグループブロック内にある[+]をクリックしてグループブロックを追加し、二重の入れ子にします。

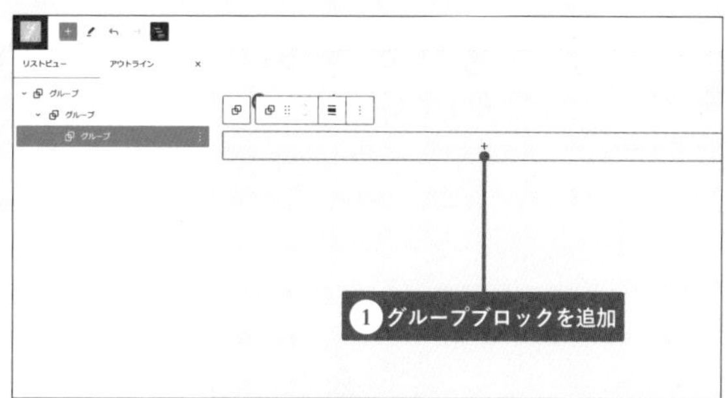

03 2番目のグループブロックの名前をタイトルとして設定します。オプションから[名前を変更]を選択して「タイトル」と入力します。

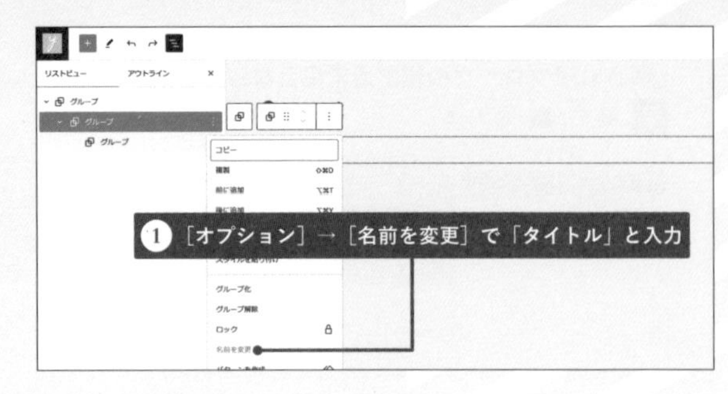

04 続いて3番目のグループブロックを幅広にして、[コンテント幅を使用するインナーブロック]をOFFにします。

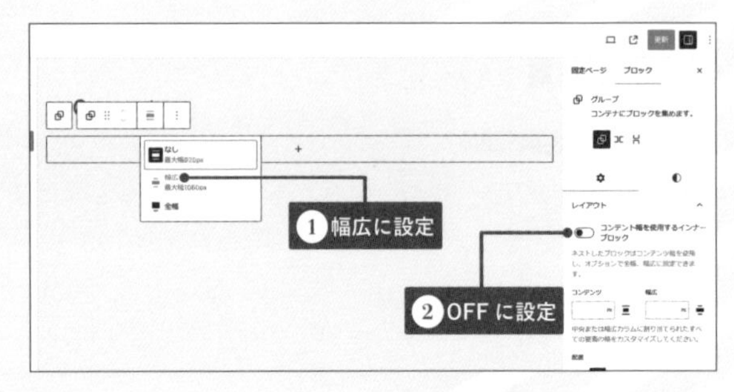

05 3番目のグループブロック内に[メディアとテキストブロック(赤文字)]を配置します。

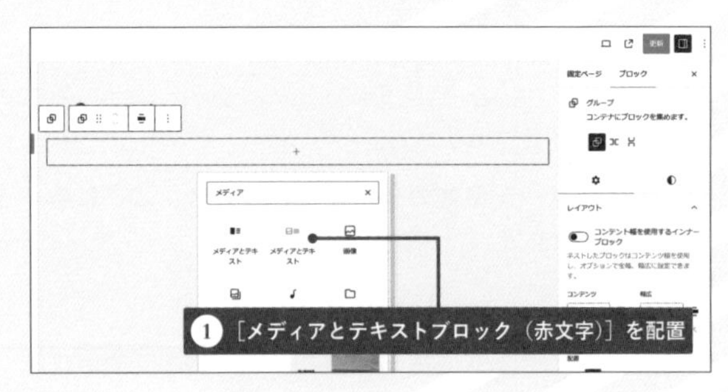

06 左にある「タイトルを書く…」は何も入力しません。その下にある[+]をクリックしてH2の見出しブロックを配置します。

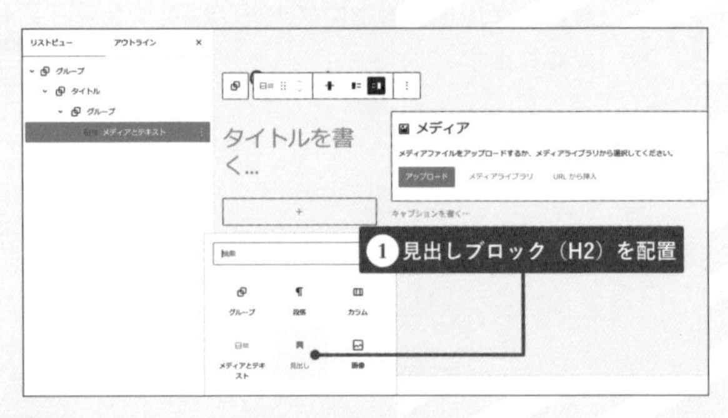

07 配置した見出しに「Concept」と入力します。これがタイトルの代わりになります。

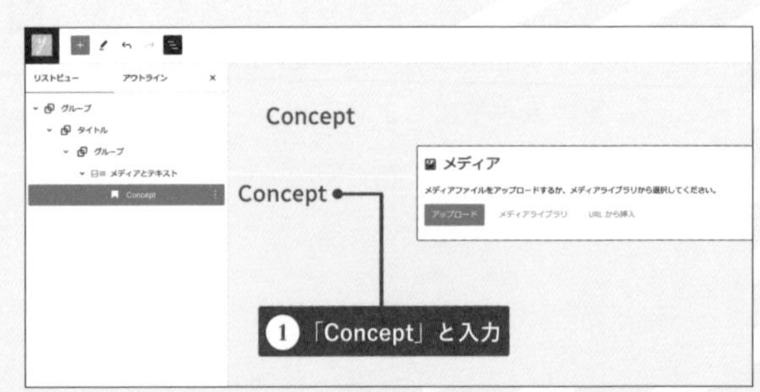

MEMO
編集画面では上のタイトルにも「Concept」と表示されていますが、プレビューを見ると表示されていないのがわかります。

08 他のページと同様に、タイトル部分に四角の飾りを入れます。見出しブロックを選択して右設定パネルの［高度な設定］→［追加CSSクラス］に「yu-page-title-square」を入力します。

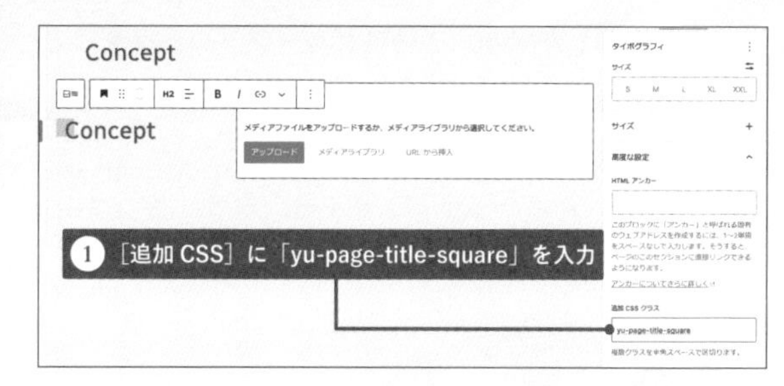

09 右の画像側に［メディアライブラリ］から画像「concept-shop.jpg」を設定します。

キャッチコピー部分を作成する

タイトルとキャッチ画像の下にあるキャッチコピー部分を作成します。ブロックの数が増えてきたので、ここからは主に［ドキュメント概観］から操作をします。

STEP

01 ［ドキュメント概観］から「タイトル」グループを選択して［オプション］から［後に追加］をクリックします。

02 挿入した段落ブロックを［+］からグループブロックに変更します。

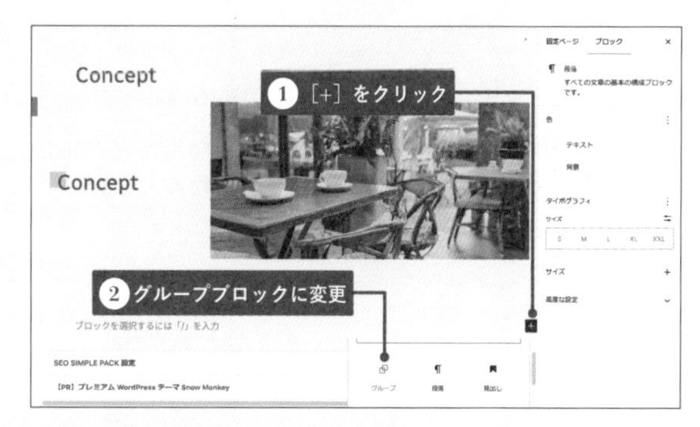

03 追加したグループ内にグループブロックを作成して入れ子にします。

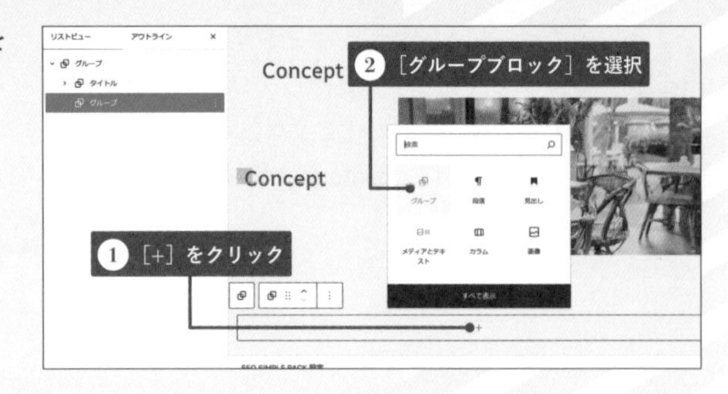

04 入れ子の外側のグループブロック（タイトルブロックの下）の名前を変更して「キャッチコピー」とします。

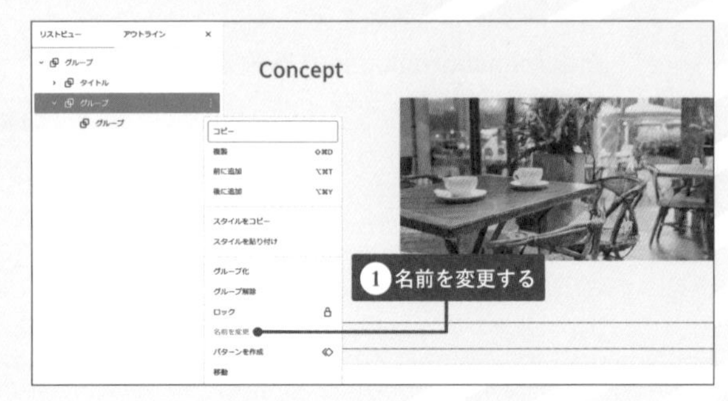

05 ［スタイル］から、「キャッチコピー」ブロックの背景を「yu-light-green」に設定します。

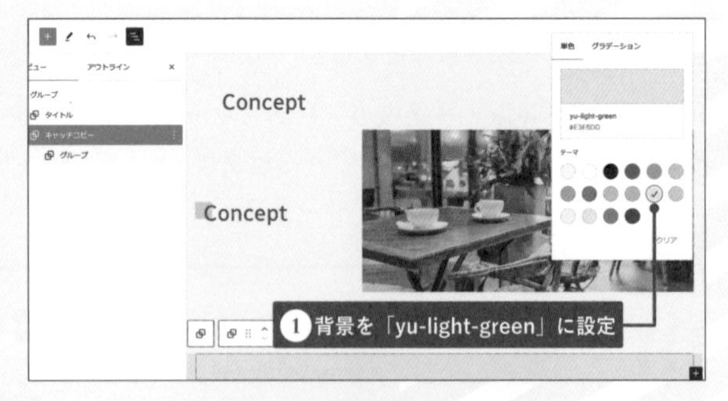

06 上下のパディングを6に設定します。

07 キャッチコピーブロック内にあるグループブロックを選択し、コンテンツ幅を430pxに設定して、やや狭目に表示されるようにします。

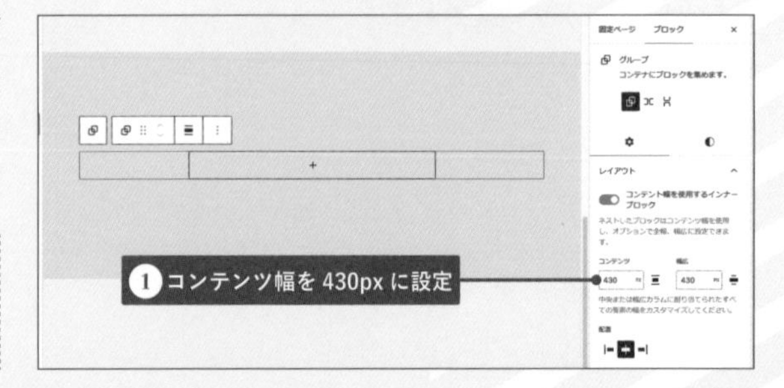

MEMO
コンテンツ幅を入力すると幅広も同じ値が同時入力されます。

08 ［スタイル］から左右のパディングを4に設定します。

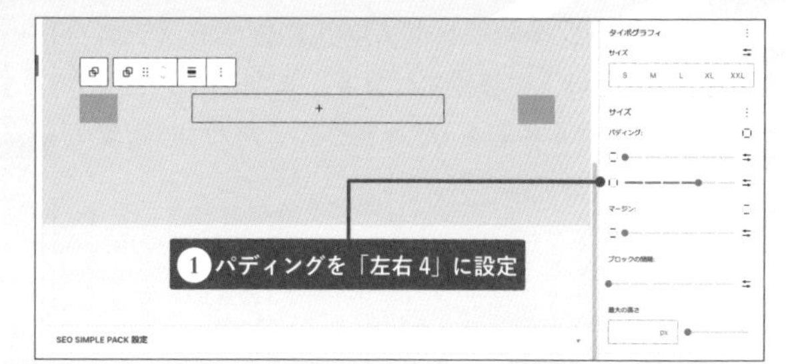

09 グループブロック内に段落ブロックを配置します。

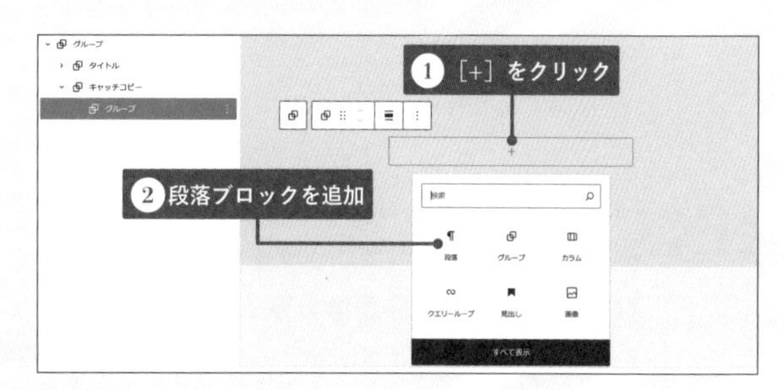

10 追加した段落ブロックにテキストを入力します。これでキャッチコピーブロックは完成です。

MEMO
テキストはダウンロードデータからコピー＆ペーストできます。

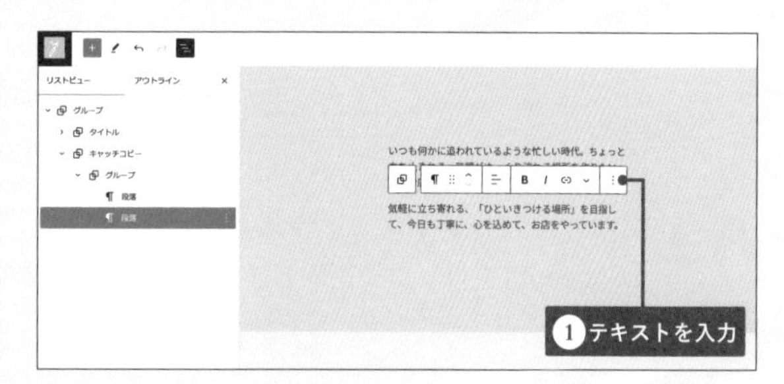

飲み物へのこだわり部分を作成する

こちらもSnow Monkey Blocksのメディアとテキストブロック（赤文字）を配置します。すでに作成済みであるタイトル部分のグループブロックを複製して設定します。

STEP

01 作成済みの［タイトル］グループを［ドキュメント概観］で選択して、［オプション］から複製します。

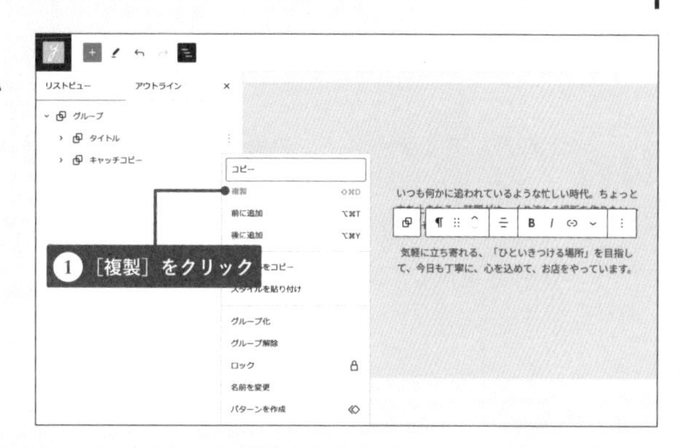

02

複製したタイトルブロックをキャッチコピーの下に移動させます。また、[オプション] から名前を「飲み物へのこだわり」に変更します。

03

「飲み物へのこだわり」の入れ子を開き「メディアとテキスト」ブロックを選択します。右設定パネルから [画像カラムのサイズ] を「50%」に設定します。

04

「メディアとテキスト」の入れ子を開き「Concept」ブロックを削除します。

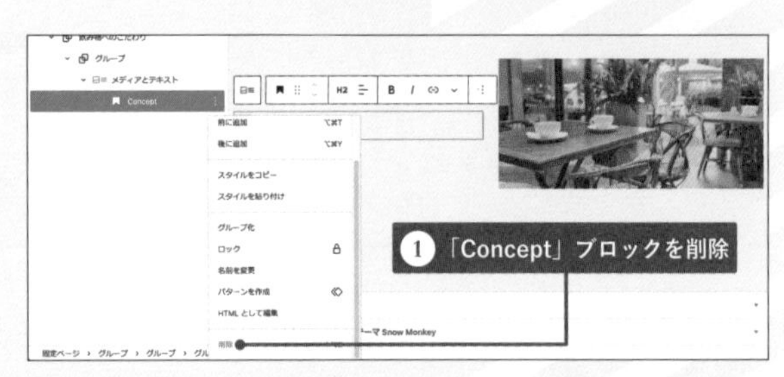

05

段落ブロックを追加してテキストを入力します。

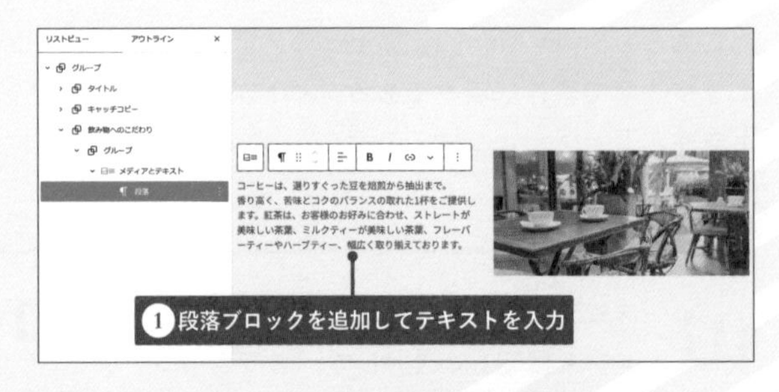

06

「メディアとテキスト」の画像をクリックしてツールバーの [置換] をクリックします。メディアライブラリから「concept-tea.jpg」を選択して置き換えます。

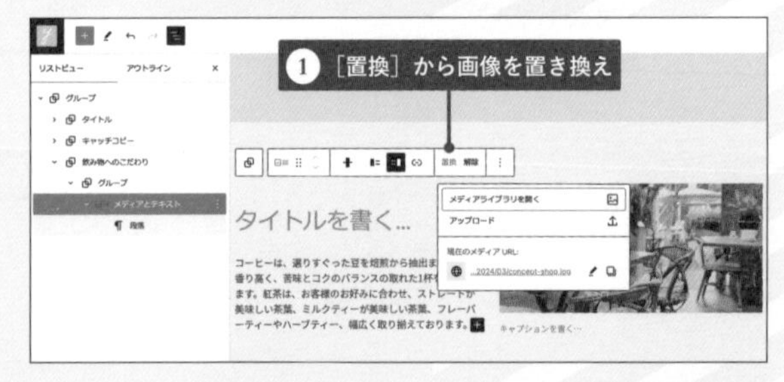

07 現時点では、モバイルサイズで表示した場合、テキストの下に画像が表示されます。これを逆にしたいので、右設定パネルの[モバイルの並び順]を「画像→文章」に変更します。

イメージ部分を作成する

イメージ部分には2つの画像を表示しています。ここではレイアウトはカラムブロックを利用します。

STEP

01 「飲み物へのこだわり」ブロックの下にグループブロックを追加します。

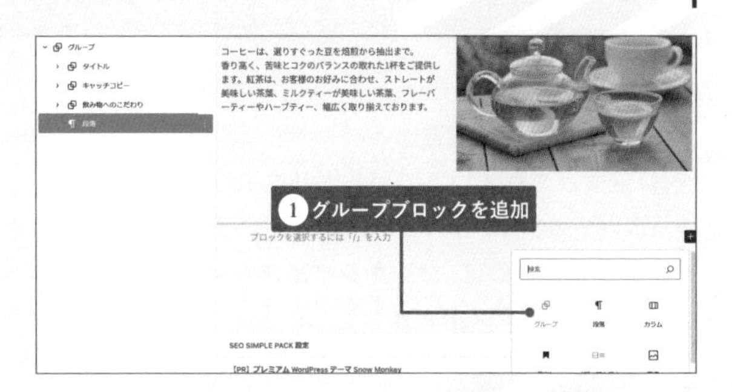

02 追加したグループブロック内にカラムブロック(50/50)を追加します。

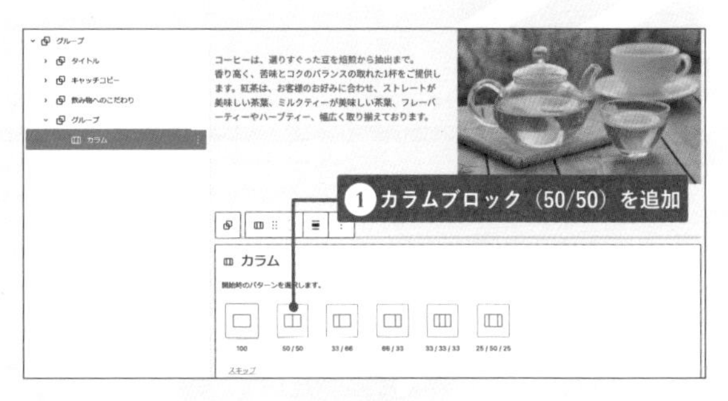

03 左カラムブロック内に画像ブロックを追加します。[メディアライブラリ]から「concept-coffee.png」を選択して左寄せにします。

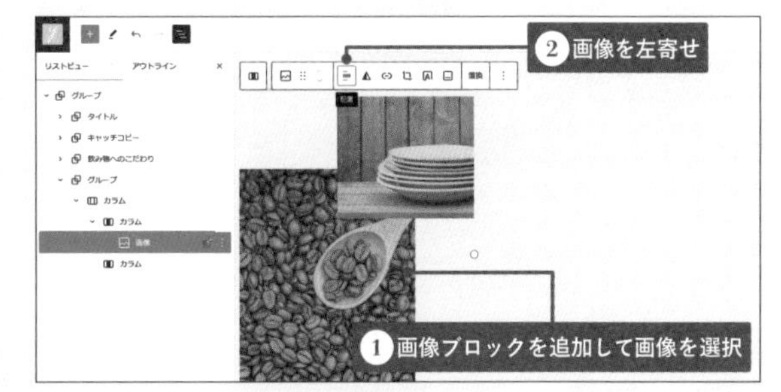

04

同様の手順で右カラムに画像ブロックを追加して画像「concept-muffin.jpg」を設定します。画像の配置は右寄せにします。最後に、グループの名前を「イメージ」に変更します。

完成サイトには以降にもパートがありますが、ここではひとまずネガティブマージンを利用したレイアウトの調整に進みます。

ネガティブマージンを利用した重なるデザインを実現する

ここまで作成したConceptページ 03 とサンプルサイトのConceptページ 04 を比べてみましょう。03 は各パートが規則正しく並び、間隔が空いています。一方、04 は位置がずれているのがわかります。これはマイナス数値を持つマージンである「ネガティブマージン」を設定しているからです。WordPressでネガティブマージンを利用するには、フレキシブルスペーサーブロックを利用します。このブロックはP092でインストールしたFlexible Spacer Blockプラグインで可能になる機能です。通常のマージンとネガティブマージンを画面幅に応じて3種類設定できます。

03 作成中のConceptページ

04 サンプルサイトのConceptページ

STEP

01 タイトル部分とキャッチコピー部分の間にフレキシブルスペーサーブロックを配置します。

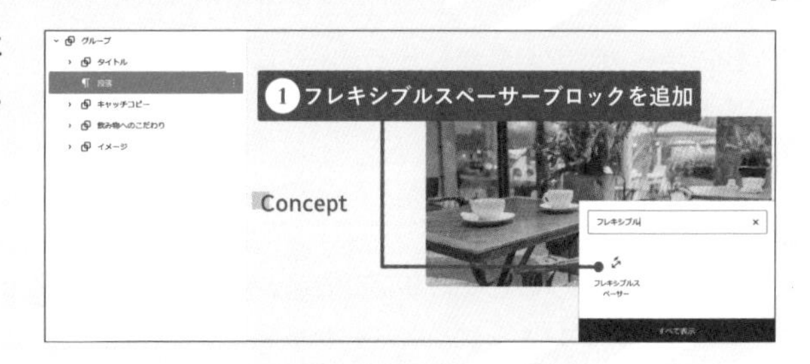

02 モバイル、タブレット、デスクトップについて高さを変更できます。右パネルより「高さ（デスクトップ）200px」「高さ（タブレット）100px」「高さ（モバイル）50px」に設定します。「マイナススペース」はすべてONにします。

03 これで画面幅に応じてタイトル部分とキャッチコピー部分に重なりが生まれます。プレビューで表示を確認してみましょう。

キャッチコピー部分と飲み物へのこだわり部分のネガティブマージンを設定する

ここは同じ量のネガティブマージンを設定するので、先のタイトル部分とキャッチコピー部分の間で利用したフレキシブルスペーサーブロックを複製して配置するだけです05。

05 フレキシブルスペーサーブロックを複製して次パートに適用

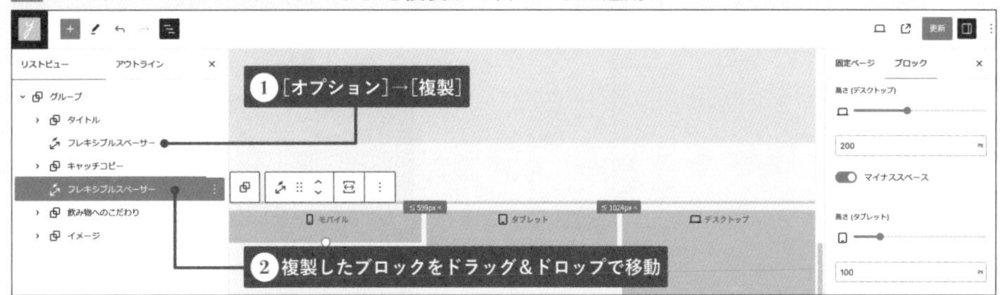

飲み物へのこだわり部分とイメージ部分のネガティブマージンを設定する

飲み物へのこだわり部分とイメージ部分は、デスクトップで表示する場合のみ、画像を上にずらすように設定します。

STEP

01 飲み物へのこだわり部分とイメージ部分の間にフレキシブルスペーサーブロックを配置します。

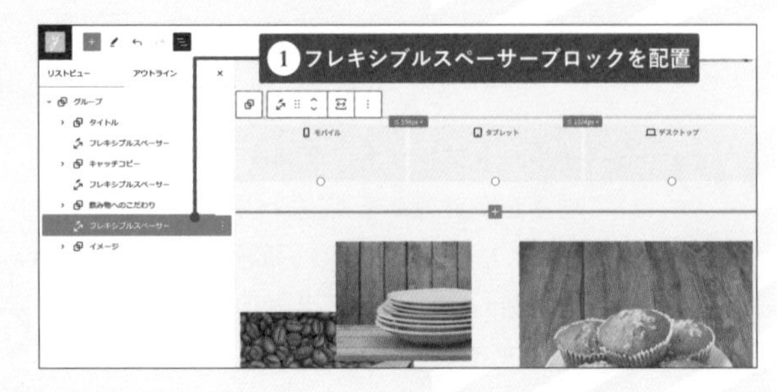

02 デスクトップのみ上にずらしたいので、「高さ（デスクトップ）」のみ100px設定してマイナススペースをONにします。他は0にします。

イメージ部分のカラムのマージンを設定する

イメージ部分ではカラムごとにフレキシブルスペーサーブロックを利用します。デスクトップで表示する際、左の画像は上に、右の画像は下にずれるように設定します。

STEP

01 ［ドキュメント概観］で「イメージ」の入れ子を開きます。画像ブロックを選択して［オプション］→「前に追加」で段落ブロックを追加します。これを両方の画像ブロックでおこないます。

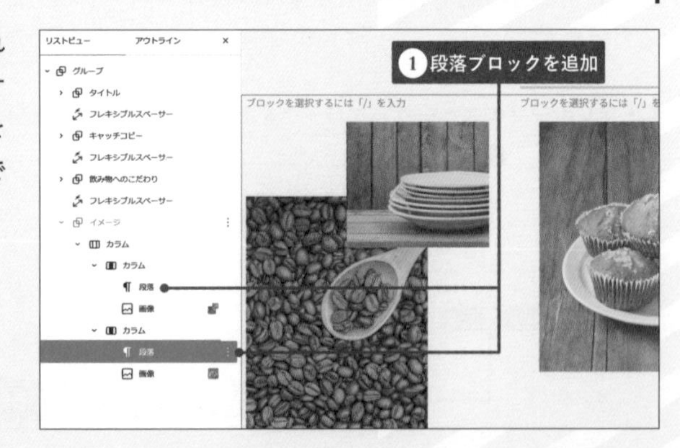

02 それぞれの段落ブロックをフレキシブルスペーサーブロックに変更します。

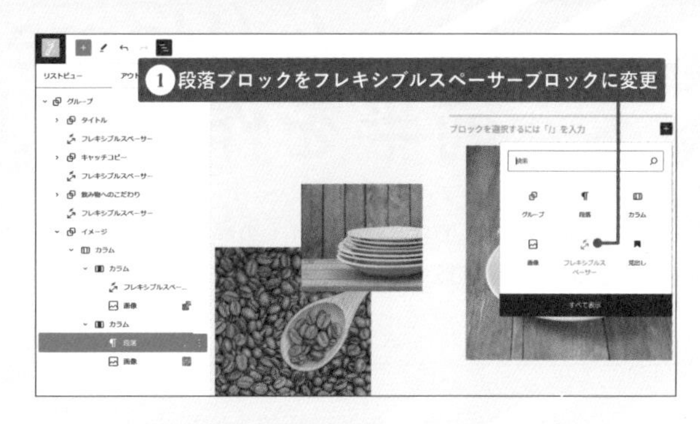

03 左フレキシブルスペーサーブロックを高さ（デスクトップ）のみを60pxに設定してマイナススペースをONにします。ほかは0に設定します。

04 右フレキシブルスペーサーブロックを高さ（デスクトップ）のみを180pxに設定してマイナススペースはOFFにします。ほかは0に設定します。

このように、フレキシブルスペーサーブロックを利用することで複雑なレイアウトも可能です。以降のパートもこれまでの手順を参考に作成してみてください。

ホーム(Home)ページの前半を作成しよう

ここでは、Webサイトの顔であるホームページを作成します。なお、ホームページの設定は長く複雑なので前半と後半にわけて解説します。

ホームページの設定について

まず、ホームページの設定について解説します。本書のサンプルサイトでは、サイトメニューで「Home」と表示されるものが、ホームページとなります。

WordPressのホームページ設定について

WordPressではホームページ設定というものがあります。この設定では、固定ページをホームページとして割り当てて利用します。まずはこの仕様を理解したうえで、設定方法について見ていきましょう。

WordPressのホームページ表示設定における、初期設定時と固定ページを設定した場合の内容一覧は01の通りです。

01 WordPressのホームページ設定について

種類	最新の投稿（初期設定）の場合	固定ページを設定した場合
ホームページで表示されるもの	最新の投稿一覧	選択された固定ページの内容
投稿ページで表示されるもの	なし	最新の投稿一覧

ブログサイトをWordPressで作成する場合は、ホームページ設定は初期設定のままとして、ホームページに最新の投稿一覧が表示されるようにします。

Webサイトのために WordPressを利用する場合は、ホームページに固定ページを設定して、投稿ページとして設定した固定ページに最新の投稿一覧が表示されるように設定します。本書では後者の設定をおこないます。

ホームページを設定する

まず、WordPressの［ダッシュボード］→［設定］→［表示設定］からホームページの設定をおこないます。次のように設定すると**ホームページは固定ページ「Home」が表示されます。一方、固定ページ「News」はこれまでのTOPページに表示されていた投稿一覧が表示されます。**

STEP

01 [ダッシュボード] → [設定] → [表示設定] をクリックします。

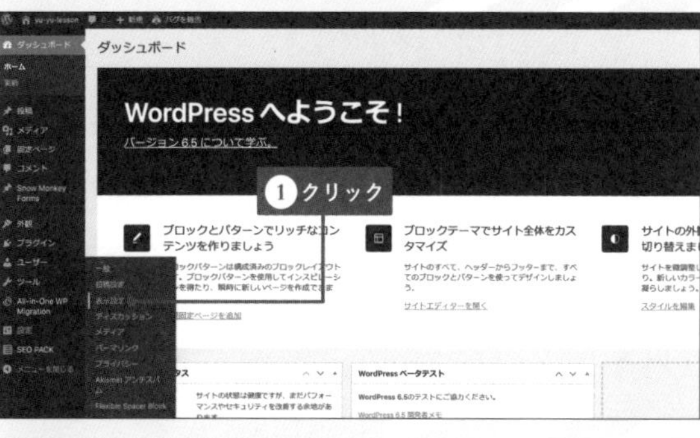

02 [ホームページの表示] で [固定ページ] のラジオボタンを選択します。続いて、[ホームページ] →「Home」、[投稿ページ] →「News」を設定します。

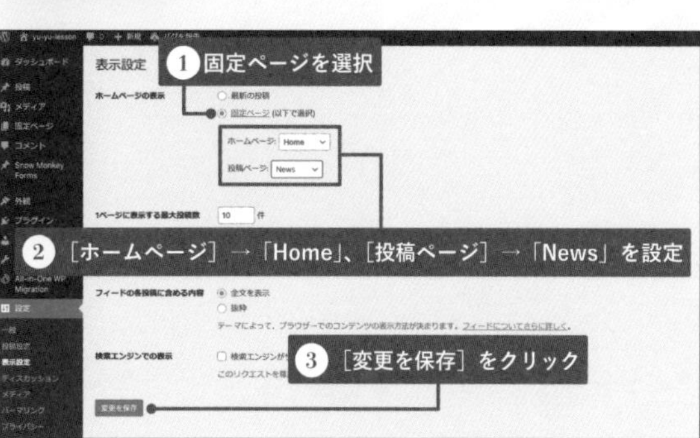

ホームページの作成

では、ホームページとして表示する「Home」を作成します。

テンプレート選択と全体グループを設定する

Homeページはコンセプトページで使用したテンプレート「Page No Title」を利用します。まず、仮登録した固定ページ「Home」を開き、テンプレートを変更します。

STEP

01 固定ページ「Home」の編集画面を表示し、右設定パネルから [テンプレート] → [テンプレートを入れ替え] を選択して、「固定ページ」から「Page No Title」に変更します。

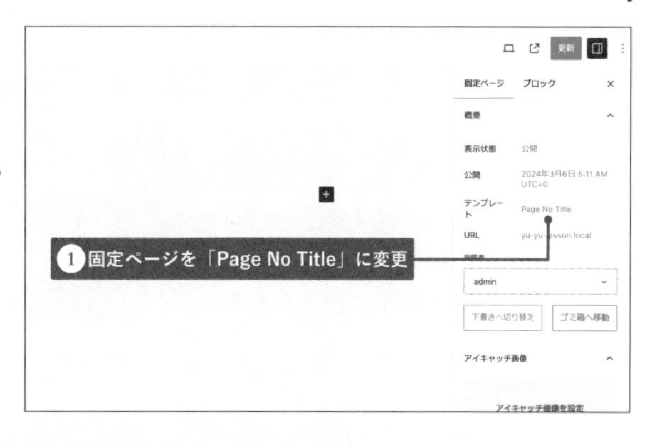

02

グループブロックを配置して幅を［全幅］に設定します。右設定パネルで［スタイル］→［ブロックの間隔］を「5」に設定します。

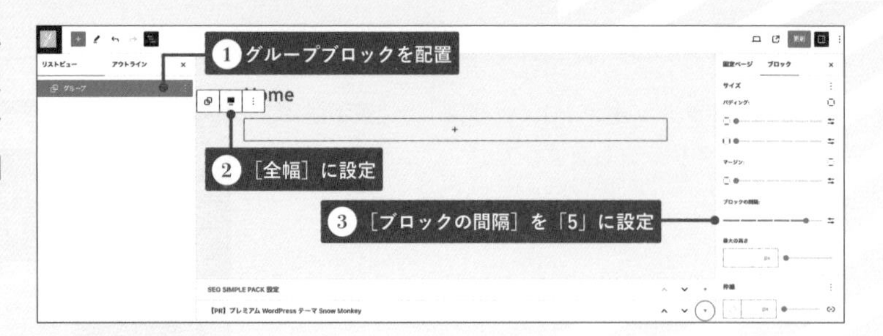

03

右設定パネルで［設定］→［コンテント幅を使用するインナーブロック］をOFFに設定します。

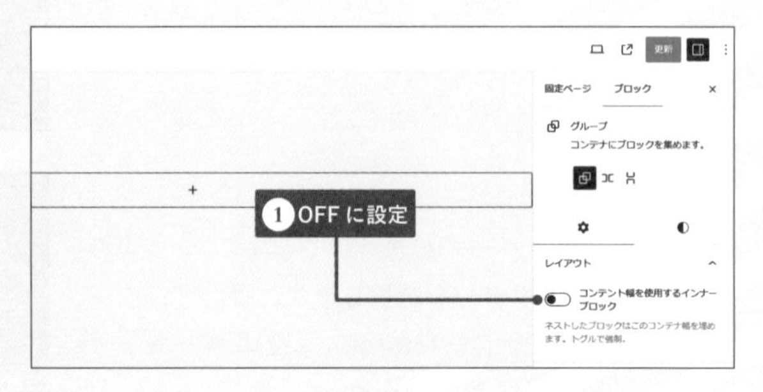

メインビジュアルエリアを作成する

ホームページのメインビジュアルエリアを作成します。メインビジュアルは左右に余白が設定されています。表示画面サイズが変わっても、この余白は一定となり、ビジュアルのサイズが変化します。また、ビジュアル内にはキャッチコピーが表示されています。このようなレイアウトには**カバーブロック**を使用します。

STEP

01

作成したグループブロック内に、さらにグループブロックを追加します。

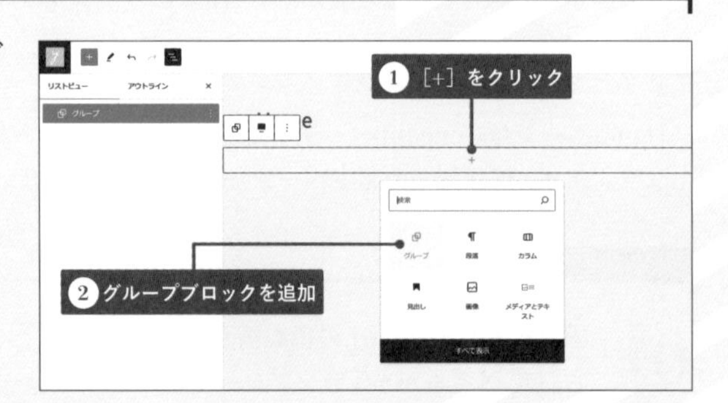

02

追加したグループの名称をMV（メインビジュアル）に変更します。こちらも［設定］→［コンテント幅を使用するインナーブロック］をOFFに設定します。

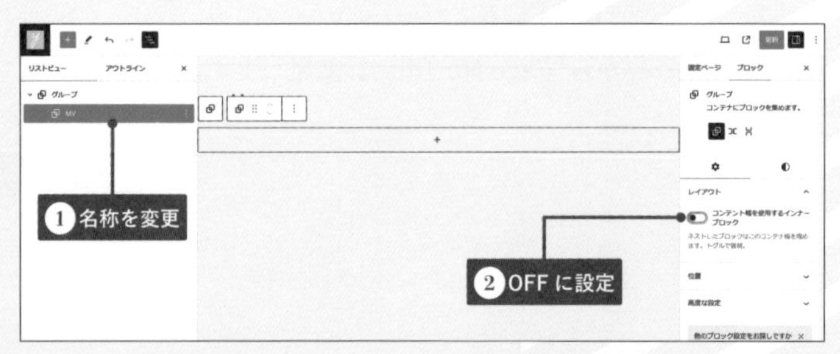

03 メインビジュアルのCSSを設定します。[高度な設定]→[追加CSSクラス]に「main-visual」を入力します。

MEMO
「main-visual」はメインビジュアルのテキスト位置をPC幅で変更するCSSを適用しています。

1 [追加CSSクラス]に「main-visual」を入力

04 右設定パネルの[スタイル]から左右のパディングを「4」に設定します。これがメインビジュアルの左右にある余白の設定になります。

1 左右のパディングを「4」に設定します。

05 MVグループの中に、さらにグループブロックを追加します。

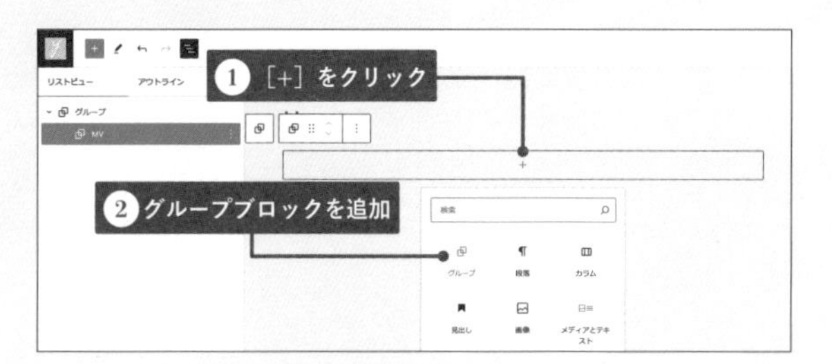

06 追加したグループブロックの中にカバーブロックを追加します。

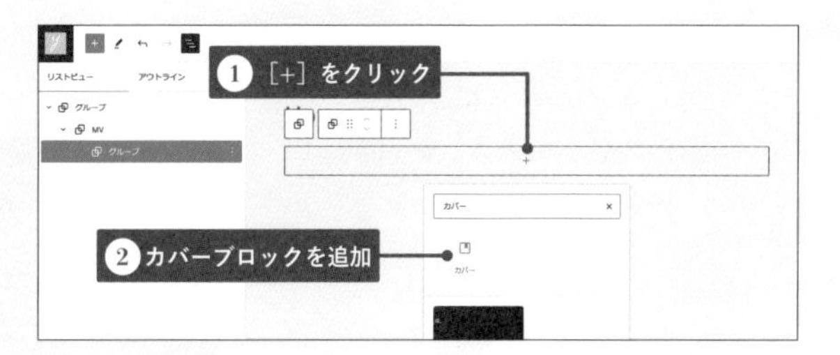

07 カバーブロックの幅を[全幅]に設定します。

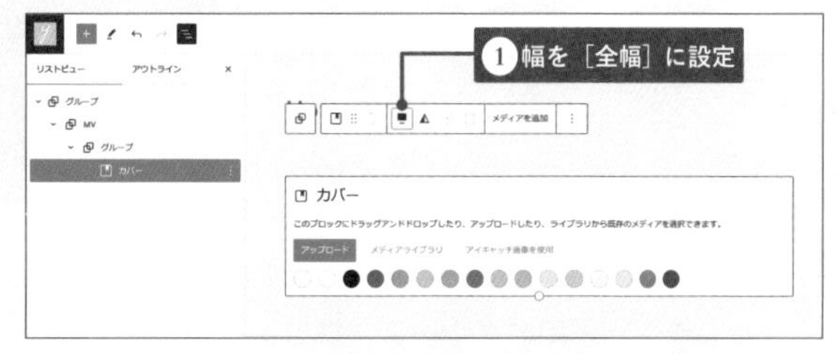

08 メディアライブラリから「top-mv.jpg」を選択します。

09

カバーブロックを選択して右設定パネルの［フォーカルポイント］を「左15% 上50%」に設定します。

10

［スタイル］タブでメインビジュアル上にあるテキストの色を「白（Base/Two）」にオーバーレイの不透明度を「0」に変更します。

11

［パディングオプション］で［下］を選択して、「4」を設定します。さらに、［カバー画像の最小の高さ］を「650」に設定します。

12

カバーブロックの中にキャッチコピー用のグループブロックを追加します。すでに段落ブロックがあるのでこれをグループブロックに変更します。今回はツールバーから変更します。

13 追加したグループブロックを幅広に設定します。

14 「タイトルを入力…」と表示されている箇所にテキストを入力して左寄せにします。文字サイズを「L」に設定します。

> MEMO
> 「タイトルを入力…」をクリックすると［ドキュメント概観］で段落ブロックとして表示されます。

Welcome to Cafe yu-yuエリアを作成する

メインビジュアルの下にあるコンセプトの紹介パートを作成します。

STEP

01 MVブロックの下の同じ階層にグループブロックを追加して、名称を「Welcome to Cafe yu-yu」に変更します。

02 「welcome to Cafe yu-yu」ブロックに追加CSSクラス「welcome」を設定します。

> MEMO
> welcomeを設定すると画像と重なるように表示される四角形の模様が表示されます。

03 [スタイル] タブでパディングの左右を「4」に設定します。

04 「Welcome to Cafe yu-yu」 ブロック内にグループブロックを入れて幅広に設定します。

05 入れ子のグループブロックに[メディアとテキスト(赤文字)]ブロックを追加して[画像カラムのサイズ]を「50%」に設定します。

06 右の画像カラムに[メディアライブラリ] から「top-coffee.jpg」を設定します。

07 左の「タイトルを書く…」の下にあるブロックをH2の見出しブロックにします。さらにその下に段落ブロックを追加します。

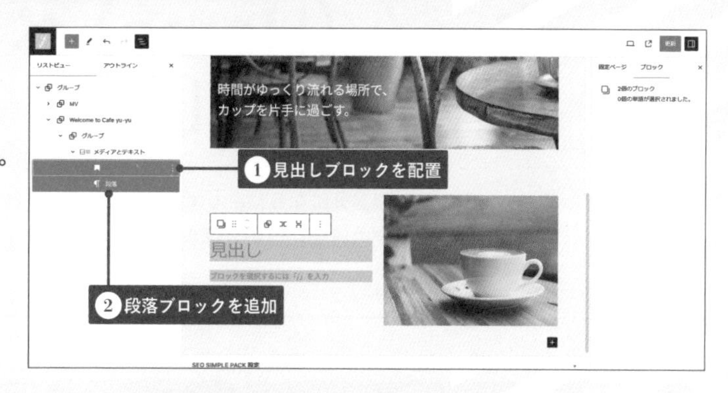

08 見出しブロックにテキスト「Welcome to Cafe yu-yu」を入力します。その後、文字サイズ「L」、追加CSSクラス「yu-page-title-square」を設定します。

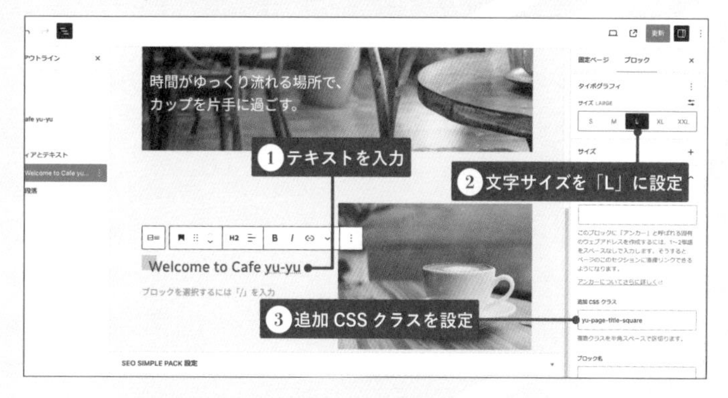

09 段落ブロックにテキストを入力します。

10 最後の一文「コンセプトをもっとみる」にConceptページへのリンクを設定します。

ホーム（Home）ページの後半を作成しよう

ホームページの後半部分になるMenuエリア、Newsエリア、Accessエリアを作成します。なお、Newsエリアの一部については次のLesson6で解説するので、ここでは空白とします。

ホームページの後半部分を作成する

ホームページの後半部分を作成していきます。基本的な手順はこれまでとほとんど同じなので、復習感覚で進めていってください。

Menuエリアを作成する

まずMenuエリアを作成します。作成手順は、P139にあるMenuページとほぼ同じです。

STEP

01 「Welcome to Cafe yu-yu」ブロックの下にグループブロックを追加して名前を「Menu」にします。

02 Menuブロックの中にグループブロックを追加して、配置「幅広」、背景色「yu-beige」、パディング上下左右を「4」、追加CSSクラス「top-menu」に設定します。

> MEMO
> 「top-menu」は左上と右下の飾りのCSSを適用しています。

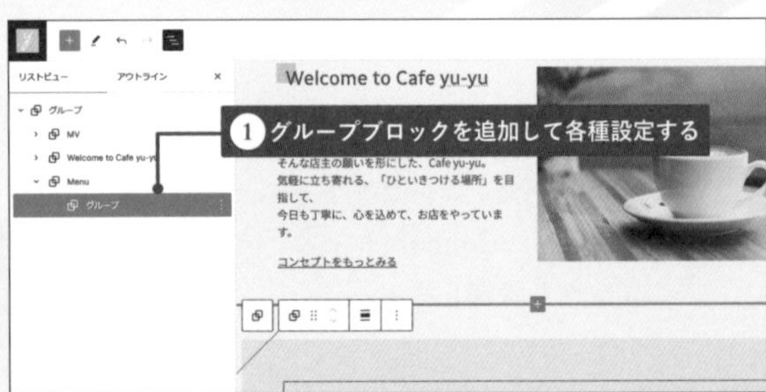

03 追加したグループブロックの中に見出しブロックを追加します。見出しレベル「H2」、テキスト「Menu」、配置「中央寄せ」、文字サイズ「L」、追加CSSクラス「yu-page-title-square」を設定します。

04 追加した見出しブロックの下にカラムブロック(100)を追加します。

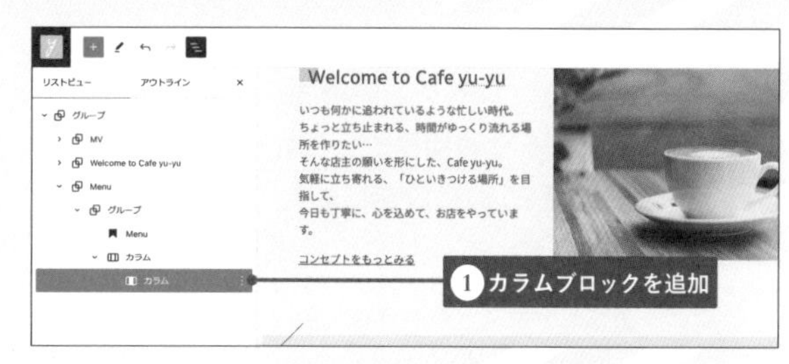

05 カラムブロック内に画像ブロックを追加します。画像「menu-cappuccino.jpg」を追加して配置を「中央揃え」にします。

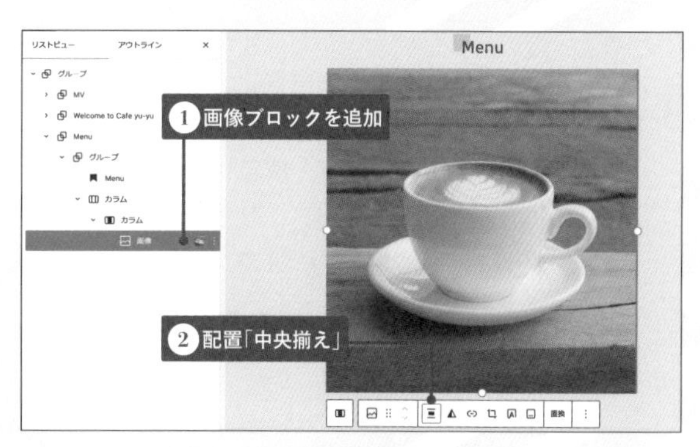

06 画像ブロックの下に見出しブロックを追加します。見出しレベル「H3」、配置「中央寄せ」、文字サイズ「M」、テキスト「コーヒー・紅茶」、太文字に設定します。

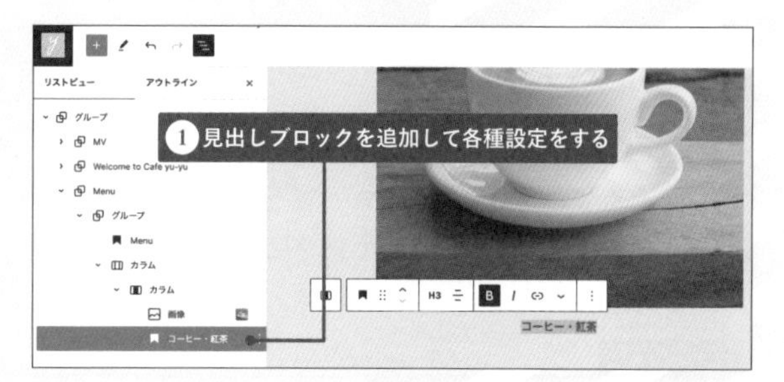

07 見出しブロックの下に段落ブロックを追加します。テキスト「こだわりの豆・茶葉を使い、1杯1杯丁寧に淹れています。」、配置「中央寄せ」を設定します。

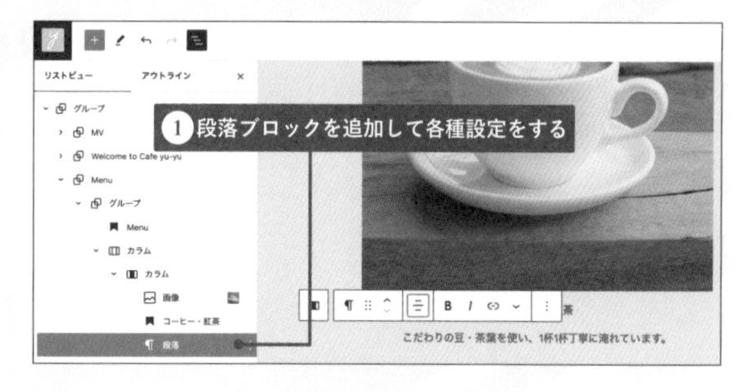

08 カラムブロックを2つ複製して3列にします。

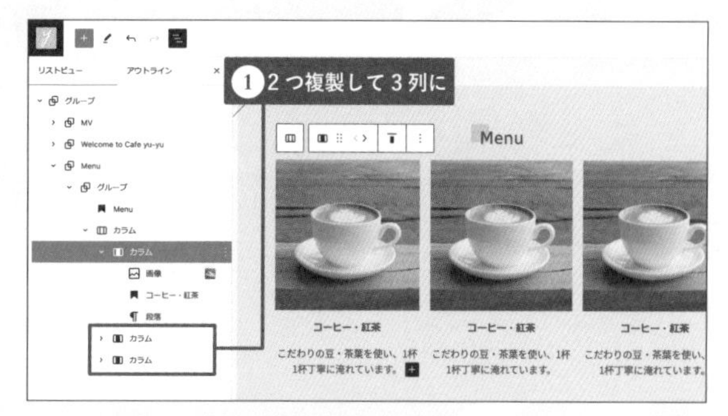

09

全体のカラムブロック（Menuの見出しブロックと同階層）の［ブロックの間隔］から左右の間隔を「3」に設定します。

MEMO
画像とテキストの内容は必要に応じて変更してください。

10

カラムブロックの下にボタンブロックを追加します。テキスト「メニュー一覧」、項目の揃え位置「中央揃え」、リンク「Menuページ」に設定します。

Newsエリアを作成する

続いてNewsエリアを作成します。なお、Newsエリアの一部はクエリーループブロックを使用して投稿の一覧を表示します。クエリーループブロックはLesson6で解説するので、その部分は空けておきます。

STEP

01

Menuブロックの下にグループブロックを追加して名前を「News」に変更します。

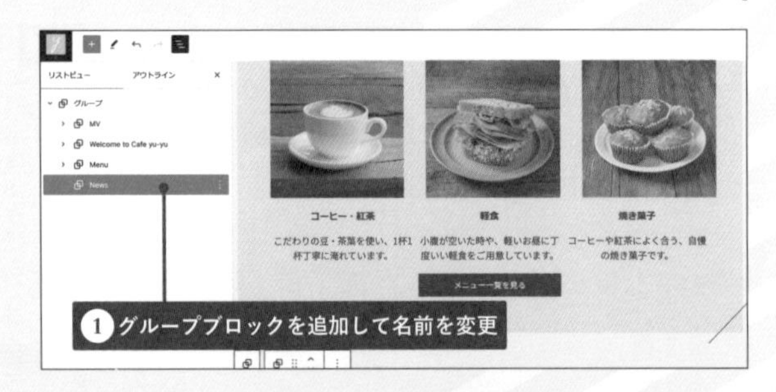

02

Newsブロック内にグループブロックを追加して幅広を設定します。

03 グループブロック内に見出しブロックを追加します。見出しレベル「H2」、テキスト「News」、テキストの配置「中央寄せ」、文字サイズ「L」、追加CSSクラス「yu-page-title-square」を追加します。

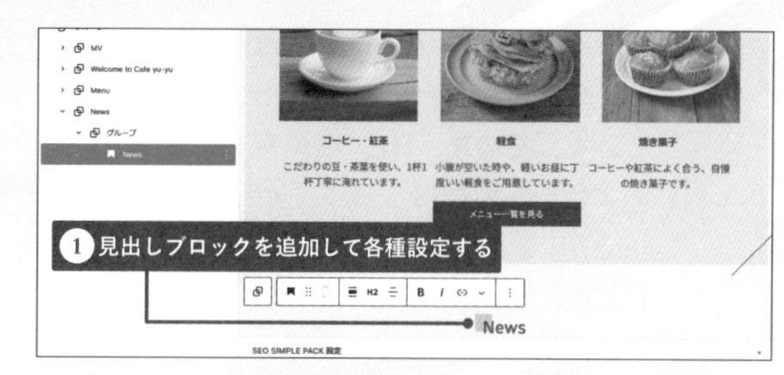

04 次の「ニュース一覧」のパートはLesson6で設定します。Newsエリアの最後にある「もっと見る」ボタンを設置します。見出しブロック「News」の下にボタンブロックを追加して「もっと見る」を入力します。さらに「中央揃え」とリンク先「Newsページ」を設定します。

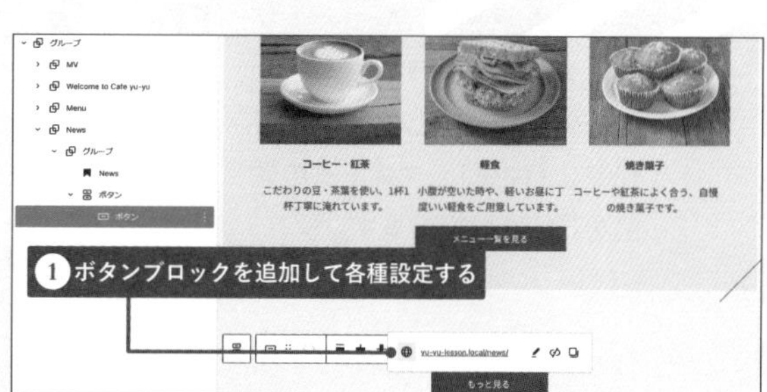

Accessエリアを作成する

Accessエリアを作成します。ここはP136で作成したAccessページの手順とほぼ同じです。

STEP

01 Newsブロックの下にグループブロックを追加して名前を「Access」に変更します。

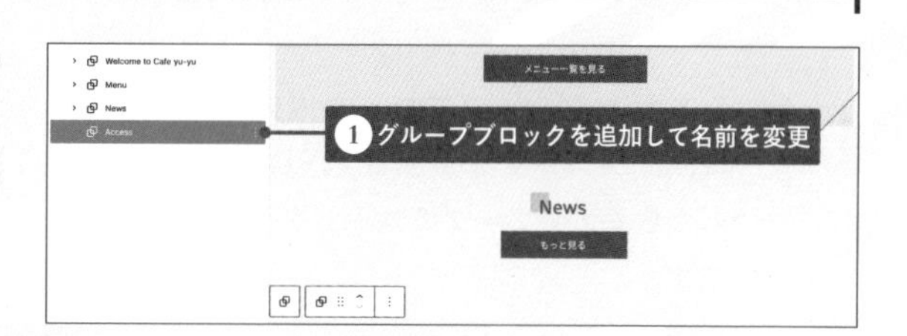

02 Accessブロックの背景を「yu-light-green」、上下左右のパディングを「4」に設定します。

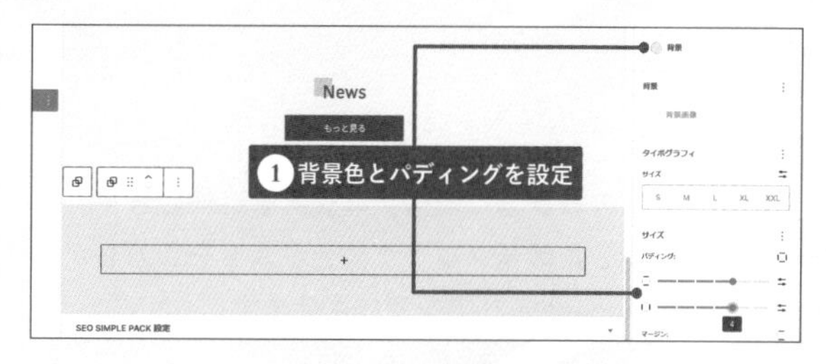

03 Accessブロック内にグループブロックを追加します。

04

追加したグループブロック内に見出しブロックを入れ、テキスト「Access」を入力します。その後、H2、中央寄せ、文字サイズL、追加CSSクラス「yu-page-title-square」を、ブロックの間隔を「3」に設定します。

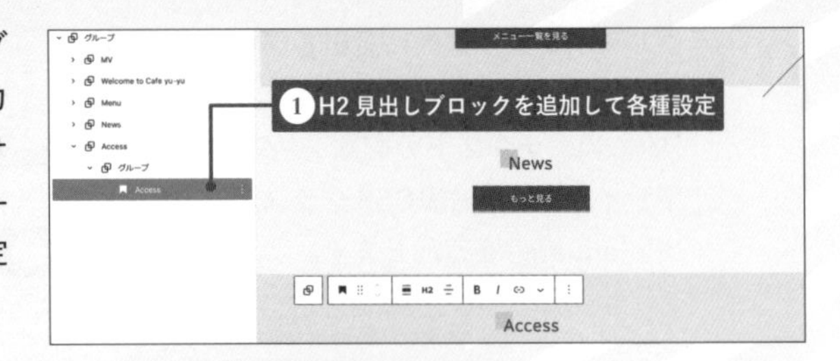

05

追加した見出し（Access）ブロックの下にカラムブロック（50/50）を追加します。垂直配置を「中央」、ブロックの間隔を「3」に設定します。

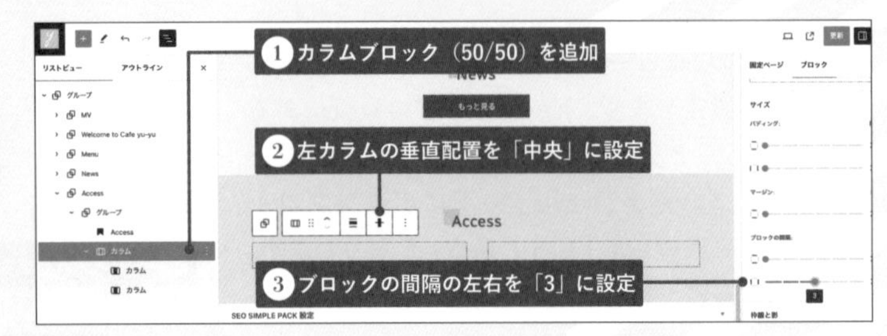

06

左側のカラムにグループブロックを追加します。追加CSSクラスで「iframe-container」を設定します。

MEMO
「iframe-container」はP138と同様に、埋め込んだGoogleマップをレスポンシブ対応にするCSSを適用します。

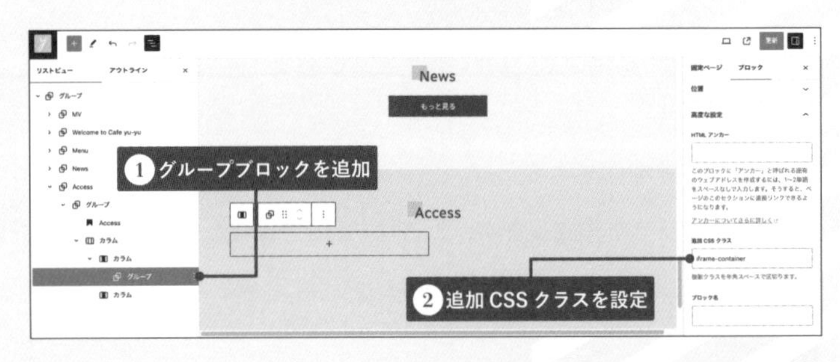

07

追加したグループブロック内にカスタムHTMLブロックを追加して、P136で取得したGoogleマップのコードをペーストします。

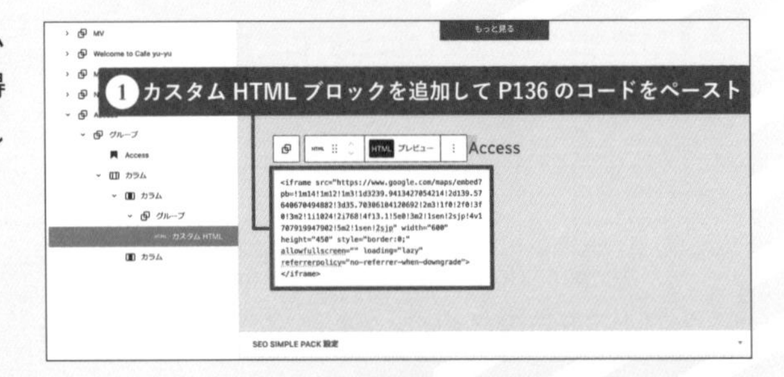

08

右側のカラムに段落ブロックを追加します。追加した段落ブロックにテキストを入力してAccessエリアを完成させます。

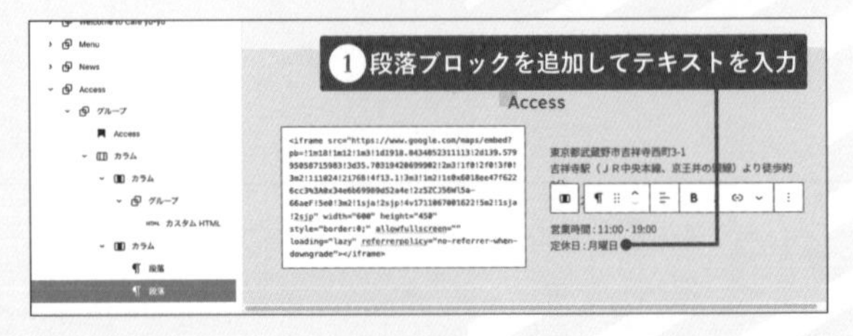

これでNews以外のホームページが完成しました。Newsには投稿の一覧を表示するため、次のLessonで詳しく解説していきます。

Lesson 6

クエリーループブロックを活用する

主に記事の一覧を表示するために利用するクエリーループブロックはとても強力で重要なブロックです。これを利用して、各アーカイブテンプレートとHomeテンプレートに一覧を表示します。

クエリーループブロックの基本を理解しよう

前Lessonで空白としたNewsエリアはコンテンツを繰り返し表示するクエリーループブロックを利用します。まずは、クエリーループブロックの基礎を理解しましょう。

クエリーループブロックを利用した記事の表示

クエリーとは「問い合わせる」などの意味を持ちます。**WordPressにおけるクエリーはデータベースへのリクエストを指します。**

たとえば、「スラッグ『Menu』の固定ページを表示せよ」というクエリーに対して、WordPressはデータベースからMenuの固定ページのデータを取り出します。また、**「投稿一覧を表示せよ」というクエリーに対しては、データベースから各投稿のタイトル、アイキャッチ画像、本文の抜粋といったデータを取り出す処理を繰り返して一覧表示します。この繰り返しをループと呼びます**が、WordPressのクエリーループブロックは、単体のページ表示と一覧の表示の両方の処理を実施します01。

01 クエリーループブロックの役割

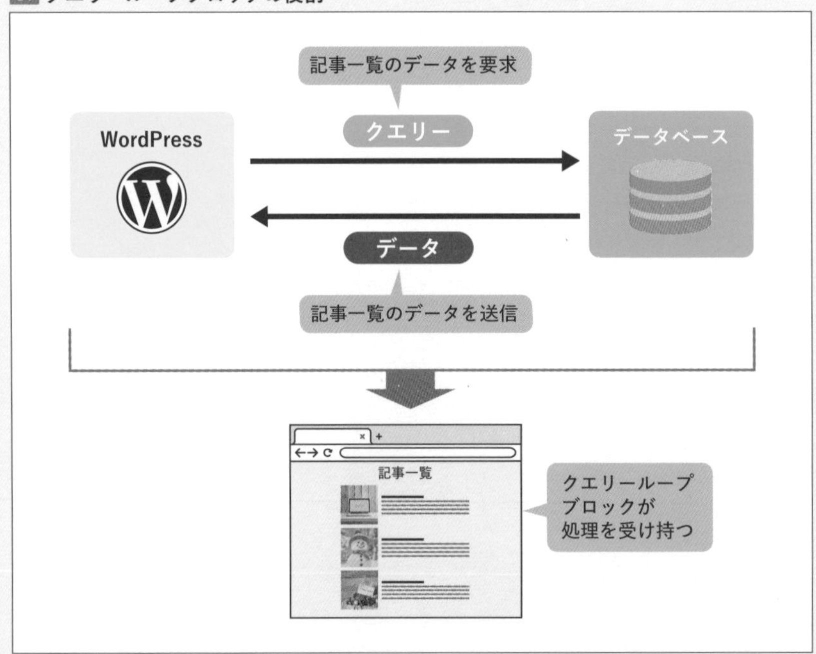

クエリーループブロックの基本構成

WordPressのクエリーループブロックは02のような基本構成を持ちます。それぞれのブロックが持つ役割は03のようになります。

02 クエリーループブロックの基本構成

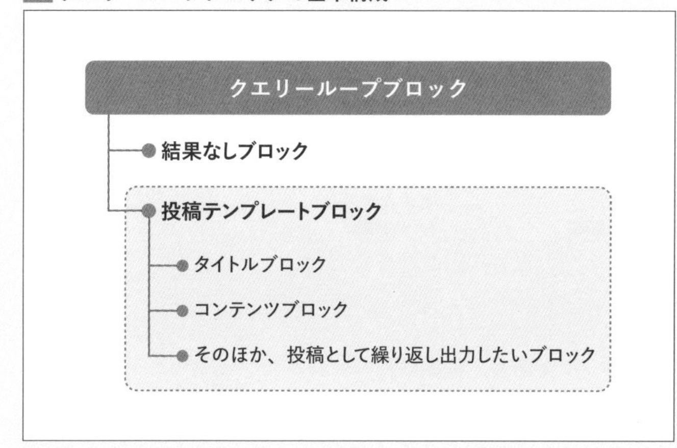

03 クエリーループブロックを構成するブロックの種類

ブロック名	役割
クエリーループブロック	表示しているURLのテンプレートで設定されているクエリー、もしくはカスタマイズされたクエリーを元に情報を取得する
結果なしブロック	クエリーループブロックによるクエリーに該当する投稿がない場合に表示されるブロック
投稿テンプレートブロック	クエリーループブロックによるクエリーに該当する投稿を一つずつ取り出し、出力するためのテンプレート

すべてのアーカイブテンプレートにおける投稿テンプレート内を確認する

［ダッシュボード］→［外観］→［エディター］→［テンプレート］と進むと、テンプレート一覧に［すべてのアーカイブ］という項目が表示されます。**このテンプレートには［クエリーループ］が設定されています。**なお、［すべてのアーカイブ］テンプレートの投稿テンプレート内は04のような構成となっています。

04 すべてのアーカイブテンプレートの構成

この中のPost Metaブロックは同期パターンブロックであり、投稿詳細ページの設定（P131）で操作したものがこちらでも利用されています。そのため、すでにおこなったカスタマイズが反映されています。また、クエリーループブロックにより、取得された複数の記事で、投稿テンプレート部分が繰り返し処理され表示されているのがわかります**05**。

MEMO
同期パターンブロックとは、投稿や固定ページをまたいで再利用できるブロックのことです。

05 サンプルサイトにおけるクエリーループブロックの表示

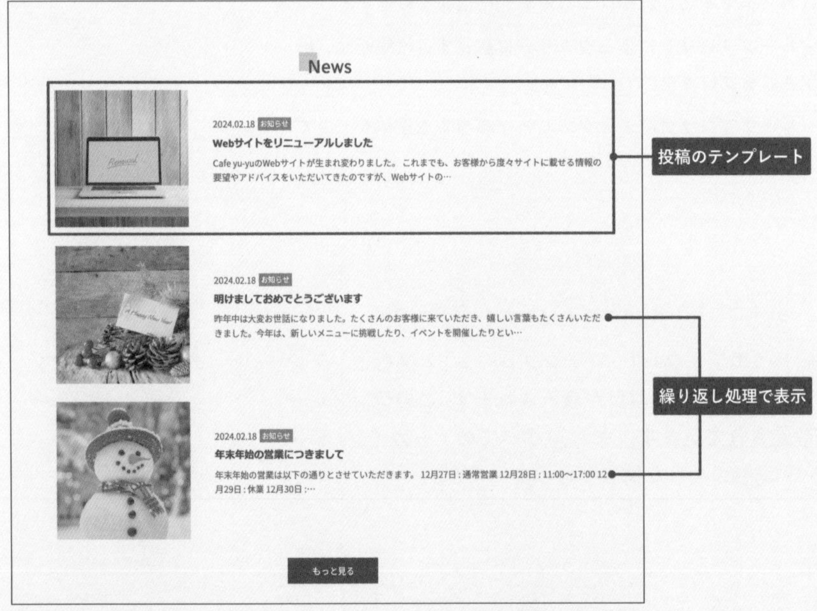

個別投稿の内容を取得して投稿のテンプレートを表示。それを繰り返し処理することにより一覧で表示します。

メインクエリーについて

どのページにどのテンプレートが対応するかは、ページの種類ごとに割り振られたURLによって決まります。たとえば、記事一覧を表示するURLなら「すべてのアーカイブ」、固定ページのURLなら「固定ページ」となります。また、テンプレートごとに取得するデータが異なります。このように、**URLとテンプレートによって決定している情報の取得は「メインクエリー」と呼ばれます。**主なテンプレートと取得できる投稿（データ）は06の通りです。

06 主なテンプレートと取得できる情報

テンプレート	取得される投稿（データ）
すべてのアーカイブ	カテゴリーやタグ、投稿者別など、該当する条件にあった記事の一覧
ブログホーム	すべての投稿の一覧
ページ: 404	見つからないURLのため取得できるデータはなし
検索結果	検索キーワードにヒットした記事の一覧
個別投稿	該当のURLの記事1件
固定ページ	該当のURLの固定ページ1件
インデックス	URLにおいて、該当するテンプレートが他にない場合に、必ず利用されるため、取得できる投稿の可能性は「すべて」

サブクエリーについて

メインクエリーとは異なる条件で、投稿の一覧を取得したい場合があります。たとえば、「トップページに特定のカテゴリーの記事一覧を表示したい」「記事詳細の下部に関連の記事を表示したい」などがそれに当たります。その場合には、**メインクエリーとは異なる情報を取得するために、独自にクエリーを作成する必要があります。これをサブクエリーと呼びます**07。

07 メインクエリーとサブクエリー

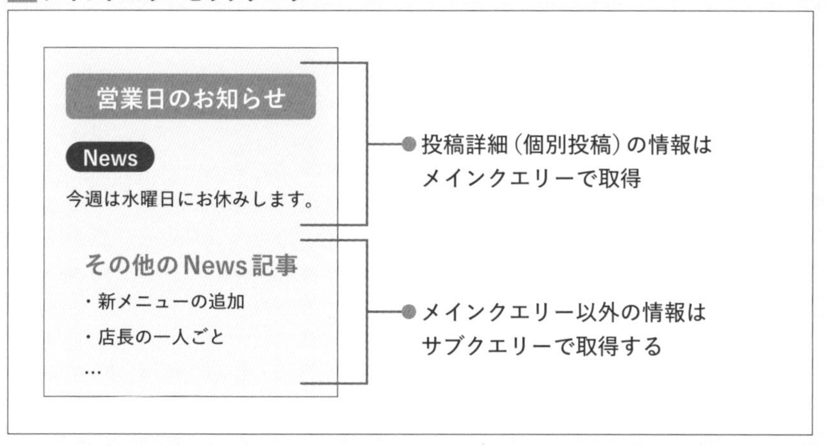

メインクエリーとサブクエリーの切り替え

クエリーループブロックにおけるメインクエリーとサブクエリーの切り替えは、設定パネルの［テンプレートからクエリーを継承］でおこないます08。その他の設定については以下を参考にしてください。

08 クエリーループブロックの設定

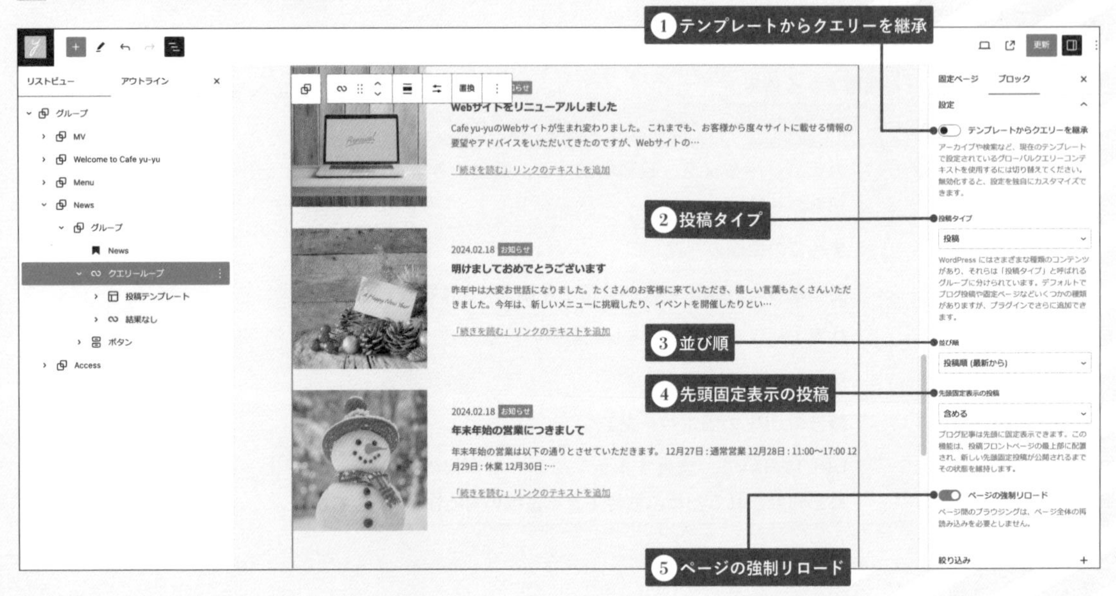

1 テンプレートからクエリーを継承

ONにするとメインクエリーが発行されて、投稿ページの場合は投稿ページ自身の、固定ページの場合は固定ページ自身の情報が表示されます。OFFにするとサブクエリーに切り替わり［投稿タイプ］で設定したページの情報が表示されます。本サイトでは投稿をNewsとしてホームページで表示するので設定はOFFになります。

2 投稿タイプ

表示する投稿のタイプを選びます。「投稿」と「固定ページ」が選択できます。この選択項目はプラグインなどで追加が可能です。

3 並び順

表示する投稿の並び順（投稿順、アルファベット順など）を設定します。

MEMO
②～④の設定項目は、「テンプレートからクエリーを継承」をOFFにすると表示されます。

4 先頭固定表示の投稿

先頭に固定表示するように設定した投稿を含めるかどうかを設定します。なお、「先頭に固定表示」の設定は［投稿一覧］→［クイック編集］→［この投稿を先頭に固定表示］でおこないます。

5 ページの強制リロード

OFFにすると異なるページ間での切り替えが生じる際に、ページ全体の再読み込みをしなくても必要なコンテンツが動的に読み込まれるようになります。

Column

最新の投稿ブロックについて

クエリーループブロックと同じように投稿を呼び出して表示するブロックとして、最新の投稿ブロックがあります 01。

クエリーループブロックでは、より柔軟にクエリーや表示する内容について多彩なカスタマイズが可能です。ただ、カスタマイズが多彩ということは、それだけ設定に知識が必要です。一方、最新の投稿ブロックは、設定項目がシンプルなため手軽に利用できます。表示したい内容が最新の投稿ブロックで足りる場合は選択肢として持っておくとよいでしょう。

01 最新の投稿ブロック

02 すべてのアーカイブテンプレートを編集しよう

投稿の一覧を表示する「すべてのアーカイブ」テンプレートをカスタマイズして他のテンプレートでも再利用できるように設定します。このカスタマイズしたテンプレートを利用してホームページのNewsパートを作成します。

すべてのアーカイブテンプレートのカスタマイズ

Twenty Twenty-Fourは用意されているテンプレートが数多くあります。たとえば、「インデックス」、「すべてのアーカイブ」、「ブログホーム」、「検索結果」は投稿の一覧を表示するテンプレートです。**今回は投稿の一覧を表示するテンプレートのなかで、もっとも汎用的な「すべてのアーカイブ」テンプレートをカスタマイズして他のテンプレートでも利用できるようにします。**

まず事前の準備として、一覧で表示する投稿を作成しておきましょう。投稿が3つ以上あればOKです 01。

01 一覧表示用の投稿を作成

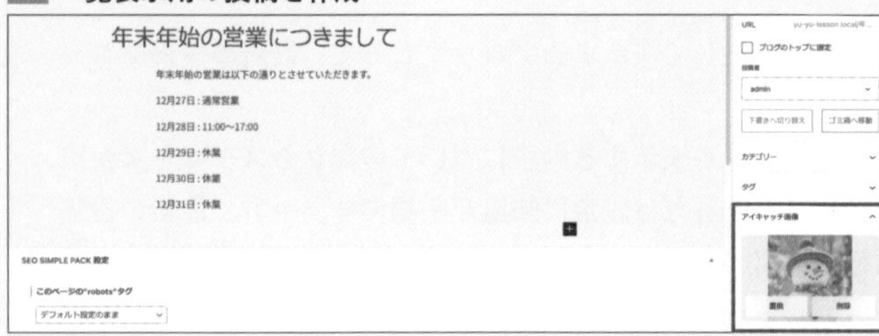

一覧表示ではアイキャッチ画像が表示されるので必ず登録しておきましょう。

すべてのアーカイブテンプレート編集画面にアクセスする

これまでと同様に、[ダッシュボード]→[外観]→[エディター]→[テンプレート]→[すべてのアーカイブ]→[鉛筆アイコン]ですべてのアーカイブテンプレートの編集画面を表示します。編集画面を表示すると、事前に作成した投稿が一覧で表示されます 02。

02 すべてのアーカイブテンプレート

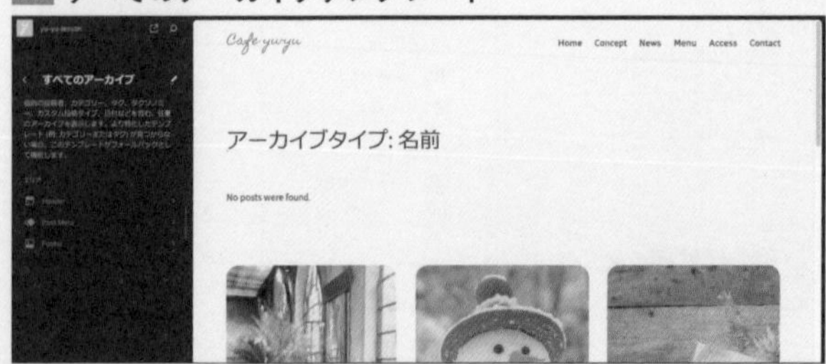

STEP

01 ［リスト表示］から一番外側のグループブロックを選択して［スタイル］タブから［パディングオプション］→［カスタム］を選択します。

02 パディングの上を「1」、下を「5」に設定します。

アーカイブタイトルブロックを設定する

テンプレートで使用されているアーカイブタイトルブロックを調整して見栄えを他のページに揃えます。

STEP

01 グループブロック内にあるアーカイブタイトルブロックを選択します。続いてツールバーの［配置］から「なし」を選択します。右設定パネルで［タイトルにアーカイブタイプを表示］をOFFに設定します。

MEMO
［タイトルにアーカイブタイプを表示］をOFFにするとアーカイブタイトルブロックの表示が「アーカイブタイプ：名前」から「アーカイブタイトル」になります。

02 デフォルトの「アーカイブタイトルブロック」にはパディングが上「5」に設定されており上部に余白があります。これを「0」にします。

03 右設定パネルの［高度な設定］→［追加CSSクラス］に「yu-page-title-border yu-page-title-square」を追加します。

クエリーループブロックを設定する

いよいよクエリーループブロックを利用できるように設定します。なお、**クエリーループブロックは、デフォルトでURLごとに表示される投稿が変わるメインクエリーが利用できる**ようになっているので、ここではレイアウトの微調整と確認が基本となります。

STEP

01 クエリーループブロックを選択して［テンプレートからクエリーを継承］がONになっていることを確認します。最後に、ツールバーから［配置］を「なし」に設定します。

結果なしブロックを設定する

表示する投稿がなかった場合に「(表示する投稿が) 見つかりませんでした。」と表示させるブロックを設定します。すでに用意されている「結果なし」ブロックにテキストを入力します。

STEP

01 「結果なし」ブロック内の「段落ブロック」を選択してテキスト「見つかりませんでした。」と入力します。

投稿テンプレートブロックを設定する

続いて、結果なしブロックの下にあるグループブロックを開き、投稿テンプレートブロックを表示します。投稿テンプレートブロックは、投稿のアイキャッチブロックと縦積みブロックで構成されており、これが繰り返し表示されて投稿一覧となります。なお、デフォルトのレイアウトは3列ごとに表示が繰り返されています。これをサンプルサイトのように縦並びに変更します。

STEP

01 投稿一覧を縦並びに変更します。ツールバーから［グリッド表示］を［リスト表示］に変更します。

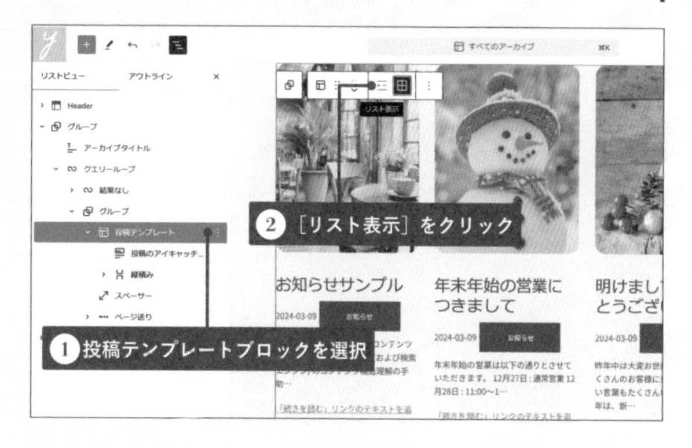

02 投稿がリスト（縦並び）で表示されます。続いて投稿一覧のレイアウトを、デフォルトの上画像・下テキストから、左画像・右テキストに変更します。「投稿のアイキャッチ」ブロックの上にカラムブロックを（50/50）で追加します。

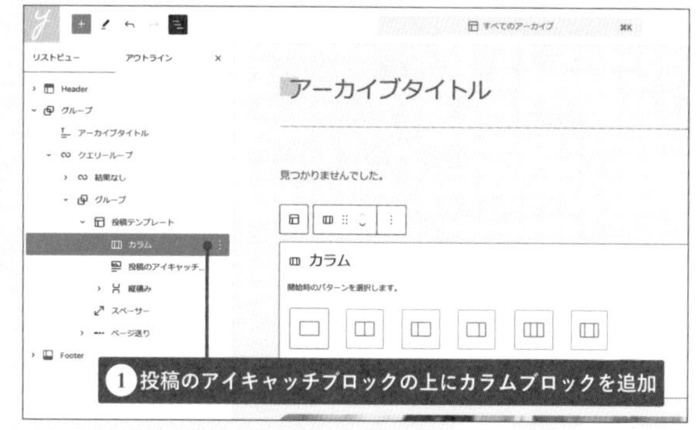

03

既存の投稿一覧から新しいカラムへとコンテンツを移動させます。まず、投稿のアイキャッチブロックを1つ目（左側）のカラム内へとドラッグ&ドロップしてアイキャッチ画像を移動させます。

04

同様に、縦積みブロックを右カラム内へとドラッグ&ドロップします。

05

親カラム（投稿テンプレート直下）を選択してツールバーから［垂直配置］を「中央揃え」に変更します。

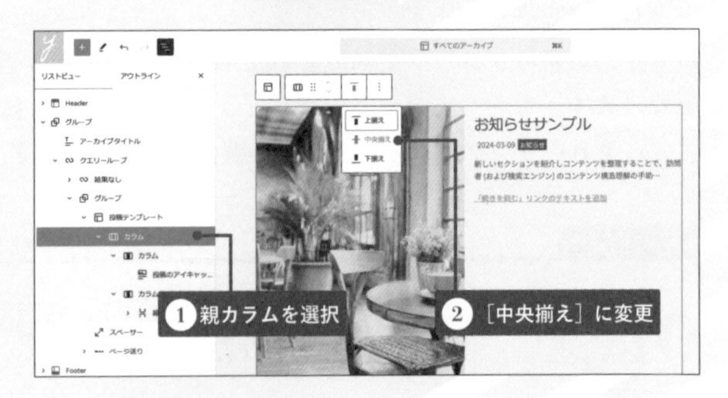

MEMO
親カラムを変更すると、すべての投稿にレイアウトの変更が反映されます。

06

右設定パネルの［スタイル］タブから［ブロックの間隔］を上下「1」左右「3」に設定します。

07

アイキャッチ画像のサイズを調整します。左カラムを選択して右設定パネルの幅を24%に設定します。

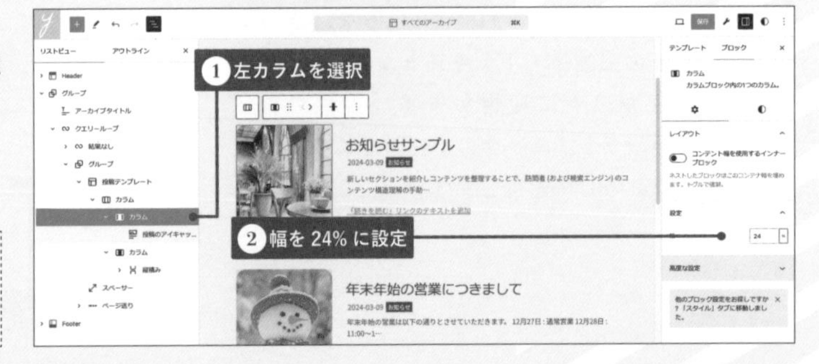

MEMO
幅を設定する際は、単位を「%」に変更してください。

08

アイキャッチ画像の位置を調整します。投稿のアイキャッチ画像ブロックを選択して、パディングを下「0」、アスペクト比「正方形」、角丸「0」に設定します。

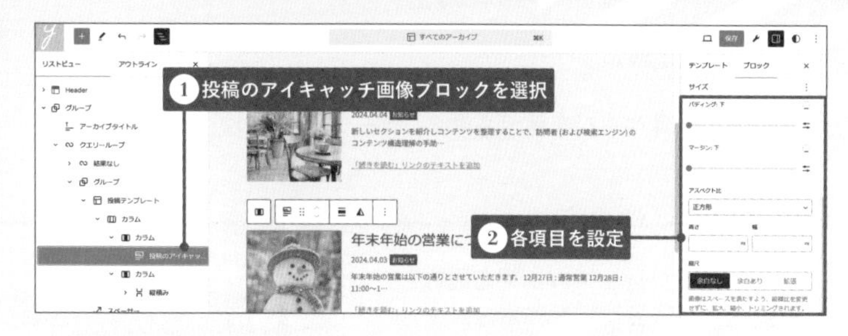

09

投稿日やカテゴリの表示をタイトルの上に移動させます。縦積みブロックを開き、Post Metaブロックをタイトルブロックの上に移動させます。

> 注意
> ［リスト表示］からのドラッグ&ドロップでは、Post Metaブロックが移動できないケースがあります。その場合は、タイトルブロックを下に移動させてください。

10

タイトルブロックを調整します。文字サイズ「M」、［タイポグラフィオプション］→［外観］→「ボールド」に設定します。続いて［高さ］を「フィット」にします。

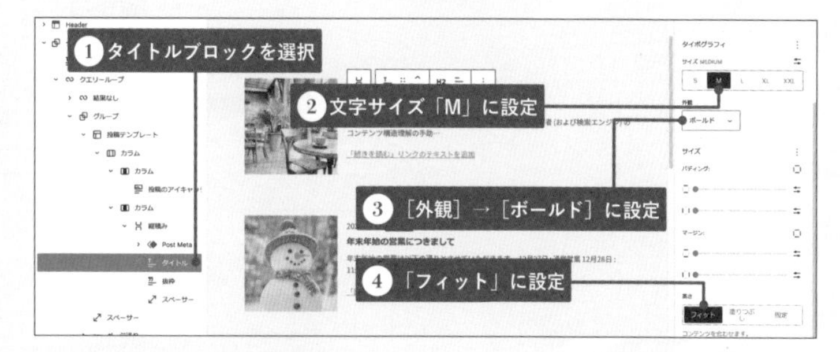

11

投稿のテキストの抜粋を表示する抜粋ブロックを調整します。［リンクを新しい行に表示］を「OFF」にして、抜粋テキストに続いてリンクを表示するようにします。また、最大文字数を「80」文字に増やします。

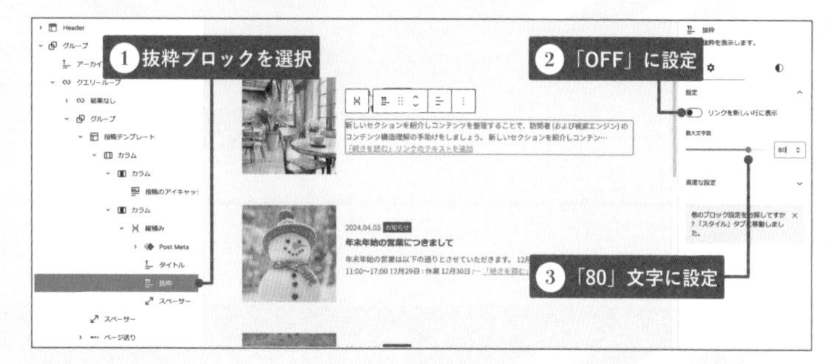

12

最後に、スペーサーブロックを削除します。

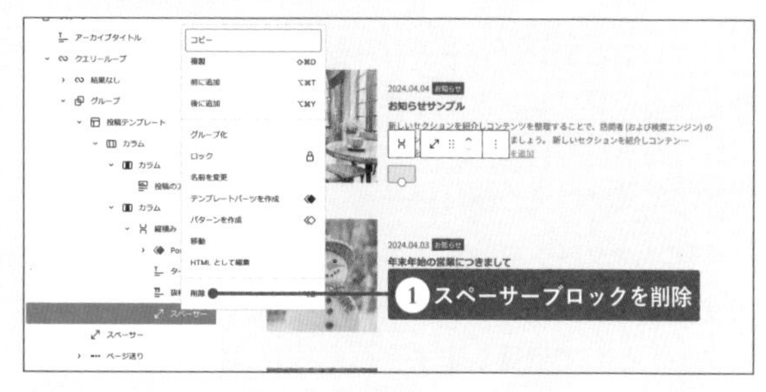

ページ送りを設定する

次の投稿一覧ページを表示させる「ページ送り」の設定をします。

STEP

01 ページ送りブロックを選択します。右下の［+］ボタンをクリックするとページ送りに関連するブロックが表示されます。ここで、ページ番号ブロックを選択します。

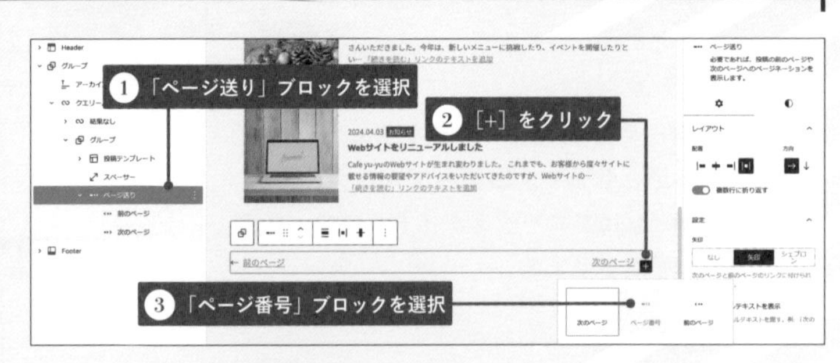

02 ツールバーの［左に移動］をクリックして位置をあわせます。

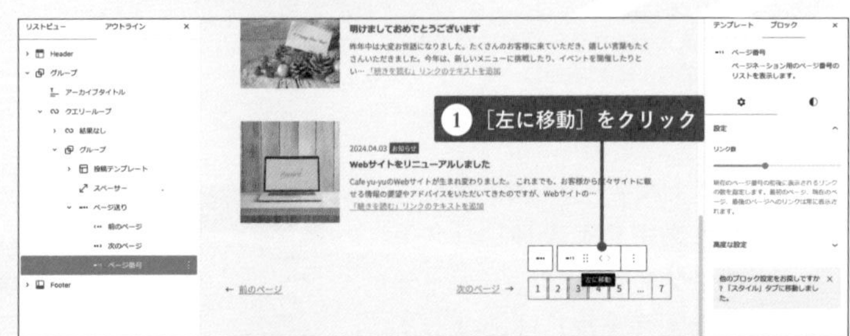

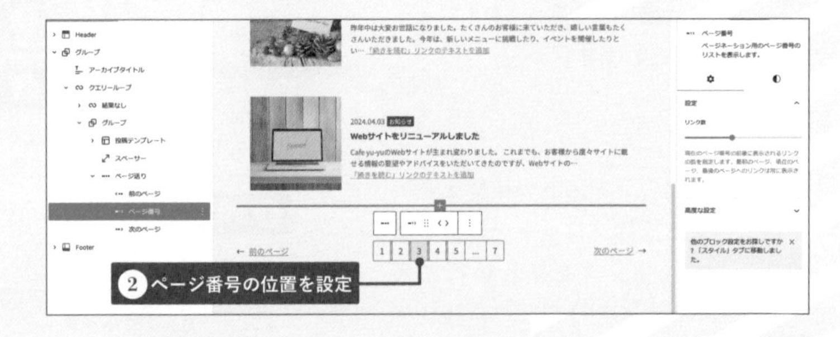

クエリーループ内のブロックのパターンとテンプレートパーツを登録する

パターンとテンプレートパーツを活用して、作成したクエリーループ内のブロックを他のテンプレートでも共用利用できるようにします。

投稿テンプレートの繰り返し部分のパターンを作成する

今回、パターンを作成するのは「投稿テンプレート」内にある「カラム」ブロックです。このカラムブロックは投稿一覧の1ブロックのパーツとなります。これをパターンとして登録します。

STEP

01 登録する「カラム」ブロックを選択します。[オプション]→[パターンを作成]をクリックします。

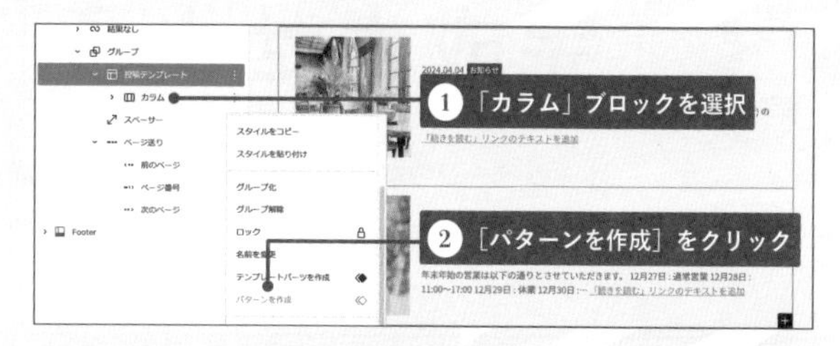

02 名前とカテゴリーを登録します。今回は名前を「投稿アイテム」、カテゴリーを「マイパターン」とします。

MEMO
[生成] をクリックする前に、同期がONになっていることを確認してください。

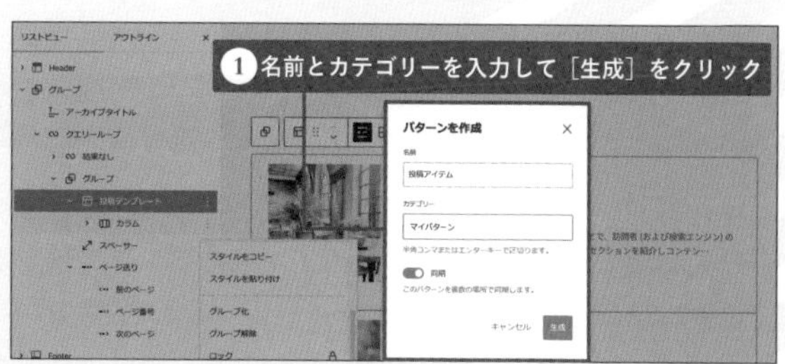

アーカイブ用のテンプレートパーツを作成する

先ほど作成した「投稿アイテム」は投稿一覧の一部のみでした。ここでは、投稿一覧全体のブロックをテンプレートパーツとして登録します。

STEP

01 クエリーループブロックを選択して [オプション]→[テンプレートパーツを作成] をクリックします。

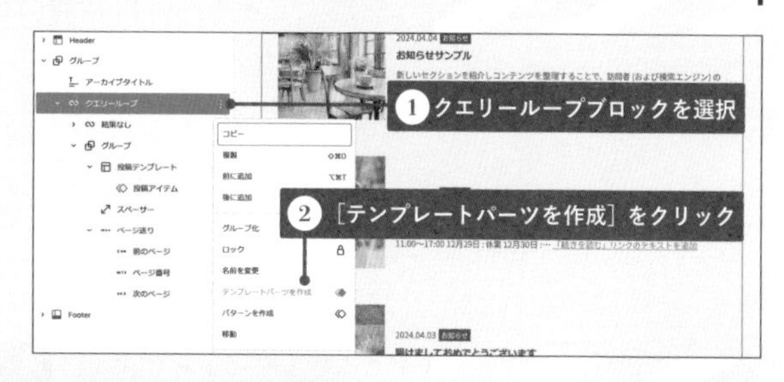

02 名前に「マイクエリーループ」と入力して [生成] をクリックします。

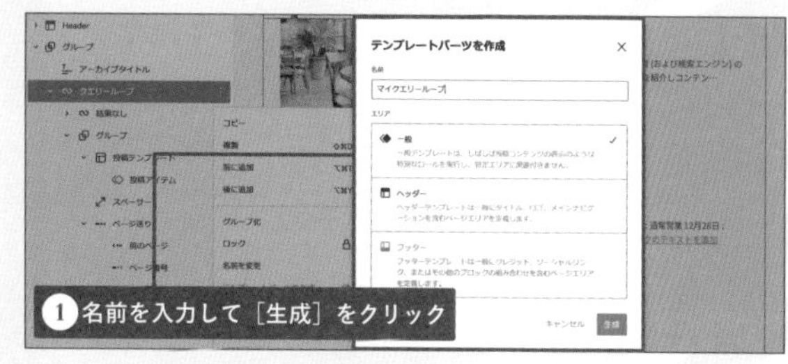

これでクエリーループブロックに関するパターンとテンプレートパーツが完成しました。次は、ここで作成したパターンとテンプレートパーツを利用してホームページを完成させます。

03 ホームページを完成させよう

ホームページで空いていたNewsパートを完成させます。まずは、今後使用する可能性があるテンプレートを、作成したマイクエリーループのテンプレートパーツを利用して設定します。

ブログホームテンプレートのカスタマイズ

ホームページを作成する前に、他のページや後々にページを追加するような場合にも利用できるように、アーカイブ系のテンプレートを設定します。

まず。テンプレートの「ブログホーム」をカスタマイズします。なお、**ブログホームテンプレートはホーム（フロント）ページ、もしくは［表示設定］で設定した投稿ページで利用されます。**今回は投稿ページとして設定したNewsの固定ページにて利用されます。

STEP

01 作成済みの「すべてのアーカイブ」ページより、グループブロックを［オプション］→［コピー］します。

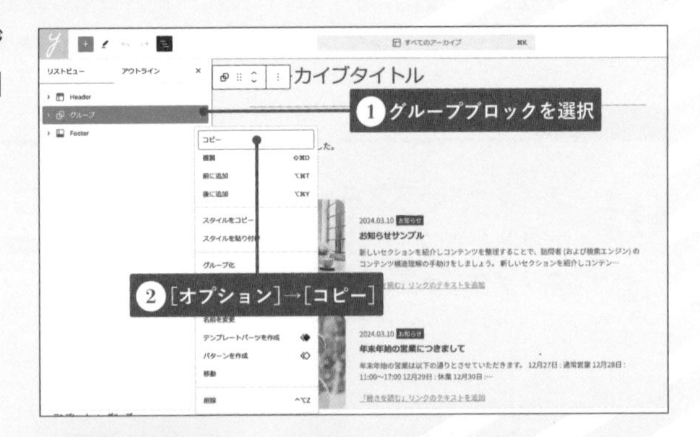

02 ［外観］→［エディター］→［テンプレート］→［ブログホーム］を選択して編集画面を表示します。

03 ブログホームのグループブロックを削除します。

04 Headerブロックの［オプション］→［後に追加］をクリックします。作成された段落ブロックにSTEP01でコピーしたグループブロックをペーストします。

MEMO
グループブロックのペーストは編集画面の段落ブロック内をクリックして実行してください。［リスト表示］のオプションからはペーストできません。

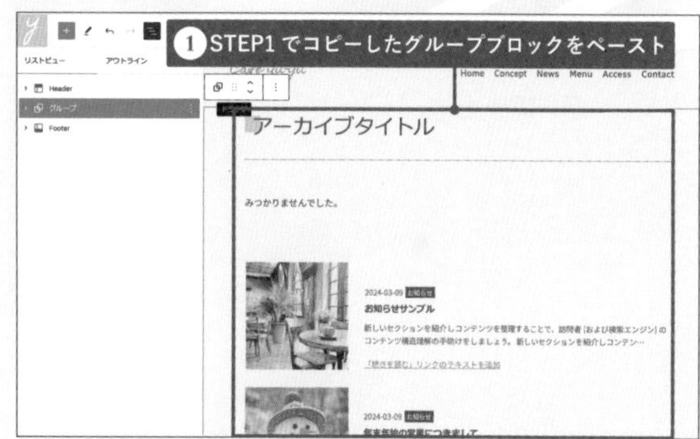

05 グループブロック内にあるアーカイブタイトルブロックを削除します。

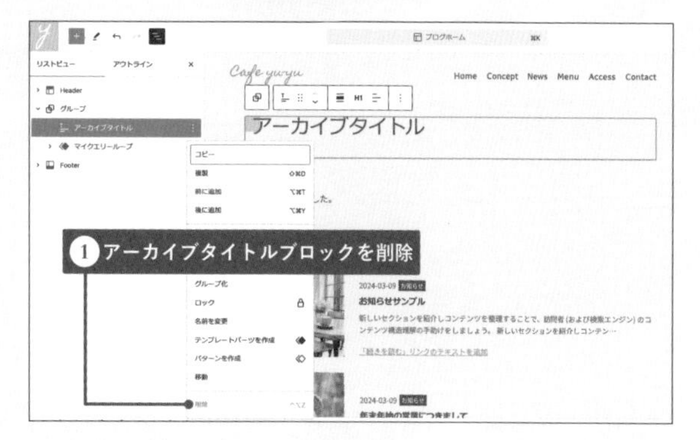

06 見出しブロックをH1で追加します。「News」と入力して［追加CSSクラス］に「yu-page-title-border yu-page-title-square」を入力します。

MEMO
次の作業のため、この段階のグループブロックをコピーしておきます。

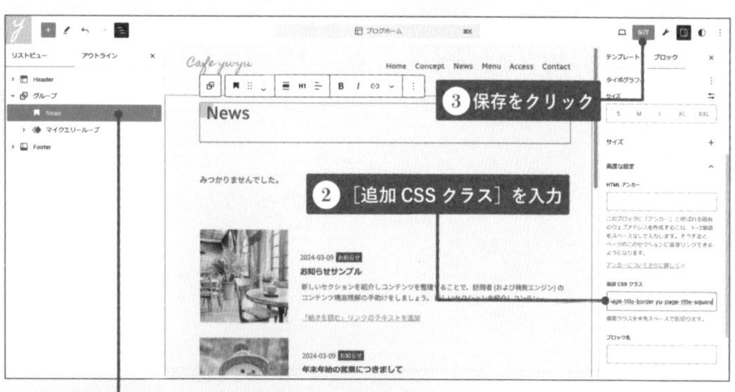

インデックステンプレートのカスタマイズ

続いて、インデックステンプレートをカスタマイズします。**インデックス（index）テンプレートは、表示するページにおいて該当するテンプレートがない場合に利用されます。今回はTwenty Twenty-Fourをベースにしており、利用するケースは少ないですが、後々の可能性を考慮し設定します。**

STEP

01 ［外観］→［エディター］→［テンプレート］から［インデックス］テンプレートの編集画面を開きます。

02 既存のグループブロックを削除します。

03 ［ブログホーム］作成時と同様の手順でコピーしたグループブロックをペーストします。続いて、見出しブロックの内容を「Posts」に変更します。

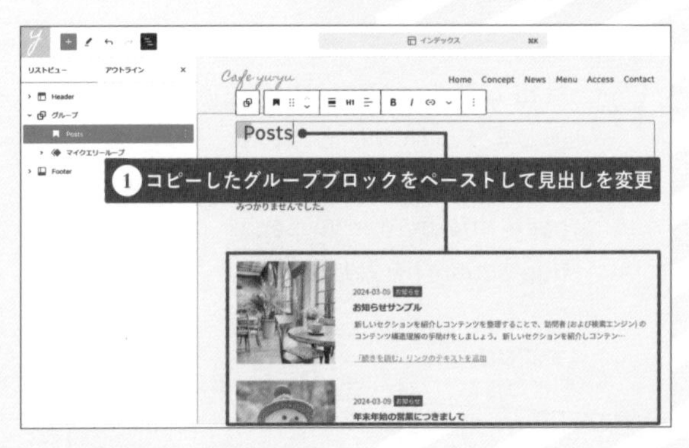

「検索結果」テンプレートのカスタマイズ

検索した際に該当する投稿一覧が表示される「検索」ページのテンプレートをカスタマイズします。

STEP

01 [外観]→[エディター]→[テンプレート]から[検索結果]テンプレートの編集画面を開きます。

02 グループブロックを選択して[パディング]→[カスタム]で上「1」下「5」に設定します。

03 検索結果のタイトルブロックを選択してツールバーから[配置]を「なし」、[パディング]をすべて「0」に設定します。

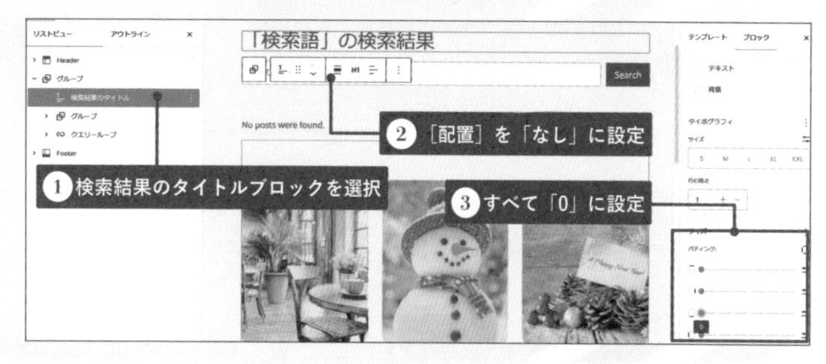

04 [追加CSSクラス]に「yu-page-title-border yu-page-title-square」を入力します。

05 検索ブロックが入っているグループブロックを選択してツールバーから［配置］を「なし」にします。

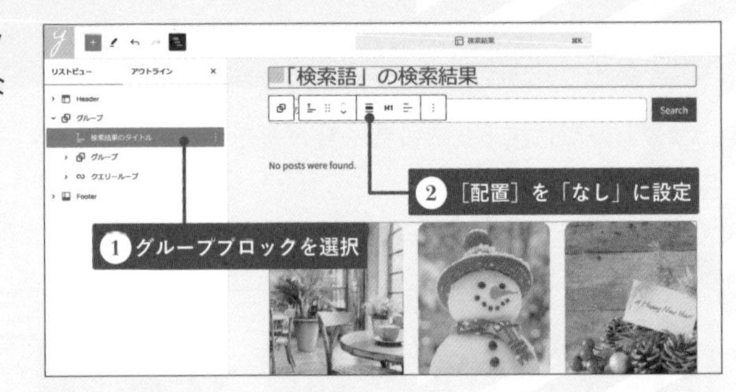

06 クエリーループブロックを削除します。

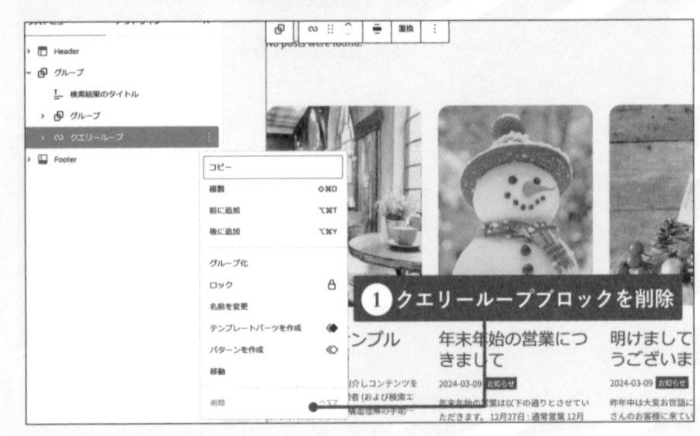

07 クエリーループブロックがあった場所にマイクエリーループブロックを追加します。

> **MEMO**
> マイクエリーループブロックが表示されない場合はいったん［保存］してリロードしてください。

検索結果テンプレートは今回のサイトでは使用しませんが、上部管理バーの右上にある「検索」から表示されます 01。

01 検索結果の表示

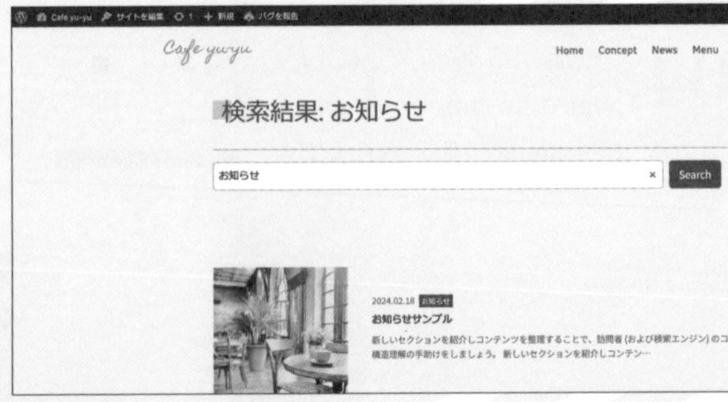

管理バーの「検索」（左）で検索すると検索結果ページ（右）が表示されます。

ホームページのNewsエリアを設定する

それではいよいよ、P168で空けておいたホームページのNewsエリアを設定します。

STEP

01 ［ダッシュボード］→［固定ページ］→［固定ページ一覧］→［Home］をクリックして編集画面を表示します。

02 Newsブロックを開き、News見出しブロックの下にクエリーループブロックを追加します。

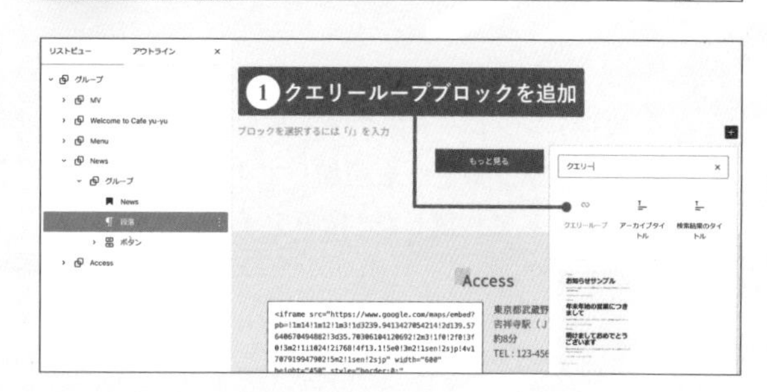

03 ［新規］をクリックします。

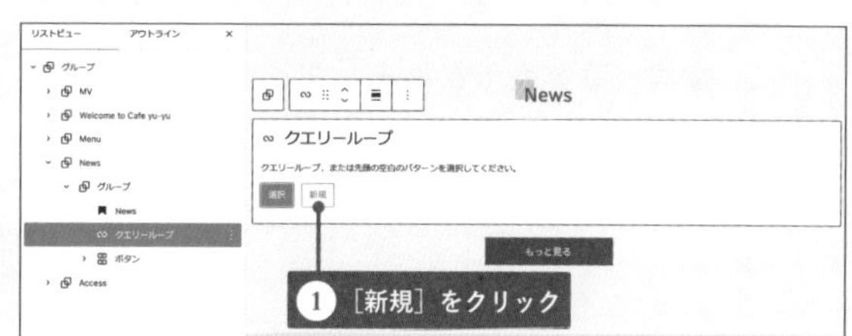

04 「タイトルと日付」をクリックします。

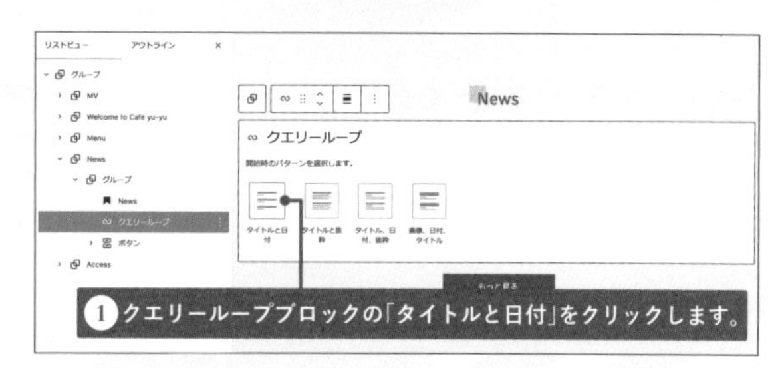

05 投稿のタイトルと日付が表示されます。ここで［テンプレートからクエリーを継承］が「OFF」になっていることを確認してください。

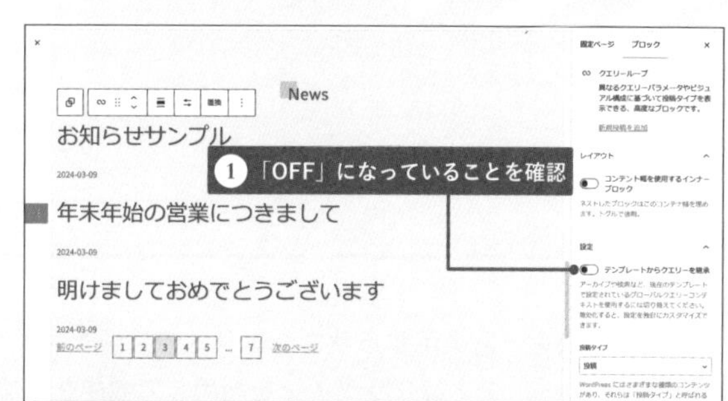

MEMO
この段階で投稿の表示数が変わっている場合があります。その場合は、ツールバーの［表示設定］で「ページごとの項目数」を「3」にしてください。

Lesson 6
クエリーループブロックを活用する

06 Newsの表示は3件のみにするので、ページ送りブロックは削除します。

07 他ページと同様に結果なしブロックに「見つかりませんでした」と入力します。

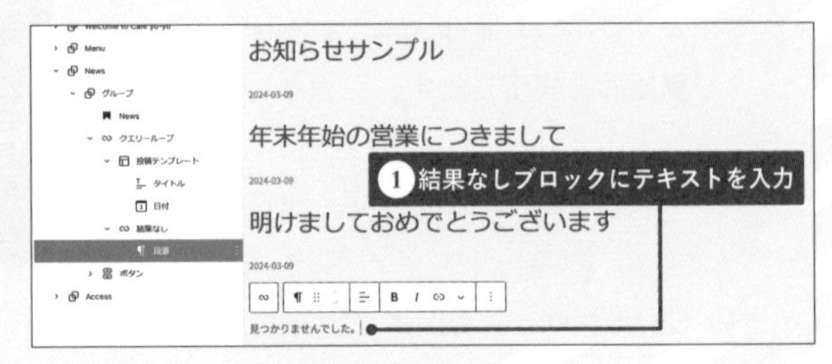

08 投稿テンプレート内のタイトルブロックの前に段落ブロックを追加します。[+] をクリックして作成した［投稿アイテム］を追加します。

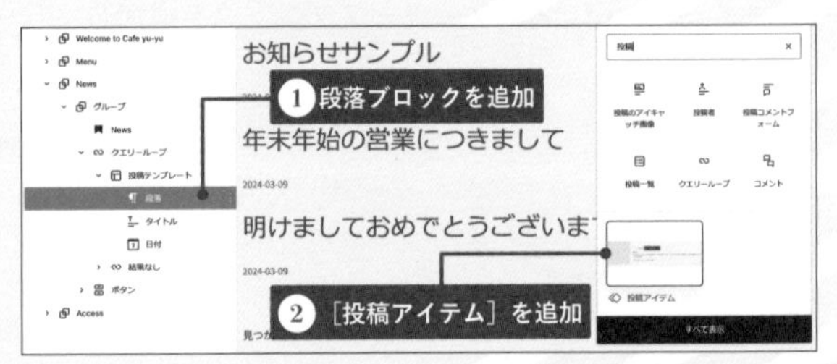

09 投稿一覧が表示されました。タイトルブロックと日付ブロックは不要なので削除します。

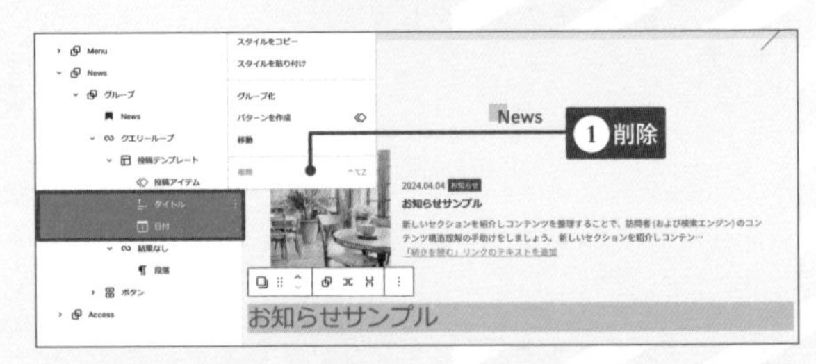

10 最後に［更新］をクリックしてプレビューをしてみましょう。Newsページに投稿一覧が表示され、ホームページが完成します。

これで投稿を一覧表示するサブクエリーの処理が完了しました。これでサイトはほぼ完成です。あとはプラグインを利用して機能を追加しましょう。

Lesson 7

プラグインを設定する

プラグインを利用して、問い合わせフォーム機能、SEO関連機能、バックアップ機能を追加します。これらの強力なプラグインもWordPressの魅力の一つです。

お問い合わせページを登録しよう

Contactページにはお問い合わせフォームを設定します。お問い合わせフォームはプラグインの「Snow Monkey Forms」を利用します。

お問い合わせフォームを作成する

プラグインの「Snow Monkey Forms」は、「①フォームを作成する。②作成したフォームをページ内に設置する」という2段階で設定します。

1 フォームを作成する

まず、Snow Monkey Formsを設定して新たにフォームを作成します。Snow Monkey Formsをインストールして有効化すると、[ダッシュボード]に[Snow Monkey Forms]のメニューが表示されるので、ここから設定します。

STEP

01 [ダッシュボード]→[Snow Monkey Forms]→[Snow Monkey Forms]をクリックします。

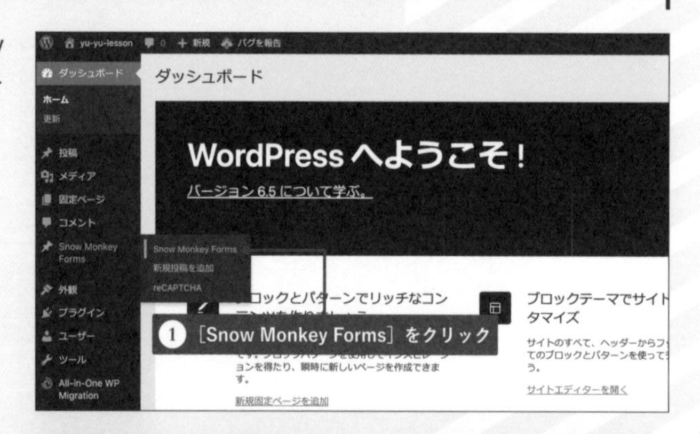

02 [新規投稿を追加]をクリックします。するとSnow Monkey Formsのお問い合わせフォームが表示されます。

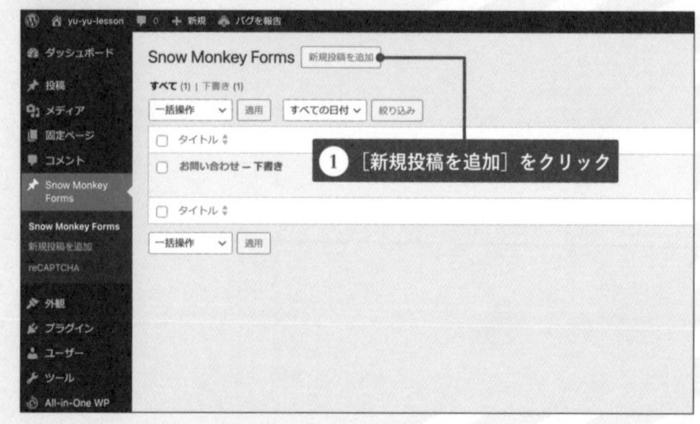

03 お問い合わせフォームをサンプルサイトにあわせてカスタマイズします。タイトルに「お問い合わせ」と入力します。続いて［フォーム設定を開く］をクリックします。

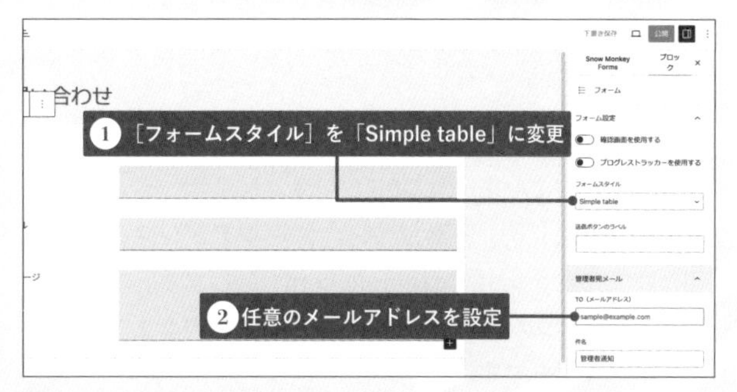

04 ［フォーム設定を開く］をクリックすると右設定パネル［ブロック］に項目が表示されます。［フォームスタイル］を「Simple table」に変更します。続いて［管理者宛メール］の TO（メールアドレス）に任意のメールアドレスを設定します。

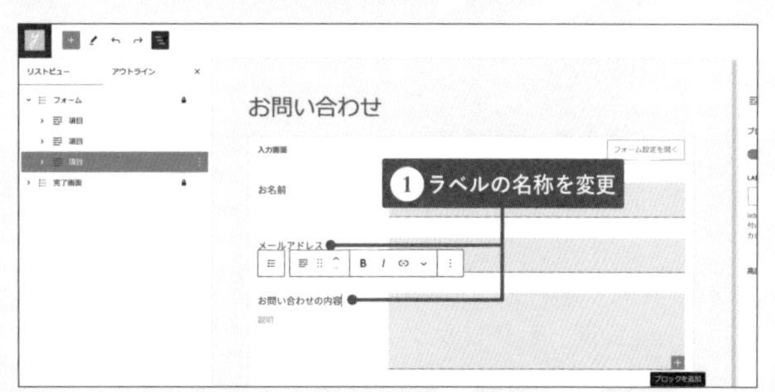

05 フォームラベルの名称を「Eメール → メールアドレス」「メッセージ → お問い合わせの内容」に変更します。

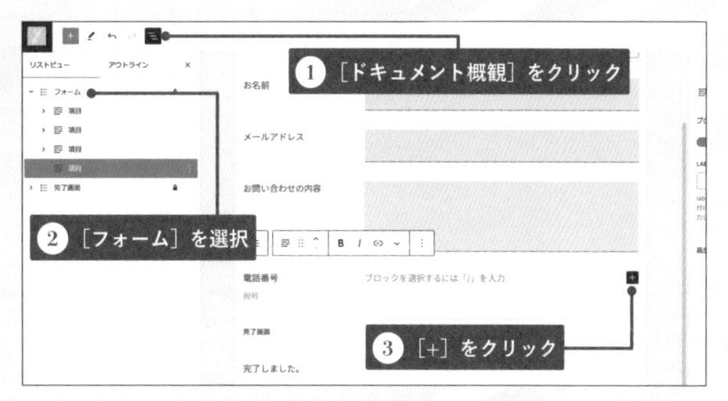

06 電話の項目を追加します。［ドキュメント概観］をクリックして［フォーム］を選択します。フォームの右下に［+］が表示されるので、クリックすると新たな項目が追加されます。

07 追加された項目のラベルに「電話番号」と入力します。続いて［+］から［Tel］をクリックします。

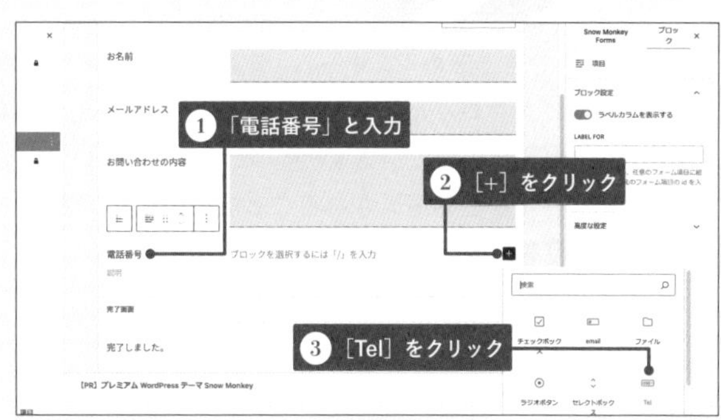

08 電話番号の項目が追加されました。続いてプレースホルダーを設定します。右設定パネルの［PLACEHOLDER］に「例）000-0000-0000」と入力します。また属性［NAME］を「tel」に変更します。

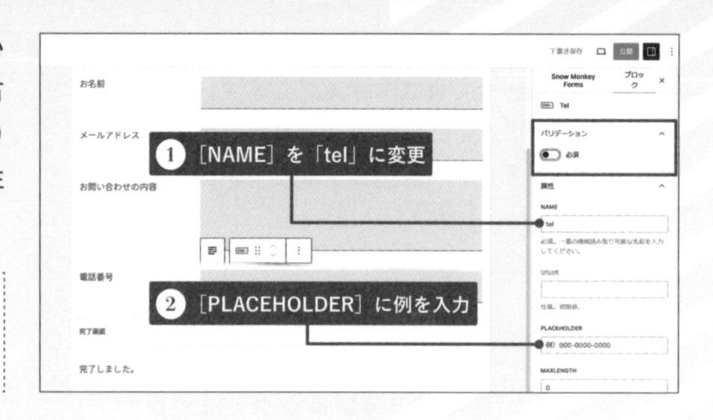

MEMO
入力を必須としたい場合は［バリデーション］ボタンの必須をONにします。

09 同様の手順で「お名前」と「メールアドレス」の［PLACEHOLDER］を設定します。お名前は「例）遊湯 太郎」、メールアドレスは「例）e-mail@example.com」とします。この2つの項目の属性はデフォルトのままで大丈夫です。

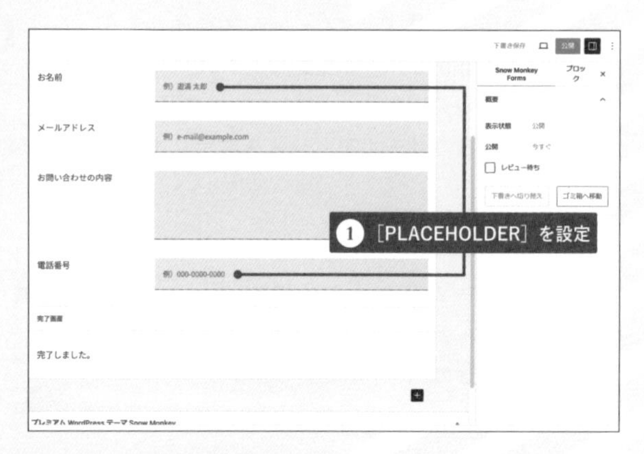

MEMO
PLACEHOLDER（プレースホルダー）は、入力例を薄く表示させてユーザーの入力を補助する機能です。

10 完了画面のテキストを修正します。最後に［公開］をクリックして保存します。これでお問い合わせフォームが完成しました。

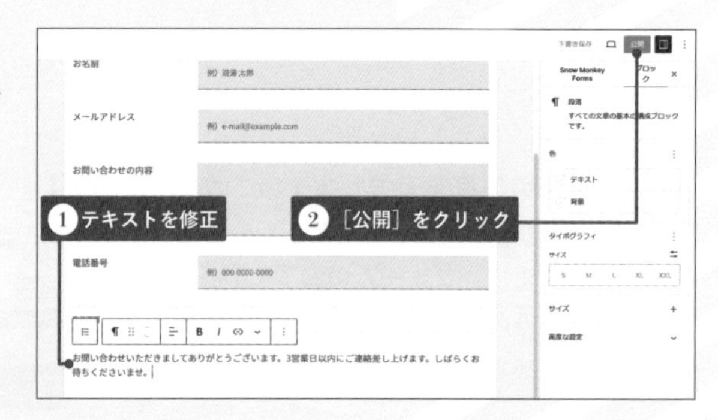

自動返信メールを設定する

リスト表示で最上部の［フォーム］を選択したうえで、右設定パネルの［ブロック］設定を下にスクロールすると［自動返信メール］という項目があり、TOの項目に「{email}」が設定されています 01。これは、お問い合わせフォームの「メールアドレス」にメールが自動返信されることを意味しています。**自動返信をしない場合は、TOの項目を削除しましょう。**

01 自動返信の設定

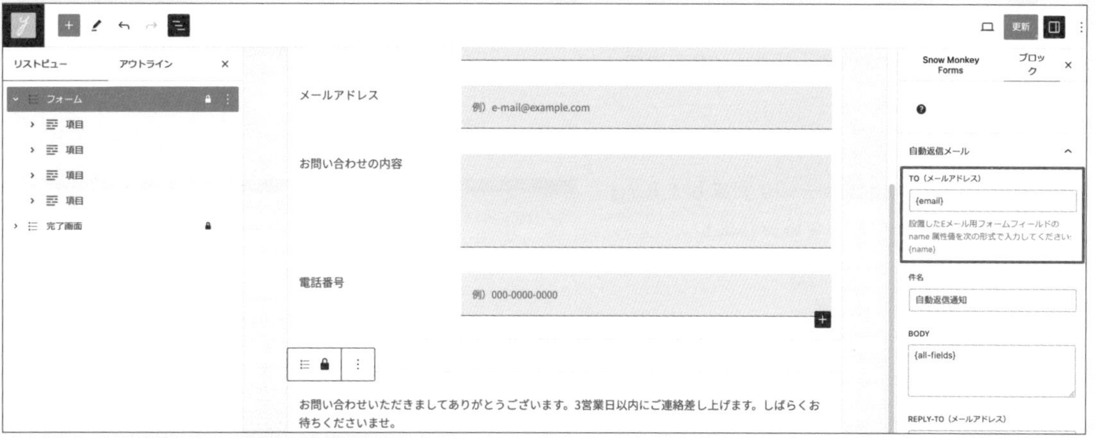

自動返信メールを使用しない場合はTOの項目内を削除

お問い合わせフォームを設置する

作成したお問い合わせフォームをContactページに設置します。設置自体は非常に簡単です。

STEP

01 ［ダッシュボード］→［固定ページ］→［固定ページ一覧］→［Contact］をクリックしてContactページを表示します。

02 ［+］から［Snow Monkey Form］ブロックを追加します。

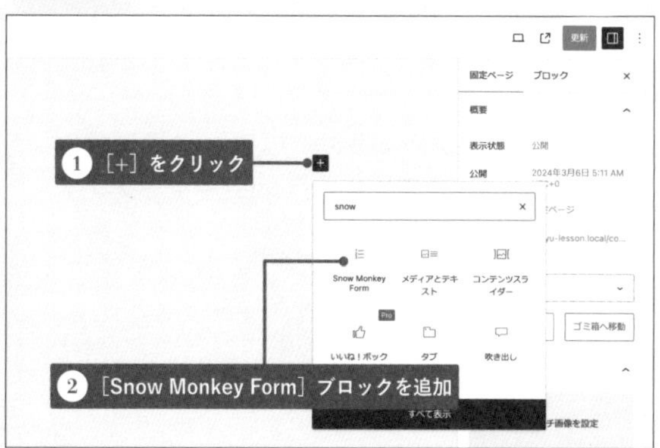

03 ［フォームを選択してください］から先ほど作成した［お問い合わせ］を選択します。最後に［更新］をクリックします。

04 これでContactページが完成しました。プレビューで表示を確認しましょう。

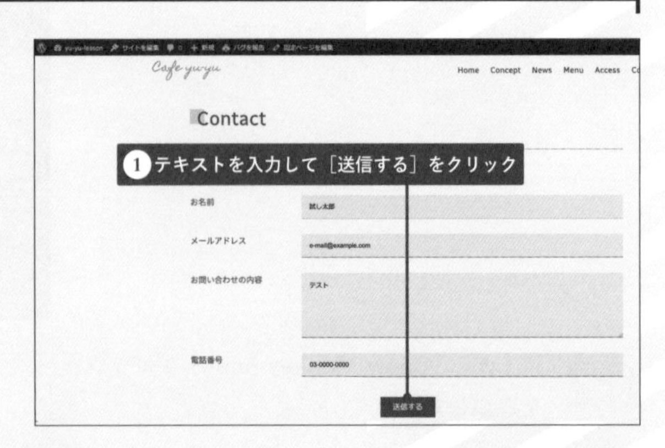

お問い合わせフォームの送信テスト

Localには Mailpit というメールの送信結果を確認できるツールがあります。Mailpitを利用してお問い合わせフォームから送信されたメールを見てみましょう。

STEP

01 お問い合わせページでテスト文を入力して［送信する］をクリックします。

1 テキストを入力して［送信する］をクリック

02 Localの画面を開きます。メールを送信したサイトを選択して［Tools］タブをクリックします。

03 [Open Mailpit]をクリックします。

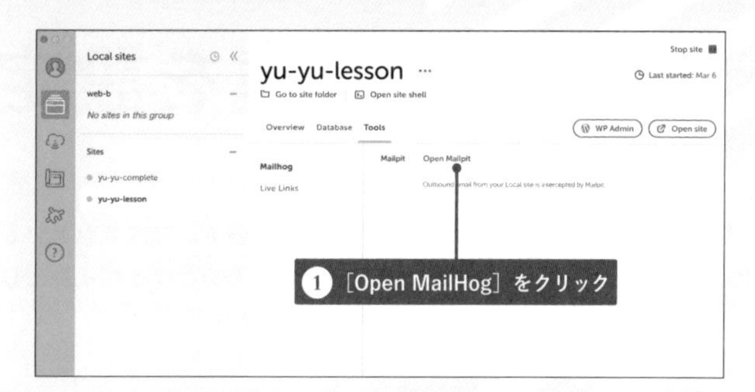

04 ブラウザが開きメールの送受信履歴が表示されます。

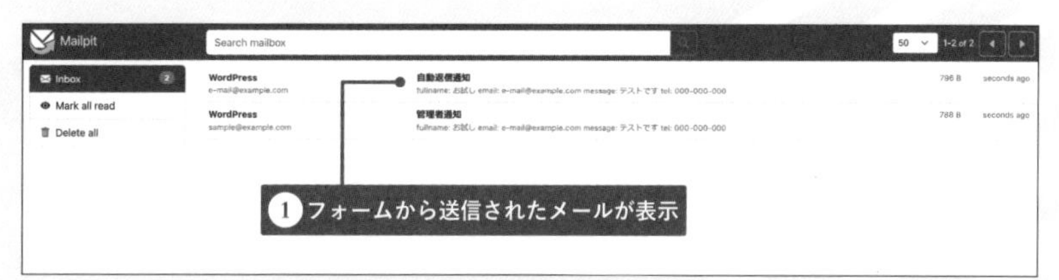

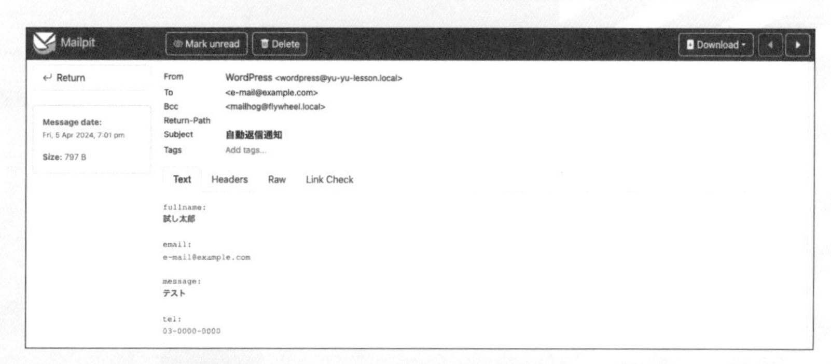

これでContactページが完成しました。Snow Monkey Formsには今回紹介したもの以外にも、様々なブロックや機能が搭載されています。ぜひいろいろ試してみてください。

SEO関連を設定しよう

検索エンジンで表示される際や、SNSでシェアした際などの情報を設定します。今回のサイトではSEOを設定するためのプラグインとして「SEO SIMPLE PACK」が有効化されているのでこちらを利用します。

サイト全体の基本設定を修正する

「SEO SIMPLE PACK」を設定する前に、サイト全体の基本設定を修正します。これらを設定するだけでも、SEO対策になるので必ず設定しましょう。

STEP

01 [ダッシュボード]→[設定]→[一般]で「サイトのタイトル」と「キャッチフレーズ」を設定します。

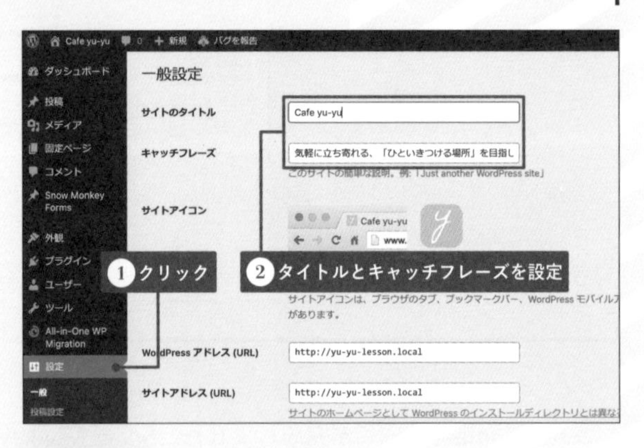

02 下にスクロールして[変更を保存]をクリックします。

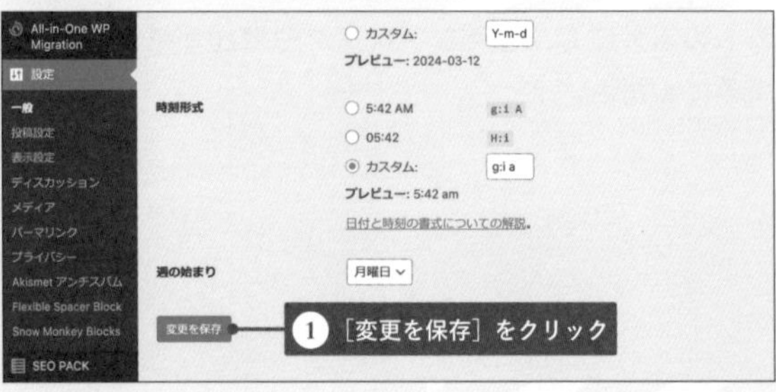

SEO SIMPLE PACKを設定する

SEO SIMPLE PACKプラグインを利用して、より詳細なSEO設定をおこないます。SEO SIMPLE PACKを有効化するとダッシュボードのメニューに[SEO PACK]が表示されます。

STEP

01 ［ダッシュボード］→［SEO PACK］→［一般設定］をクリックします。

TIPS
［一般設定］の上部［Google アナリティクス］タブからはWebサイトのアクセス解析をおこなうGoogle アナリティクス 4の設定が可能です。

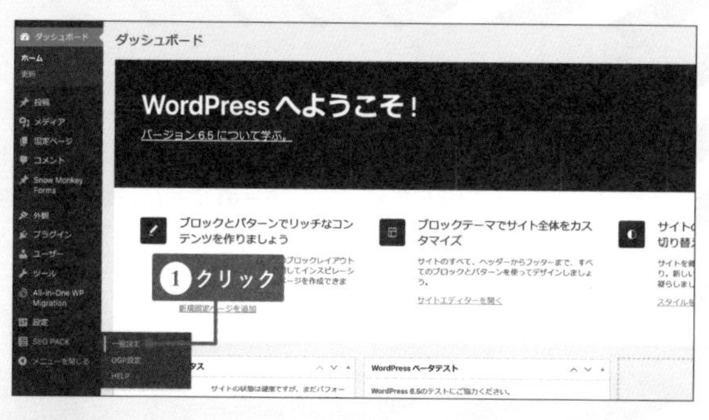

02 「フロントページ」のディスクリプションにサイトの説明文を入力します。その後、最下部にある［設定を保存する］をクリックします。

MEMO
ディスクリプションは120文字程度が適正と言われています。

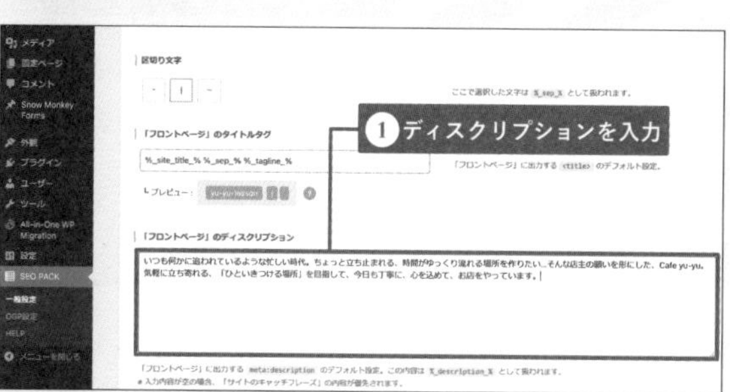

03 続いてOGPを設定します。左メニューの［SEO PACK］下にある［OGP設定］をクリックします。

MEMO
OGPはSNSでシェアした際に、画像やタイトル、キャッチコピーなどを適切に表示するための設定です。

04 SNSの投稿で表示するデフォルト画像を設定します。［画像を選択］→「ogimage.jpg」を選択します。最後に［設定を保存する］をクリックします。

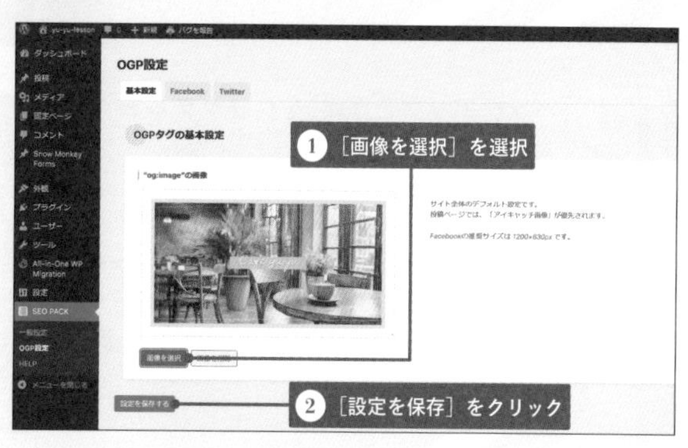

以上で、SEOの設定は終了です。簡単な設定ですが、コードを触らなくても管理画面から実装できます。これだけでもSEOの効果はあるので、できる限り設定しましょう。

バックアップしよう

サイトのバックアップと復元の方法について解説します。この方法を使えば、今回Localで作成したサイトを本番のサーバ環境に移行することができます。なお、ここではプラグインの「All-in-One WP Migration」を利用します。

バックアップを取得する

今回のサイトにはプラグインAll-in-One WP Migrationが有効化されています。このプラグインはサイトのバックアップと復元をサポートします。まずバックアップの取得方法について解説します。

STEP

01 ［ダッシュボード］→［All-in-One WP Migration］→［バックアップ］をクリックします。

MEMO
All-in-One WP Migrationは1GBまで無料で使用できます。1GBを超えるデータを利用する場合は有料版を購入する必要があります。

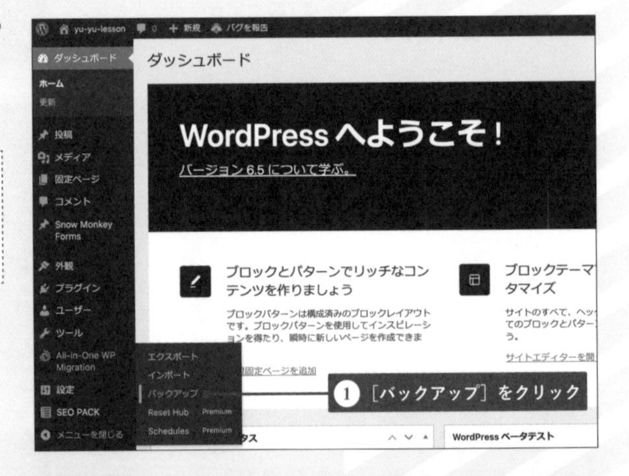

02 ［バックアップを作成］をクリックします。

MEMO
バックアップを作成すると、この画面にログが表示されます。

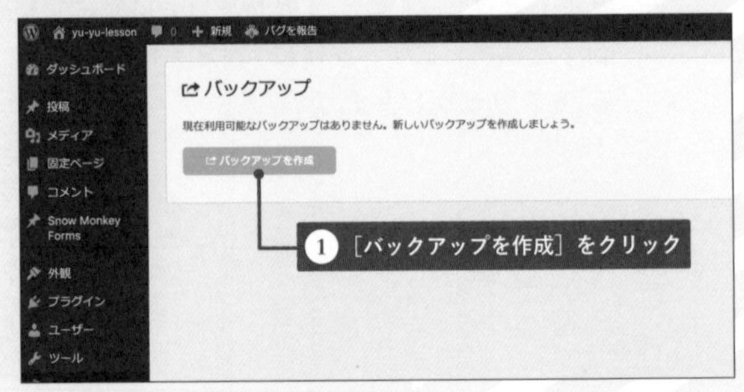

03

「[サイトのドメイン名]をダウンロード」と表示されるので、クリックするとバックアップデータがダウンロードされます。

MEMO
Chromeの場合、ダウンロードがブロックされる場合があります。その時は、ダウンロード履歴のダイアログから[保存]をクリックしてください。

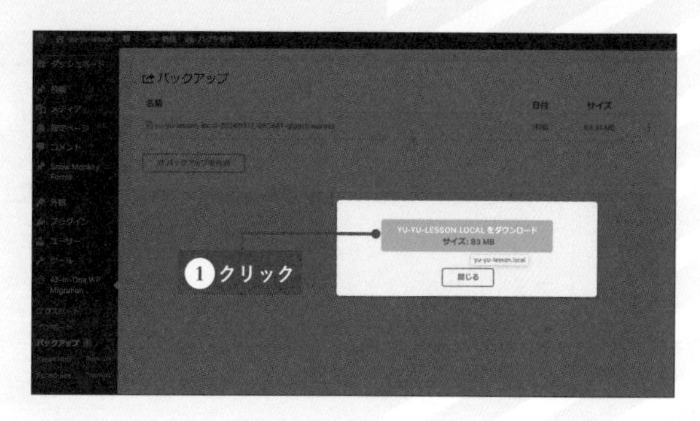

バックアップデータを復元する

バックアップしたデータをインポートして作成したサイトを復元します。今回は、新規のWordPressサイトに[All-in-One WP Migration]をインストール＆有効化して、バックアップデータをインポートします。

STEP

01

新規のWordPressで[ダッシュボード]→[All-in-One WP Migration]→[インポート]をクリックします。

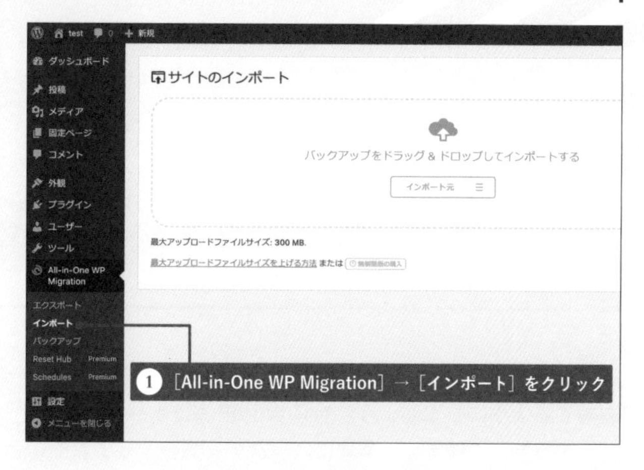

02 バックアップしたファイルを［サイトのインポート］にドラッグ＆ドロップします。アップロードが完了したら[完了]をクリックします。

MEMO
アラートが表示された場合は［開始］をクリックします。

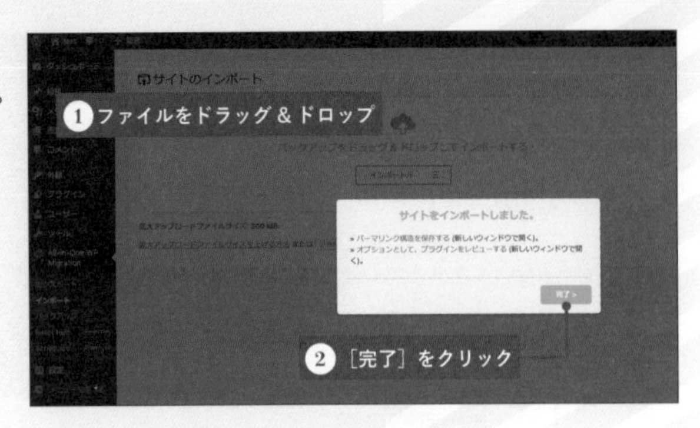

03 データのインポートが完了したら、サイトが復元されているかを確認しましょう。

MEMO
確認する際はサイトを再起動してください。

MEMO
All-in-One WP Migrationでバックアップやインポートをする場合、バックアップ側とインポート側のWordPressを最新のものにバージョンアップしてから実施してください。双方のバージョンが異なるとトラブルが発生する可能性があります。

以上でバックアップとインポートの操作は完了です。バックアップは定期的に取得するようにしましょう。特にWordPressをバージョンアップする際は、万が一のトラブルに備えて、事前にバックアップをとっておくことをおすすめします。

索引
INDEX

著者プロフィール

[Lesson 2 執筆]

池田 嶺（いけだ・りょう）

1990年山形県生まれ。SIer企業で8年間会社員を経験。2019年からWeb業界でフリーランスとして現在も活動中。2016年からは夜の顔としても活躍し、ホスト業に携わる。接客だけでなく運営にも力を注ぎ、ホストクラブのDX化を推進している。エンジニアとホストという二つの異なる分野で活躍している。

Web https://sanrioho.st

X (Twitter) @sanrioho_st

[Lesson 3 - 7 執筆]

大串 肇（おおぐし・はじめ）

2008年よりWordPressコミュニティーに参加。コントリビュート活動を続けています。Web制作会社にてデザイナー兼ディレクターとして勤務後、2012年よりフリーランスmgnとして独立し、2015年より株式会社mgn代表取締役。WordPressを利用したWebサイト制作を通して、企業がビジネスを成功させるためのお手伝いをしています。

Web https://www.m-g-n.me

X (Twitter) @megane9988

[Lesson 1 執筆]

清野 奨（せいの・すすむ）

1988年東京都生まれ。小学生の頃からWebサイト制作を始めフリーランスを経て、エストニア法人を設立後、アニューマ合同会社を設立しWordPressなどを活用したWebサイトの制作や運用支援をおこなう。海外を含む13都市20回以上のWordCampに参加し、オーガナイザーチームとしてWordCamp Asia 2023を含む10回の開催経験を持つ。

Web https://aniu.ma

X (Twitter) @susumu1127

〈制作協力〉

サンプルサイトデザイン：asuka

執筆協力：Akira Tachibana, Aki Hamano, Junko Nukaga, kutsu, mimi, 大曲 果純, さいとうしずか

制作スタッフ

[装丁・本文デザイン] 齋藤州一 (sososo graphics)

[編　　集] 小関 匡

[D　T　P] 佐藤理樹 (アルファデザイン)

[編 集 長] 後藤憲司

[副編集長] 塩見治雄

[担当編集] 後藤孝太郎

WordPressの新しい標準レッスン
フルサイト編集+ブロックエディター活用講座

2024年5月11日　初版第1刷発行

著　　者　池田 嶺、大串 肇、清野 奨
発 行 人　山口康夫
発　　行　株式会社エムディエヌコーポレーション
〒101-0051　東京都千代田区神田神保町一丁目105番地
https://books.MdN.co.jp/
発　　売　株式会社インプレス
〒101-0051　東京都千代田区神田神保町一丁目105番地
印刷・製本　中央精版印刷株式会社

Printed in Japan

ISBN978-4-295-20657-6 C3055